# 2006-2016

## 杭城内外的日常生活

### ——浙江工业大学城乡规划专业社会调查

## 优秀作品集

陈前虎　武前波　吴一洲　主　编
宋绍杭　陈玉娟　黄初冬　副主编

U0275792

中国建筑工业出版社

图书在版编目（CIP）数据

杭城内外的日常生活——浙江工业大学城乡规划专业社会调查优秀作品集（2006—2016）/陈前虎，武前波，吴一洲主编.—北京：中国建筑工业出版社，2017.9
ISBN 978-7-112-21120-3

I.①杭…　　II.①陈…②武…③吴…　　III.①城市规划-社会调查-调查报告-汇编-中国-2006—2016
IV.①TU984.2

中国版本图书馆CIP数据核字（2017）第204768号

责任编辑：杨　虹　牟琳琳
责任校对：张　颖　赵　力

杭城内外的日常生活
——浙江工业大学城乡规划专业社会调查优秀作品集 (2006—2016)

陈前虎　武前波　吴一洲　主　编
宋绍杭　陈玉娟　黄初冬　副主编
*
中国建筑工业出版社出版、发行（北京海淀三里河路9号）
各地新华书店、建筑书店经销
北京嘉泰利德公司制版
北京方嘉彩色印刷有限责任公司印刷
*
开本：880×1230毫米　1/16　印张：19¾　字数：395千字
2017年11月第一版　2017年11月第一次印刷
定价：118.00元
ISBN 978-7-112-21120-3
　　　（30772）

随着全球化及发展中国家城市化进程的加速，城市社会关系日趋错综复杂，城市问题日益彰显，并持续困扰经济社会的快速发展。与 20 世纪西方发达国家城市规划专业的社会转向相比，我国城乡规划专业的办学方针从传统以工程设计为主导转向以交叉学科思维办学的趋势将更为明显。新的《高等学校城乡规划本科指导性专业规范》明确指出，城乡规划职业教育的指导标准（培养规格）包括三个方面的基本要求，分别是素质、知识和技能，其中素质培养中尤其强调职业道德素养和正确的价值观，它决定了规划师要承担的重要的社会角色，要求城乡规划专业学生在校期间就要善于社会综合实践，敢于协调城乡社会群体利益，勇于追求城市空间的社会公平。

如何培养工科学生正确的价值观，让学生从以往长期形成的那种"见物不见人"的物质规划设计思维习惯中走出来？浙江工业大学城乡规划专业开展了两个方面的尝试，一是优化师资结构，改革人才培养模式，注重引入多元化学科背景的国内外重点高校师资博士力量，包括城乡规划学、地理学、管理学等，这样更易于从多学科视角给予学生正确价值观以及专业理论方法的输出，逐步形成"精"+"通"型城乡规划专业人才培养模式。二是调整课程结构，优化专业教学体系，尝试以城乡社会空间调查为主线，全面优化城乡规划专业课程体系，积极推进素质教育，强化培育学生的批判能力、独立调查与思考问题的能力。作为当前高等学校城乡规划学科专业的十大核心课程之一，本校《城市研究专题》的开设是其重要的环节。

本书收集了近十年浙江工业大学城乡规划专业社会调查全国获奖作品，也是《城市研究专题》的部分课程作业。本书内容涵盖了不同类型的城市与乡村社区以及特定的城市问题和城市群体，重点关注当前快速城镇化背景下城乡空间面临的土地利用优化、公共设施供给、弱势群体关怀、居民交通出行等方面的突出问题。从中体现出参与调研者的"见物又见人"的城乡社会公平价值思维，以及学生参与社会调查的理论、方法、技能与素养，从而能够正确指导城乡物质空间的规划设计，并显现出城乡空间所蕴涵的丰富人文社会属性。

# 目录

## 第一篇　城乡社区

阅读导言

>>> **008** // 行走的力量——步行心理视角的城市街区居民步行活动研究——以杭州市为例
（二等奖，2015 年）

>>> **028** // "别在我家后院"综合症分析——杭州市居住小区公共设施布局的负外部性问题调研
（三等奖，2006 年）

>>> **046** // 如何让农民"乐"迁"安"居？——基于农民意愿的浙江省城乡安居工程调研
（三等奖，2011 年）

>>> **064** // 空间微作用——微观土地利用特征对居民出行方式的影响调研
（佳作奖，2013 年）

>>> **090** // 青山遮不住，梅坞换酒茶——都市消费文化渗透下梅家坞茶文化村的转变调查
（参赛作品，2014 年）

## 第二篇　城市问题

阅读导言

>>> **120** // "车轱辘"的方寸空间——杭州大型超市非机动车停车问题调查研究
（二等奖，2009 年）

>>> **140** // "我的地盘谁做主？"——公众参与背景下杭州城市规划典型事件的社会调查
（三等奖，2013 年）

>>> **166** // 失而复得的"粮票"——杭州边缘区土地利用变迁中的社区留用地调研
（三等奖，2015 年）

>>> **182** // 谷城，孤城？——杭州小和山高教园区居民日常出行特征调查
（佳作奖，2015 年）

## 第三篇　城市群体

阅读导言

>>> 200 // 幼吾幼以及人之幼——杭州外来务工人员子女幼儿园就读情况调研

（佳作奖，2010 年）

>>> 226 // "绿绿"有为，老有所依——杭州市老龄化社区绿地公园使用情况调研

（佳作奖，2011 年）

>>> 244 // 一路上有你——杭州市环卫工人工作环境与设施布局调研

（佳作奖，2011 年）

## 第四篇　交通出行

阅读导言

>>> 268 // 基于即时交友软件信息平台的合乘系统

（一等奖，2012 年）

>>> 276 // 公交因你而不同——基于云端 GIS 技术的实时公交出行查询系统

（二等奖，2013 年）

>>> 284 // 用无形的手为道路减压——电子道路收费系统调节西湖景区交通压力

（三等奖，2014 年）

>>> 292 // 曲直长廊路路通——以杭州凤起路骑楼改造效用为例

（佳作奖，2011 年）

>>> 302 // 水上公交参与城市公共交通的优化策略——以杭州运河水上公交体系优化为例

（佳作奖，2015 年）

>>> 312 // 附录
>>> 314 // 后记

# 第一篇　城乡社区

**阅读导言**

　　随着我国城镇化进程的不断加速，以及大都市空间的持续性扩张，城乡社区长期属于各个学科领域开展社会调查的聚焦点。近 10 年浙江工业大学城乡规划专业相继针对杭州市和浙江省的城市与乡村社区开展了广泛而深入的调查分析，如杭州市的传统旧城社区、主城边缘社区、近郊大型社区、都市边缘村庄、美丽乡村、"景中村"，以及浙江省的多个传统乡村社区，并涵盖了社区住房改造、公共设施配置、居民交通出行、社区土地利用、社区商业设施、城市公共空间、乡村建设机制等诸多问题（详见附录列表），取得了比较有意义的结论与观点，进而提出相应的政策性建议。

　　除却已经在国内相关期刊发表或在其他图书中编辑出版的全国二、三等奖及佳作奖作品之外，本篇选取了浙江工业大学城乡规划专业部分社会调查优秀作品，分别关注了杭州市典型街区土地利用与居民出行方式、居住小区公共设施布局的负外部性、浙江省城乡安居工程建设、都市区"景中村"演变机制，综合采用定性与定量相结合的研究方法，揭示出浙江省和杭州市的城乡建设进程及其相关问题。

**行走的力量——步行心理视角的城市街区居民步行活动研究——以杭州市为例**

（二等奖，2015 年）

（学生：庞俊，孙文秀，汪荣峰，朱晓珂；指导老师：陈前虎，武前波）


**"别在我家后院"综合症分析——杭州市居住小区公共设施布局的负外部性问题调研**

（三等奖，2006 年）

（学生：戎佳，丁佳荣，唐慧强；指导老师：孟海宁，陈前虎）


**如何让农民"乐"迁"安"居？——基于农民意愿的浙江省城乡安居工程调研**

（三等奖，2011 年）

（学生：王也，陈梦微，冯莉夏，徐隆侠；指导老师：陈前虎，武前波，黄初冬，张善峰）


**空间微作用——微观土地利用特征对居民出行方式的影响调研**

（佳作奖，2013 年）

（学生：朱嘉伊，陶舒晨，方勇，吴庄黎；指导老师：吴一洲，武前波，陈前虎，宋绍杭）


**青山遮不住，梅坞换酒茶——都市消费文化渗透下梅家坞茶文化村的转变调查**

（参赛作品，2014 年）

（学生：庞赟俊，陶娇娇，叶潇涵，原雪怡；指导老师：吴一洲，武前波，陈前虎）

# 行走的力量
## 步行心理视角的城市街区居民步行活动研究
### ——以杭州市为例

学生：庞俊　孙文秀　汪荣峰　朱晓珂
指导老师：陈前虎　武前波

**摘要**

基于步行心理视角，本文从微观的社区层面研究城市居民的出行行为。选取杭州市6个街区23个城市社区作为案例，以615个样本数据库为基础，建立结构方程模型，拟合各变量之间的路径关系。在定性描述社会空间与社交网络各因子对步行出行频率影响的同时，对两者进行定量计算，揭示步行心理视角下，社会空间与社交网络对居民步行出行频率的影响机制。

**关键词**

步行心理　步行出行　社会空间　社会网络

## Abstract

Citizen's Travel behavior can be studied from micro community level on the basis of view of walking psychology.6 units and 23 cities in Hangzhou are selected as cases to establish structural equation model and fit path relationship of each variable on the basis of 615 sample databases.The effect of social space and social network on walking trip frequency is described qualitatively. Meanwhile, we calculate them qualitatively, in order to reveal the mechanism of social space and social network on the pedestrian travel frequency in the perspective of pedestrian psychological.

## Keywords

Walking psychology　Walking trips　Social space　Social network

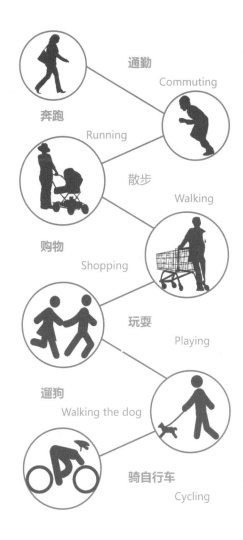

# 目录

1 绪论 ............................................... 011
  1.1 研究背景与意义 ............................. 011
    1.1.1 研究背景 ................................ 011
    1.1.2 研究内容与意义 ........................ 011
  1.2 调研方法及思路 ............................. 011
  1.3 调研区域的选定 ............................. 012
  1.4 创新点 ....................................... 013
    1.4.1 研究视角：从批判小汽车出行转变到
          鼓励步行出行 ........................... 013
    1.4.2 研究方法：SPSS、地理信息系统（GIS）
          和结构方程模型（SEM）的综合运用 .... 013
    1.4.3 研究内容：构建主客观结合的多层次
          步行心理模型 ........................... 013
2 数据的初步统计分析 ........................... 014
  2.1 街区居民主体特征分析 ..................... 014
  2.2 街区居民步行活动特征表现 ................ 014
    2.2.1 步行时间 ................................ 014
    2.2.2 步行频率 ................................ 014
  2.3 居民步行心理特征分析 ..................... 015
    2.3.1 社交网络 ................................ 015
    2.3.2 社会空间 ................................ 017
3 数据的模型化集成分析 ........................ 020
  3.1 结构方程优势 ............................... 020
  3.2 模型构建与数据处理 ........................ 020
  3.3 模拟结果 .................................... 021
  3.4 结果讨论 .................................... 022
4 结论与建议 .................................... 023
  4.1 结论 ........................................ 023
    4.1.1 建成环境（社会空间）在很大程度上
          对步行出行起着重要作用 ............... 023
    4.1.2 社交网络对居民无目的步行出行
          （步行休闲）的影响更显著 ............. 023
    4.1.3 社会空间与社交网络具有交互作用，
          影响步行心理 ........................... 023
  4.2 建议 ........................................ 023
    4.2.1 营造安全舒适微观空间，满足居民
          步行心理 ................................ 023
    4.2.2 由外在形式向内在观念转化，发挥
          "软措施"效力 ........................... 023
    4.2.3 强化小汽车出行管制，倡导居民绿色
          步行 ..................................... 024
参考文献 ......................................... 024
附录1 因子选择与表征汇总表 .................. 025
附录2 杭州市居民步行出行情况调查表 ......... 026

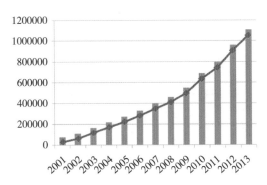

图 1-1 杭州机动车保
有量变化（左）

图 1-2 杭州城区拥堵
的现状（右）

# 1 绪论

## 1.1 研究背景与意义

### 1.1.1 研究背景

截至 2013 年 10 月底，杭州市汽车保有量达到 110.6 万辆。小汽车的过快发展不仅导致城市交通拥堵问题日益严峻，而且严重侵蚀了步行者的使用空间，破坏了街区活力。

面对逐渐恶化的城市环境，人们开始反思城市功能主义发展理念和以小汽车发展为导向的城市发展模式，并重新审视被人们忽视已久的古老交通方式——步行，将"人"摆在交通的主体地位（扬·盖尔，2002）。

步行心理特征作为居民步行行为重要的影响因素（Chatman，2009），越来越多地被纳入城市和区域层面的研究框架，但在微观层面（如街区和邻里），建成环境特征和居民的步行行为心理之间的关系却较为模糊（Crane，2001）。

### 1.1.2 研究内容与意义

本研究旨在通过对住区建成环境特征和居民的步行心理之间的关系进行梳理，建成环境与步行出行之间的联系；探寻住区步行空间优化策略，为街区设计和建设提供可行建议；减少交通拥堵，倡导居民绿色出行，避免日益膨胀拥挤的城市"内向"压缩了人性活动空间。

## 1.2 调研方法及思路

步行心理层次构建

近年来，国内外众多学者专家进行了大量的对于步行空间人性化的研究，而这些研究也将作为本文步行心理层次构建的重要理论来源。

扬·盖尔（2010）基于"以人为本"的理念，从心理感知和物质环境两个方面对城市步行空间设计以及其对城市空间和市民生活质量影响等方面进行

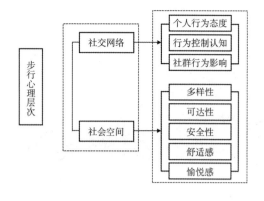

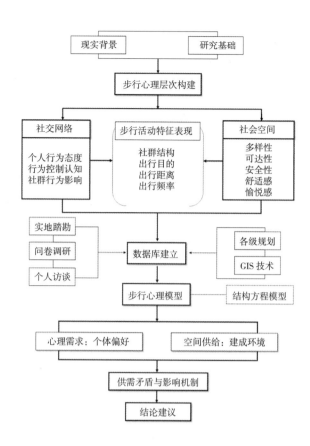

图1-3 步行心理层次
分析框架（左）

图1-4 技术路线（右）

了长期的研究。基于此，本文从主观的心理感知评估和客观的物质环境评价两方面来构建研究的宏观框架。

Jennifer Dill（2014）认为行为态度的作用是社会心理学领域的核心焦点，提出了个人态度、主观规范以及人的认知控制这三方面因素对行为的引导。在步行心理层次构建的过程中，多位学者专家均基于马斯洛提出的需求层次论，由低级需求到高级需求，层层递进，构建心理需求层次模型。如：Alfonzo（2005）用可行性、可达性、安全性、舒适性和愉悦性来阐述城市形态与步行行为的关系。

由此，本文基于步行行为心理和步行环境感知，分别构建步行心理两大层次结构：社交网络（心理感知）；社会空间（物质环境），如图1-3所示。其中社交网络评估将从个人行为态度、行为控制认知、社群行为影响三个子层次研究个体步行行为心理对步行行为的影响；社会空间评价将从多样性、可达性、安全性、舒适感、愉悦感五个子层次来研究城市空间对步行行为的影响。

## 1.3 调研区域的选定

为了尽可能反映城市不同类型的街区土地利用特征，如图1-5所示，选取杭州城区不同规模类型的6个样本街区。其中，"长庆"、"小营"、"紫阳"单元发展于二十世纪六七十年代，多为老街区，用地混合多样，设施齐全，

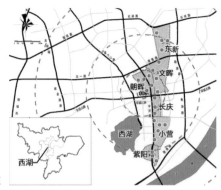

图 1-5 调研区域选定

但社区品质较低；"朝晖"、"文晖"、"东新"单元发展于近二三十年，存在较多大型居住区，居住用地比例大，功能相对单一。在单元内小区选点时，为确保居民步行行为影响的独立性，在尽量靠近控规管理单元的几何中心选取调查小区，并以小区入口为圆心、500m 为半径划定缓冲区客观测度"舒适步行范围"。

本次调研共走访 6 个街区，23 个小区，发放问卷 920 份，整理出有效问卷 860 份。利用 SPSS 建立了居民步行出行行为的基础数据库。

## 1.4 创新点

### 1.4.1 研究视角：从批判小汽车出行转变到鼓励步行出行

区别于传统观念上，通过"土地利用规划"、"小汽车使用管制"以及"公共交通环境优化"等实际策略综合作用从而降低小汽车出行的视角，转向从人性关怀角度出发，通过对步行空间品质的建设，来引导人们逐渐形成"步行优先"的出行理念。以实现整个城市交通资源存量和增量的优化，达到城市空间的合理化配置，在降低城市运行成本的同时，建造宜居的人性化城市。

### 1.4.2 研究方法：SPSS、地理信息系统（GIS）和结构方程模型（SEM）的综合运用

结合 SPSS 和 GIS 等图像、数据处理分析手段，进行更为全面、具体、多样化的科学技术探索。同时，在研究方法上做了有意义的尝试：运用了结构方程模型（SEM），使规划学研究与社会学、心理学研究更加融合。弥补了传统统计方法的不足，实现了数据的多元分析。

### 1.4.3 研究内容：构建主客观结合的多层次步行心理模型

将社交网络的较主观的个人偏好因子与社会空间较客观的空间供给因子结合，形成心理层次的评价体系。并将社交网络和社会空间两个层次细化到各子层次。

| | 年龄 | 比例 | 文化程度 | 比例 |
|---|---|---|---|---|
| 个体特征 | 20~30岁 | 41% | 大专以下 | 25% |
| | 31~40岁 | 37% | 大专 | 26% |
| | 41~50岁 | 11% | 本科 | 39% |
| | 51岁以上 | 11% | 研究生及以上 | 10% |
| | 工作职业 | 比例 | 婚姻状况 | 比例 |
| | 政府机关单位 | 13% | 未婚 | 29% |
| | 一般基层员工 | 31% | 已婚有小孩 | 65% |
| | 专业技术人员 | 23% | 已婚无小孩 | 6% |
| | 个体户 | 11% | | |
| | 退休及其他 | 22% | | |
| 家庭特征 | 家庭收入 | 比例 | 小汽车拥有量 | 比例 |
| | 10万以下 | 31% | 0辆 | 35% |
| | 10~15万 | 31% | 1辆 | 56% |
| | 15~25万 | 23% | 2辆 | 6% |
| | 25~35万 | 9% | 3辆及以上 | 3% |
| | 35万以上 | 6% | | |

# 2　数据的初步统计分析

## 2.1　街区居民主体特征分析

2.1.1　受访者个体特征：以中青年为主，40岁以下占78%；教育程度较高，约49%接受过本科及以上教育。职业以一般基层职工、专业技术人员为主，占54%；已婚有小孩比重较大，达到65%。

2.1.2　受访者家庭特征：整体家庭收入集中在"25万以下"，占85%。居住水平较高，有小汽车的家庭占65%。

## 2.2　街区居民步行活动特征表现

### 2.2.1　步行时间

步行出行可分为"有目的地"（如上学、购物或外出办事等）和"无目的地"（如散步、健身或遛狗等）。如图2-1所示，居民每天步行出行时间构成存在一定差异，但整体波动并不大，"有目的地"和"无目的地"步行出行活动时间集中在26~45分钟。其中居民各项步行活动时间主要集中在20分钟以内，如图2-2所示。

### 2.2.2　步行频率

总体而言，不同街区居民步行出行频率构成有一定的差异性。如图2-3所示，统计分析结果表明各街区居民七天内步行出行次数主要集中在14次以

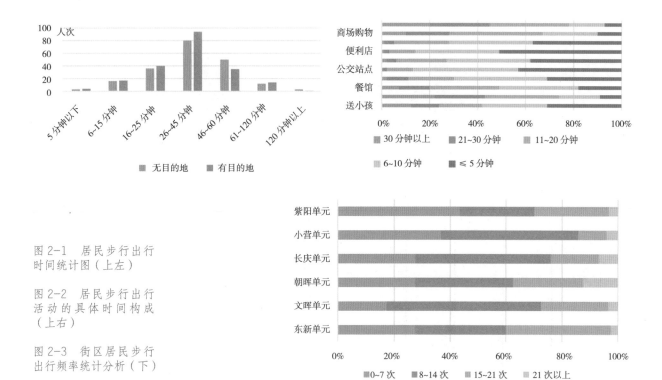

图2-1 居民步行出行
时间统计图（上左）

图2-2 居民步行出行
活动的具体时间构成
（上右）

图2-3 街区居民步行
出行频率统计分析（下）

内，平均出行频率在12次左右，上下变化幅度不大，最高的为朝晖街区（12.8次/周），最低的为小营街区（10.4次/周）。

**小结**

从群体统计的角度出发，居民步行活动的平均时间变化不大，维持在一定区间内；各街区居民步行出行的频率也相对集中。可能的解释是不同的社会个体在日常步行活动中，对时间或者频率存在相对统一的期望值（20分钟左右或1~2次/天）。造成该现象的原因还需要更为具体和严谨的数据化论证。

### 2.3 居民步行心理特征分析

### 2.3.1 社交网络

1）个人行为态度

如图2-4所示，大多数（74%）的居民对步行或骑自行车的绿色出行方式持乐观态度，认为其是有助于身体健康及城市环境的。根据图2-5及表2-2对步行出行的喜欢程度与无目的地的步行频率显著相关，喜欢绿色出行方式的居民实际无目的地步行更加频繁。

如图2-6所示，绝大多数（91%）的居民，在条件允许适宜的情况下是优先选择步行或骑自行车出行的，根据图2-7及表2-2优先选择步行出行的意愿强烈程度与无目的地步行显著相关，有意愿的居民实际无目的地步行较为频繁。

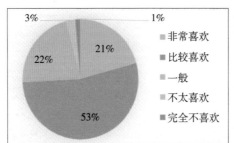

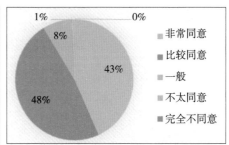

图 2-4　您是否喜欢步行或骑自行车（左）

图 2-6　是否优先选择绿色出行（右）

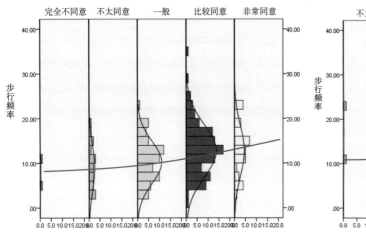

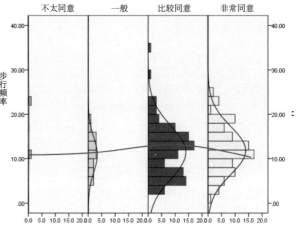

图 2-5　是否喜欢与频率的关系（左）

图 2-7　优先选择步行与频率的关系（右）

社交网络与出行频率相关性分析　　　　表 2-2

| | | 总步行频率/周 | 无目的地步行频率/周 | 有目的地步行频率/周 |
|---|---|---|---|---|
| 是否喜欢步行出行 | Pearson 相关性 | 0.084 | 0.217** | −0.013 |
| | 显著性（单侧） | 0.108 | 0.001 | 0.424 |
| 是否优先选择步行出行 | Pearson 相关性 | 0.016 | 0.126* | −0.047 |
| | 显著性（单侧） | 0.406 | 0.032 | 0.246 |
| 是否熟知安全步行路线 | Pearson 相关性 | 0.093 | 0.197** | 0.008 |
| | 显著性（单侧） | 0.086 | 0.002 | 0.452 |
| 是否在可接受步行范围 | Pearson 相关性 | 0.236** | 0.192** | 0.183** |
| | 显著性（单侧） | 0.000 | 0.002 | 0.003 |
| 亲友是否支持步行出行 | Pearson 相关性 | 0.143* | 0.172** | 0.081 |
| | 显著性（单侧） | 0.018 | 0.006 | 0.117 |
| 亲友是否经常步行 | Pearson 相关性 | 0.094 | 0.023 | 0.101 |
| | 显著性（单侧） | 0.083 | 0.367 | 0.069 |

注：**，在 0.01 水平（单侧）上显著相关。
　　*，在 0.05 水平（单侧）上显著相关。

2）行为控制认知

　　如图 2-8 所示，只有部分居民对小区周边的安全步行路线较为了解。而根据图 2-9 及表 2-2，对安全步行路线的熟知程度与无目的地出行频率显著相

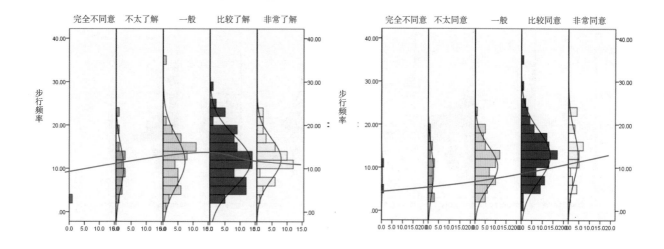

图2-8 居民对出行路
线了解度（左）

图2-10 居民出行范围
同意度比较（右）

图2-9 是否熟知与频
率的关系（左）

图2-11 步行在接受
范围与频率的关系（右）

关。如图2-10所示，居民对于日常目的地是否在步行出行范围内的同意度相较于前几项有所下降。根据图2-11及表2-2，对日常生活目的地是否在可步行范围的认同程度与步行总频率和有目的地步行显著相关，对此项的认同度越高，居民步行出行更频繁。

3）社群行为影响

如图2-12所示，大部分居民受到来自社群的积极影响，选择步行出行。根据图2-13及表2-2，社群的鼓励支持与无目的地步行显著相关，亲友愈加鼓励支持，居民无目的地步行则更加频繁。

如图2-14、图2-15及表2-2，社群实际步行情况与居民步行频率不显著相关，对居民步行出行无明显影响。

**小结**

社交网络对步行出行频率存在一定影响，其中对无目的地步行出行的影响更为明显。但其影响机制以及如何受社会空间影响尚不明确，还需要进一步的探讨。

### 2.3.2 社会空间

1）多样性——土地利用混合度、生活设施邻近度

由图2-16可知，除了紫阳，其他街区土地利用混合度越高，其街区内部的活性程度越高，越促进人们步行出行。

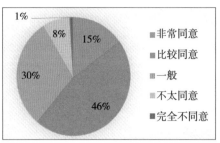

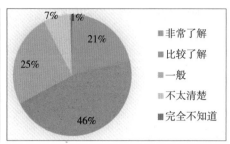

图 2-12 出行目的地是
否在可接受范围内（左）

图 2-14 亲友是否支
持您日常步行（右）

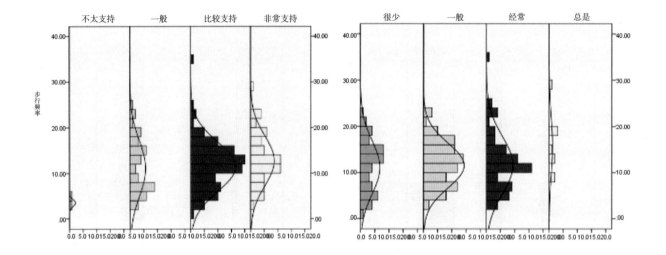

图 2-13 亲友支持步行
与频率的关系（左）

图 2-15 亲友自身步行
与频率的关系（右）

由图 2-17 可知，各个街区的生活设施临近度都很高，对居民步行出行频率影响相对较小。

2）可达性——支路网密度、道路便捷性

由图 2-18 可知，除了东新外，支路网密度越高，居民步行出行频率就越大。

由图 2-19 可知，除了长庆街区居民之外，其他街区居民对于道路便捷性的满意度普遍较高，但出行频率与其之间一致性不高。可能道路的便捷，也给车辆出行带来了便利性，从而在一定程度上抑制了居民的步行出行。双向的影响导致居民出行频率与道路便捷性之间不呈一定的线性关系。

3）安全性——道路宽度、支小路交叉口密度

由图 2-20 可知，除了文晖、朝晖、长庆街区，人们对于道路宽度满意度越高就更乐意步行出行，适宜的道路宽度能营造更加安全舒适的步行环境。

由图 2-21 可知，除了东新街区外，支小路交叉口密度越大，居民步行出行频率越高，支小路交叉口适当的增多促进机动车的疏散，使道路更加畅通，在一定程度上提高了道路的安全性，促进居民步行出行。

4）舒适感——可步行面积占比、步行道整洁度

可步行面积占比即只允许步行的绿地、公园及商业街面积占街区总面积的比例，由图 2-22 可知，可步行面积占比越大，居民步行出行频率越高。

由图 2-23 可知，居民步行出行频率随着居民对步行道路整洁性满意程度

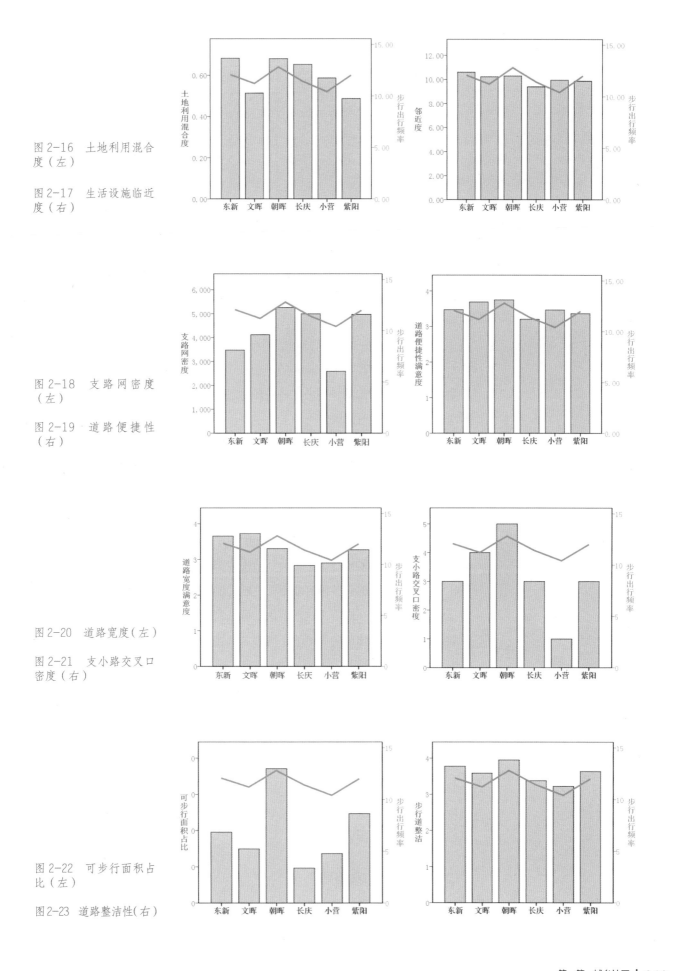

图 2-16　土地利用混合度（左）

图 2-17　生活设施临近度（右）

图 2-18　支路网密度（左）

图 2-19　道路便捷性（右）

图 2-20　道路宽度（左）

图 2-21　支小路交叉口密度（右）

图 2-22　可步行面积占比（左）

图 2-23　道路整洁性（右）

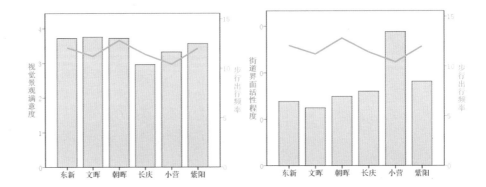

图 2-24　沿街道路视觉
景观（左）

图 2-25　街道界面活性
程度（右）

的升高而增加。

　　5）愉悦感——视觉景观效果、街道界面活性

　　由图 2-24 可知，长庆和小营街区居民对沿街视觉景观满意度较低，其步行出行频率也相对偏低，可见良好的视觉感官总是给人带来内心的愉悦，能更好地促进人们的步行出行。

　　由图 2-25 可知，除了小营街区，居民的出行频率随着街道活性程度的升高而增加，街道活性程度越高，居民的生活体验就越丰富，愉悦感得到提升，进一步促进居民步行出行。

**小结**

　　通过对社会空间的分析，认为空间的多样性、可达性、安全性、舒适感、愉悦感均对居民步行出行产生影响。但这些因子与居民步行出行之间的作用关系还无法通过简单的相关分析获得比较确定的结论。问题的关键在于社会空间单个因子与其的交互影响，这需要借助可靠的模型工具以便在综合多个变量作用的同时，独立显化单个因子的影响力大小。

## 3　数据的模型化集成分析

### 3.1　结构方程优势

　　结构方程模型（SEM，Structural Equation Model）综合了方差分析、回归分析、路径分析和因子分析，是一种多变量复杂关系的建模工具。结构方程模型可以分析多因多果的联系、潜变量的关系，并能够模拟多因子的内在逻辑关系，是非常重要的多元数据分析工具。

### 3.2　模型构建与数据处理

　　本研究在 SPSS 20.0 中建立了包含 217 个样本数据的数据库，并以此为基

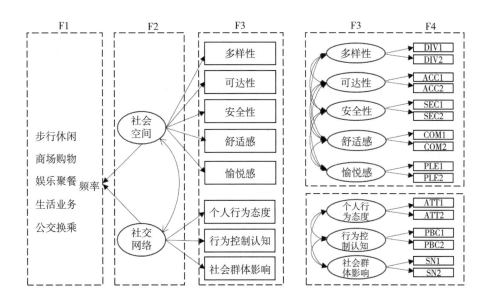

图 3-1 居民步行心理决定因素模型（左）

图 3-2 因子权重分析示意图（右）

础导入 AMOS 21.0 进行分析并构建结构方程模型（因子选择与表征汇总表见附录 1）。

通过前文对步行心理层次构建的分析，本文构建了一个城市居民步行心理决定因素模型（图 3-1）。此模型共包括了两个结构变量，分别是社会空间和社交网络。变量之间的单向箭头表示决定因素对步行频率的影响，双箭头表示变量之间的相关关系。为使步行频率更好地表征居民出行情况，特将步行频率分为"步行休闲、商场购物、娱乐聚餐、生活业务、公交换乘"五类，进行分类讨论，横向比较。

为保证 F3 层次变量数据更加科学准确，在运行模型 1 前，先分别对 F3 层次下的各子因子进行权重分析，如图 3-2 所示，确定各权重系数（表 3-1）。

因子权重系数统计表　　　　　　　　　　　　表 3-1

| | Estimate | | Estimate |
|---|---|---|---|
| $DIV_1 \leftarrow$ 多样性 | 0.334 | $ATT_1 \leftarrow$ 个人行为态度 | 0.699 |
| $DIV_2 \leftarrow$ 多样性 | 0.617 | $ATT_2 \leftarrow$ 个人行为态度 | 0.58 |
| $ACC_1 \leftarrow$ 可达性 | 0.54 | $PBC_1 \leftarrow$ 行为控制认知 | 0.493 |
| $ACC_2 \leftarrow$ 可达性 | −0.255 | $PBC_2 \leftarrow$ 行为控制认知 | 0.404 |
| $SEC_1 \leftarrow$ 安全性 | 0.734 | $SN_1 \leftarrow$ 社会群体影响 | 0.597 |
| $SEC_2 \leftarrow$ 安全性 | −0.275 | $SN_2 \leftarrow$ 社会群体影响 | 0.282 |
| $COM_1 \leftarrow$ 舒适感 | 0.431 | | |
| $COM_2 \leftarrow$ 舒适感 | 0.113 | | |
| $PLE_1 \leftarrow$ 愉悦感 | 0.382 | | |
| $PLE_2 \leftarrow$ 愉悦感 | 0.138 | | |

## 3.3　模拟结果

通过对五类步行频率的模拟分析，结果见表 3-2。

| F1（频率） | 步行休闲 | | 商场购物 | | 娱乐聚餐 | | 生活业务 | | 公交换乘 | |
|---|---|---|---|---|---|---|---|---|---|---|
| F3 ← F2 | Estimate | P | Estimate | P | Estimate | P | Estimate | P | Estimate | P |
| 多样性←社会空间 | 0.084 | 0.242 | 0.077 | 0.338 | 0.075 | 0.345 | 0.084 | 0.243 | 0.079 | 0.267 |
| 可达性←社会空间 | 0.372 | | 0.429 | | 0.424 | | 0.372 | | 0.368 | |
| 安全性←社会空间 | 0.474 | *** | 0.56 | *** | 0.553 | *** | 0.474 | *** | 0.472 | *** |
| 个人行为态度←社交网络 | 0.556 | | 0.536 | | 0.538 | | 0.542 | | 0.54 | |
| 行为控制认知←社交网络 | 0.655 | *** | 0.632 | *** | 0.623 | *** | 0.632 | *** | 0.625 | *** |
| 社会群体影响←社交网络 | 0.657 | *** | 0.7 | *** | 0.707 | *** | 0.695 | *** | 0.704 | *** |
| 愉悦感←社会空间 | −0.679 | *** | −0.536 | *** | −0.544 | *** | −0.678 | *** | −0.672 | *** |
| 舒适感←社会空间 | −0.963 | *** | −0.827 | *** | −0.839 | *** | −0.963 | *** | −0.972 | *** |
| F1（频率）←社交网络 | 0.318 | *** | 0.094 | 0.284 | 0.04 | 0.641 | 0.081 | 0.349 | 0.051 | 0.555 |
| F1（频率）←社会空间 | −0.037 | 0.606 | −0.033 | 0.687 | −0.017 | 0.839 | −0.016 | 0.829 | −0.11 | 0.141 |
| 社交网络←→社会空间 | −0.224 | 0.029 | −0.225 | 0.046 | −0.233 | 0.48 | −0.216 | 0.033 | −0.211 | 0.035 |

通过对五组数据的对比，可得：

1）除多样性外，其余 F3 层次各因子在 0.01 水平上显著相关；

2）社会空间层次下，舒适感对社会空间影响程度最高，愉悦感次之，安全性、可达性相对较弱，但愉悦感、舒适感呈负相关；

3）社交网络层次下，三类因子均对社交网络呈正相关，且影响程度较接近，均在（0.53，0.71）区间内；

4）社交网络只对步行休闲频率呈正相关，对其他四类步行频率均不显著相关；

5）社会空间对各类步行频率均不显著相关；

6）社交网络与社会空间两者之间有显著相关性。

## 3.4 结果讨论

1）造成社会空间对步行频率不相关的原因可能是由于社会空间内部各因子的相关性有正有负，对最后结果造成较大影响。

2）虽然愉悦感和舒适感在对社会空间层次影响负相关，但由于社会空间对步行频率的影响也为负，负负得正，因此两者均对步行频率显著正相关。

3）同理，可达性和安全性则对步行频率产生负相关。可能的原因是本文选取的可达性和安全性的空间指标（支路网密度、支小路交叉口密度等）对居民步行出行的选择起抑制作用。因为此类指标越高，可能会助长其他交通方式（小汽车等）出行，抑制、替代步行出行。

4）社交网络对步行休闲出行频率的影响显著正相关，可能是由于步行休闲相对于其他出行，属于无目的地的出行，受客观因素影响较小，而人自身的偏好、态度，对此类行为影响更明显。

5）社会群体影响在社交网络下三个层次中对步行出行频率的影响最大，而在国外的研究（Jennifer Dill 2014）中没有显著的影响。可能的原因是，在步行出行选择方面，国人更容易受亲人朋友的影响。

6）居民在选择步行出行时，社交网络与社会空间会产生交互作用，影响出行选择。

## 4　结论与建议

### 4.1　结论

#### 4.1.1　建成环境（社会空间）在很大程度上对步行出行起着重要作用

街区可步行面积越大，道路越整洁，街道界面越活跃，视觉景观越好，即舒适感、愉悦感越强，越能促进居民选择步行出行。而支小路交叉口密度和支路网密度越大，反而抑制步行出行选择。结合国内实际情况，可能是小汽车的过快发展侵蚀了步行空间（路面停车、车流量过大），在安全性、可达性方面，对居民步行出行产生了消极影响。

#### 4.1.2　社交网络对居民无目的地步行出行（步行休闲）的影响更显著

态度对步行选择起着关键作用，尤其是把步行作为休闲方式的居民。居民对步行有积极的态度，那么其步行次数也会较多，他们对于步行的态度将会更积极，因此在同等条件下，居民更愿意选择居住在步行友好的住区。但我们无法预知两者之间是如何相互影响的，理解这些复杂的关系对制定相关政策有重要影响。

#### 4.1.3　社会空间与社交网络具有交互作用，影响步行心理

社会空间如何通过空间要素，影响社交网络，而社交网络又是如何反作用于社会空间的感知，本文尚不明确，还需进一步研究。

### 4.2　建议

#### 4.2.1　营造安全舒适微观空间，满足居民步行心理。

居民步行很大程度上取决于舒适便捷步行环境，以满足居民步行心理需求。所以创造步行出行的空间路径条件，在微观尺度上构筑连续的、具有吸引力的慢行交通系统，打造景观廊道，补充城市空间环境，促进人性化的交通空间建设对居民选择步行出行至关重要。

#### 4.2.2　由外在形式向内在观念转化，发挥"软措施"效力

建成环境在一定程度上对步行出行产生影响，与此同时，城市需要把目光投向旨在转变态度的"软"措施。通过宣传组织绿色出行活动，逐步形成由内在观念主导的自发性出行行为。

### 4.2.3 强化小汽车出行管制，倡导居民绿色步行

在城市整体收入水平提高，以及小汽车出行普及的背景下，制定公平可行的交通管制政策刻不容缓。具体操作如下：控制行车速度，减少路面停车等政策措施，从而使人们有更好的步行体验，鼓励居民绿色步行，在街区层面上为实现从"人车冲突"到"人车共存"转变提供可能。

## 参考文献

[1] （丹麦）扬·盖尔. 交往与空间 [M]. 何人可译. 北京：中国建筑工业出版社，2002.

[2] 赵春丽，杨滨章. 步行空间设计与步行交通方式的选择——扬·盖尔城市公共空间设计理论探析（1）[J]. 中国园林，2012，06：39-42.

[3] 孙俊. 城市步行空间人性化设计研究 [D]. 同济大学，2007.

[4] 潘海啸，沈青，张明. 城市形态对居民出行的影响——上海实例研究 [J]. 城市交通，2009，（6）：28-32，49.

[5] 韦亚平，潘聪林. 大城市街区土地利用特征与居民通勤方式研究——以杭州城西为例 [J]. 城市规划，2012，（3）：76-84，89.

[6] 赵晓楠，张海龙，袁伟晋等. 城市住区慢行系统构建目标和策略研究 [J]. 城市地理，2012，（3）：114-119.

[7] 罗应婷，杨钰娟. SPSS 统计分析从基础到实践. 北京：电子工业出版社，2010.

[8] 徐煜辉，杨洁. 基于步行心理需求视角的街区规划策略研究 [A]. 城乡治理与规划改革——2014 中国城市规划年会论文集（06 城市设计与详细规划）[C]. 中国城市规划学会，2014.

[9] 曹小曙，林强. 基于结构方程模型的广州城市社区居民出行行为 [J]. 地理学报，2011，66（2）：167-177.

[10] 林嵩. 结构方程模型原理及 AMOS 应用 [M]. 湖北：华中师范大学出版社，2008.

[11] Chatman, D.G.Residential self-selection, the built environment and nonworktravel：evidence using new data and methods[J].Environment and Planning A，2009，41（5）：1072-1089.

[12] Jennifer Dill, Cynthia Mohr and Liang Ma.How can psychological theory help cities increase walking and bicycling? [J].Journal of the American Planning Association，2014，80（1）36-51.

[13] Alfonzo M A.To walk or not to walk? the hierarchy of walking needs[J].Environment and Behavior，2005，37（6）：808-836.

[14] Crane, R.The influence of urban form on travel：an interpretive review[J].Journal of Planning Literature，2001，15（1）：3-23.

[15] Olszewski P S.Singapore motorisation restraint and its implications on travel behaviour and urban sustainability[J].Transportation，2007，34（3）：319-335.

# 附录1　因子选择与表征汇总表

因子选择与表征汇总表　　　　　　　　　　　　　　　附表1-1

| F3 | 因子 | 因子解释 | 计算方法或赋值 |
|---|---|---|---|
| 多样性 | DIV$_1$ | 土地利用混合度 | $-\dfrac{\Sigma_K(P_K*\ln P_K)}{\ln N}$<br>（$K$代表土地利用类型，$P$代表用地面积所占比例，$N$代表土地利用分类总数） |
| | DIV$_2$ | 生活设施邻近度 | 各个设施时间距离所得平均值 |
| 可达性 | ACC$_1$ | 支路网密度 | 支路长度/街区总用地面积 |
| | ACC$_2$ | 道路便捷性 | 1="完全不满意"，2="不太满意"，3="一般"，4="比较满意"，5="非常满意" |
| 安全性 | SEC$_1$ | 道路宽度 | 1="完全不满意"，2="不太满意"，3="一般"，4="比较满意"，5="非常满意" |
| | SEC$_2$ | 支小路交叉口密度 | 支小路交叉口数量/街区总用地面积 |
| 舒适感 | COM$_1$ | 可步行面积占比 | 可步行场所总面积/街区总用地面积 |
| | COM$_2$ | 步行道整洁度 | 1="完全不满意"，2="不太满意"，3="一般"，4="比较满意"，5="非常满意" |
| 愉悦感 | PLE$_1$ | 视觉景观效果 | 1="完全不满意"，2="不太满意"，3="一般"，4="比较满意"，5="非常满意" |
| | PLE$_2$ | 街道界面活性 | 公共性的功能界面长度/定义的路段长度 |
| 个人行为态度 | ATT$_1$ | 您喜欢步行或骑自行车吗 | 1="完全不喜欢"，2="不太喜欢"，3="一般"，4="比较喜欢"，5="非常喜欢" |
| | ATT$_2$ | 步行环境宜人的情况下会尽量选择步行 | 1="完全不同意"，2="不太同意"，3="一般"，4="比较同意"，5="非常同意" |
| 行为控制认知 | PBC$_1$ | 熟知小区周边安全步行路线 | 1="完全不知道"，2="不太了解"，3="一般"，4="比较了解"，5="非常了解" |
| | PBC$_2$ | 日常出行目的地在可接受的步行范围内 | 1="完全不同意"，2="不太同意"，3="一般"，4="比较同意"，5="非常同意" |
| 社群行为影响 | SN$_1$ | 身边亲人朋友支持建议您日常步行出行 | 1="完全不支持"，2="不太支持"，3="一般"，4="比较支持"，5="非常支持" |
| | SN$_2$ | 身边亲人朋友步行外出的频率 | 1="从不"，2="很少"，3="一般"，4="经常"，5="总是" |

## 杭州市居民步行出行情况调查表

　　您好！我们是浙江工业大学建工学院课题组，现组织对街区步行情况的调查。目的是了解家庭步行出行特征和步行者对空间环境的实际需求，为今后的相关城市规划和管理决策提供科学依据。

　　您所提供的信息对于改善杭州市的步行环境至关重要，我们保证所有回收的问卷数据将专为学术研究之用，并且保证您的个人信息不会由任何途径，或以任何形式公开、发表和泄露。感谢您的真诚协作，祝您全家幸福！

| 1　基本信息 | | | | |
|---|---|---|---|---|
| 1.1 性别： | □男 | □女 | | |
| 1.2 年龄： | □ 20~30 岁 | □ 31~40 岁 | □ 41~50 岁 | □ 51 以上 |
| 1.3 文化程度： | □大专以下 | □大专 | □本科 | □研究生（硕士以上） |
| 1.4 婚姻状况： | □未婚 | □已婚有小孩 | □已婚没小孩 | |
| 1.5 住房情况： | □ 60m² 以下　□完整住房产权 | □ 61~90m²　□租住 | □ 91~120m²　□单位供房 | □ 121~160m²　□自建房 　□ 161² 以上　□其他_____ |
| 1.6 您的工作职位： | □政府机关单位、管理者　□一般基层职工　□专业技术人员　□个体户　□退休　□其他 | | | |
| 1.7 家庭住址_____小区，现住人口数_____人，其中：成年人（≥ 18 岁）_____人，上学的_____人。 | | | | |
| 1.8 家庭年收入情况：□ 10 万以下　　□ 10~15 万　　□ 15~25 万　　□ 25~35 万以上　　□ 35 万以上 | | | | |
| 1.9 目前家里拥有的交通工具：小汽车_____辆，助动车_____辆，常用的自行车_____辆。 | | | | |

| 2　步行活动调查 | | | | | |
|---|---|---|---|---|---|

2.1 请√选下列出行类型的最近使用时间。需要注意的是你的一次步行出行可能包含多种活动，例如，昨天你步行运动去商店买面包，那么，你需要在"最近 7 天"中选择"c"和"f"的选项。

| 出行类型 | 无 | 7 天以内 | 1 个月以内 | 3 个月以内 | 3 个月以上 |
|---|---|---|---|---|---|
| a. 步行上班、小学 | | | | | |
| b. 步行接送小孩子上下学 | | | | | |
| c. 步行去休闲活动 | | | | | |
| d. 步行到达、离开公交站 | | | | | |
| e. 步行去大型商场逛街购物、娱乐、聚餐 | | | | | |
| f. 步行去办理生活业务（包括买菜、银行、便利店、水果店、面包店等） | | | | | |
| g. 带小孩户外步行活动 | | | | | |

2.2 七天以内（直到昨天），从家步行去过（住区周边）以下地方的天数合计：

| 步行活动 | 说明：需要注意是步行到达以下地点 | 天数合计（0~7） |
|---|---|---|
| 商场购物 | 大型超市和商场 | |
| 娱乐聚餐 | 娱乐会所、健身房、体育馆、餐馆（非快餐） | |
| 生活业务 | 银行邮局、便利店、水果店、菜市场、书店、文具店 | |
| 公交换乘 | 步行到达或离开公交站点 | |
| 步行休闲 | 以步行为休闲运动，没有目的地的出行 | |

2.3 从家去往下列地点需要的步行时间？

（A. ≤ 5分钟　　B. 6~10分钟　　C. 11~20分钟　　D. 21~30分钟　　E. >30分钟）

| 上下班——（　　） | 送小孩——（　　） | 看病就医——（　　） | 餐馆（非快餐）——（　　） |
| 农贸市场——（　　） | 公交站点——（　　） | 公园健身——（　　） | 便利店、水果店—（　　） |
| 银行邮局——（　　） | 商场购物——（　　） | 健身房、体育馆——（　　） | |

2.4 您每天有目的地的步行出行时间（如上班、上学、购物或外出办事等）累积有_____分钟

2.5 您每天无固定目的地的户外步行休闲时间（如散步、健身或遛狗等）累积有_____分钟

### 3　步行心理调查

3.1 您喜欢步行或骑自行车吗（认为更有益健康、轻松愉快）？

A. 非常喜欢　　　　　B. 比较喜欢　　　　　C. 一般　　　　　D. 不太喜欢　　　　　E. 完全不喜欢

3.2 对于您来说，步行环境宜人的情况下会尽量选择步行或骑自行车，而不是开车？

A. 非常同意　　　　　B. 比较同意　　　　　C. 一般　　　　　D. 不太同意　　　　　E. 完全不同意

3.3 您熟知小区周边有安全的步行路线或者能够在小区周边安全步行？

A. 非常了解　　　　　B. 比较了解　　　　　C. 一般　　　　　D. 不太了解　　　　　E. 完全不了解

3.4 您日常出行的目的地都在可接受的步行范围内？

A. 非常同意　　　　　B. 比较同意　　　　　C. 一般　　　　　D. 不太同意　　　　　E. 完全不同意

3.5 您身边的亲人朋友支持建议您日常步行出行？

A. 非常支持　　　　　B. 比较支持　　　　　C. 一般　　　　　D. 不太支持　　　　　E. 完全不支持

3.6 您身边的大部分亲人朋友是否步行去上班、购物、外出办事等？

A. 总是　　　　　　　B. 经常　　　　　　　C. 一般　　　　　D. 很少　　　　　　　E. 从不

3.7 您对住区附近的整体步行环境如何评价？

A. 非常满意　　　　　B. 比较满意　　　　　C. 一般　　　　　D. 不太满意　　　　　E. 完全不满意

3.8 您愿意或选择住在本小区，对于下列因素的重要性是如何考虑的？

　　（A. 非常重要　　B. 比较重要　　C. 一般　　D. 不太重要　　E. 没考虑过）

| 方便小孩上学（学区）——（　　） | 靠近工作地——（　　） |
| 公交出行方便——（　　） | 靠近商业等服务设施—（　　） |
| 社区环境适宜步行（包括安全及舒适、品质的环境）——（　　） | |

3.9 您对住区附近的各项步行环境感受如何评价？

| 大类 | 单项 | 非常满意 | 比较满意 | 一般 | 不太满意 | 非常不满意 |
| --- | --- | --- | --- | --- | --- | --- |
| 可达性 | 步行空间连续，不被车行打断 | | | | | |
| | 公交换乘是否方便 | | | | | |
| 安全性 | 树荫遮挡 | | | | | |
| | 步行道干净整洁 | | | | | |
| | 人行道宽度 | | | | | |
| 舒适感 | 空气质量 | | | | | |
| | 违章占道 | | | | | |
| 便捷性 | 周边步行\自行车专用道 | | | | | |
| | 步行道路便捷、不绕路 | | | | | |
| 愉悦感 | 步行道沿线视觉景观 | | | | | |
| | 沿街生活功能丰富 | | | | | |

# "别在我家后院"综合症分析
## ——杭州市居住小区公共设施布局的负外部性问题调研

学生：戎佳　丁佳荣　唐慧强
指导老师：孟海宁　陈前虎

**摘要**

"别在我家后院"一词来自于美国，其意思是，别将垃圾放在我家后院（Not In My Backyard）。近年来，在杭城居住小区的维权纠纷中，"厌恶性"公建配套引起的纠纷占总数的 50% 以上，这正是"别在我家后院"综合症的集中体现。本文从小区存在的辐射、噪声、环卫、日照、光污染等问题分析具有负外部性的公共设施对居民及社会所产生的不良影响，并结合具体实例给予说明。同时借鉴国外一些成功经验，提出一定的解决方法。希望在全国上下大力提倡构建和谐社会的同时，这个居民共同关心的问题能够得到更好的认识与解决。

**关键词**

居住小区　公共设施　负外部性　建议

# 目录

1 调研基本情况说明 .............................................031
　　1.1 调研背景 .............................................031
　　　　1.1.1 发展阶段转型 .............................031
　　　　1.1.2 经济体制转型 .............................031
　　1.2 调查方法 .............................................031
　　　　1.2.1 实地勘察法 .............................031
　　　　1.2.2 问卷调查法 .............................032
　　　　1.2.3 访谈法 .............................032
　　1.3 调查思路与研究的技术路线（图4）.........032
2 "别在我家后院"综合症症状分析 .................032
　　2.1 小区公共设施外部性分类 .......................032
　　　　2.1.1 正外部性 .............................033
　　　　2.1.2 负外部性 .............................033
　　2.2 杭城小区公共设施负外部性问题的
　　　　定量统计 .............................034
　　2.3 杭城小区公共设施负外部性问题的
　　　　分类表现 .............................035
　　　　2.3.1 只具有负外部性的 .....................035
　　　　2.3.2 负外部性大于正外部性的 ...............037
　　2.4 "别在我家后院"综合症的危害分析 .........039
　　　　2.4.1 休憩和工作不平衡 .....................039
　　　　2.4.2 生理、心理带来严重负面影响 ...........039
　　　　2.4.3 对相关部门产生不信任感 ...............039
　　2.5 "别在我家后院"综合症的诊断分析 .........039
　　　　2.5.1 体制转轨带来的法制真空 ...............040
　　　　2.5.2 发展转型带来的管理滞后 ...............041
　　2.6 "别在我家后院"综合症的求医难分析 ......042
　　　　2.6.1 "综合症"求医的一般途径 .............042
　　　　2.6.2 "综合症"求医难的制约因素 .........042
3 "别在我家后院"综合症的根治之道 ..............043
　　3.1 在法制层面做到有法可依 .......................043
　　3.2 在管理层面做到执法必严 .......................043
　　3.3 在实施层面做到有法必依 .......................044
　　3.4 在监督层面做到违法必究 .......................044
4 后记 .............................................044
参考文献 .............................................045

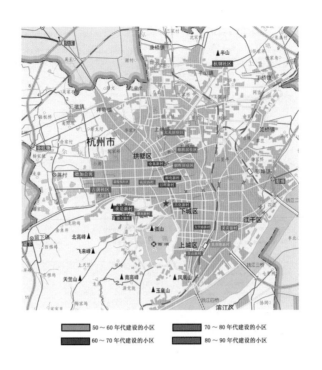

图 1　课题调研的部分
小区分布图

■　50～60年代建设的小区　　　　■　70～80年代建设的小区

■　60～70年代建设的小区　　　　■　80～90年代建设的小区

# 1　调研基本情况说明

## 1.1　调研背景

### 1.1.1　发展阶段转型

随着工业化和城市化的快速发展，人们的生活方式、观念及消费水平发生了根本的转变，同时城市膨胀，环境恶化也相继产生。于是，如何营建宜人的人居环境，让我们生活工作的城市实现协调而持续的发展问题就日益突出。

### 1.1.2　经济体制转型

我国正处于制度创新时期和经济转轨的过渡时期，无论是行政、法规还是市场都尚未完善，城市建设具有极大的随机性。

所以，在"双转型"与"双落后"的大背景下，各种突发性、常发性的社会公共事件层出不穷，如环境污染、公共安全和社会冲突等。小区内部公共设施布局不当所带来的社会冲突就是其中典型的公共事件，虽然与SARS、禽流感、江河污染等公共事件存在着影响范围与程度上的差别，但处理不当或轻视公共管理，则可能导致更为棘手的恐怖事件。这就是我们关注"别在我家后院"综合症的根本原因所在！

## 1.2　调查方法

### 1.2.1　实地勘察法

在此次调查中，为全面准确地反映杭城小区"别在我家后院"综合症存在的普遍性，了解并分析公共设施所产生的负外部性问题，我们走访了杭城各

图2 第一轮网上问卷
调研情况（上）

图3 对电磁辐射问题
的深入调研（下）

个时期建造的小区（图1），对其公共设施基本情况进行了第一轮调研，然后又针对问题集中突出的小区进行了再一次调研，并对其存在的具体问题做了详尽记录。

### 1.2.2 问卷调查法

在调研中，我们共发放问卷120份，回收有效问卷108份，有效率为90%。同时结合网络，在"住在杭州"网站上的各小区业主俱乐部版块投放问卷（图2、图3），反馈信息及时、真实。

### 1.2.3 访谈法

与小区各个年龄阶层的居民进行访谈，全面了解他们的意愿和想法。

## 1.3 调查思路与研究的技术路线（图4）

本次社会调研历时四个月，将实地勘察与问卷调查的结果紧密结合，分别从辐射、噪声、环卫、日照、光污染这五个比较典型的方面对小区公共设施所产生的负外部性问题进行分析，力求反映小区中"别在我家后院"综合症存在的普遍性，分析其危害，解剖其成因，并在此基础上得出相关结论与建议。

# 2 "别在我家后院"综合症症状分析

## 2.1 小区公共设施外部性分类

居民群体的生存与自我发展都要求有一定的生活组织及其相关服务设施，例如最基本的商业设施、托儿所、小学、绿色环境小品、公共活动中心、停车

图 4　调查与分析流程表

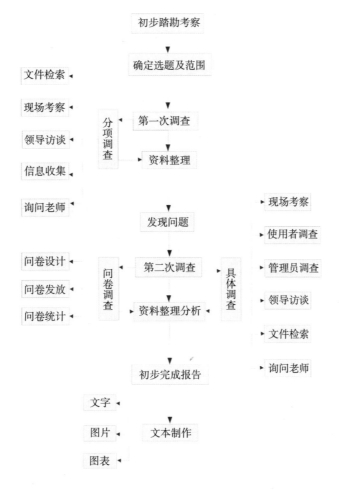

场等的配置，这些都是小区居民日常生活、工作所必需的。小区公共设施配置
是为了满足居民最基本的物质与文化生活所需，它产生的影响可分为正外部性
和负外部性两大类。

### 2.1.1　正外部性

正外部性指的是居民对于小区公共空间生态质量和环境质量最优的黄金
地段而产生的集聚性。同时正是具备这一点，它往往会成为小区居民择房的首
选，并且是整个小区中房价最高之处。房地产开发商也经常在公共设施产生的
正外部性方面下大力做广告宣传，"公园景观第一排"、"坐拥公园"成了住宅
的最大卖点。

### 2.1.2　负外部性

负外部性指的是居民对于小区公共设施布局的不合理而产生的排斥性。
开发商在建造相关公共设施时，没有经过足够的思考，没有真正坚持"以人为
本"的原则，在规划时重量不重质。比如在住宅的不远处面对的是垃圾收集站，
从里面散发的刺鼻味道，让居民深受其害。此类问题还包括电磁辐射、噪声等。

在我们的此次调研中，主要是针对后一类公共设施对居民的影响而展开
的分析。

## 2.2 杭城小区公共设施负外部性问题的定量统计

随着城市化进程的不断推进，小区生活中有些东西还真是必不可少的，比如垃圾压缩站，比如通信发射塔，这些东西和我们的生活密切相关，但当垃圾压缩站就在你家楼下，发射塔就在你家屋顶时，你就会从心底里产生厌恶之情。近年来，在杭城居住小区的维权纠纷中，类似的"厌恶性"公建配套引起的纠纷占总数的 50% 以上，可以说这是"别在我家后院"综合症的集中表现，更深层次的是小区公共设施所产生的负外部性影响。

来自 12345 市长热线的数据　　　　表 1

|  | 辐射问题 | 噪声问题 | 环卫问题 | 日照问题 | 通风问题 | 光污染问题 |
|---|---|---|---|---|---|---|
| 1999 年—2004 年 | 287 | 1071 | 1273 | 183 | 59 | 36 |
| 2005 年（上半年） | 76 | 264 | 161 | 42 | 12 | 9 |

来自小区实地调研的数据　　　　表 2

|  | 辐射问题 | 噪声问题 | 环卫问题 | 日照问题 | 光污染问题 | 其他 |
|---|---|---|---|---|---|---|
| 百分比 | 25% | 55% | 30% | 15% | 12.5% | 11% |

来自小区网上论坛调研的数据　　　　表 3

| 小区名称 | 辐射问题 | 噪声问题 | 环卫问题 | 日照问题 | 光污染问题 |
|---|---|---|---|---|---|
| 中能·浪漫和山业主讨论区 | 0% | 11% | 3% | 5% | 1% |
| 绿城房产主讨论区 | 0% | 47% | 0% | 0% | 0% |
| 政苑小区业主讨论区 | 27% | 27% | 36% | 0% | 0% |
| 紫荆家园业主讨论区 | 0% | 33% | 50% | 22% | 10% |
| 国信房产业主讨论区 | 0% | 75% | 100% | 2% | 0% |
| 耀江房产业主讨论区 | 0% | 100% | 67% | 0% | 0% |
| 铭雅苑业主讨论区 | 0% | 0% | 100% | 0% | 0% |
| 金成房产业主讨论区 | 25% | 0% | 0% | 0% | 0% |
| 北国之春＆运河人家业主讨论区 | 50% | 50% | 0% | 20% | 0% |
| 紫金庭园业主讨论区 | 100% | 21% | 0% | 1% | 4% |
| 朝晖·现代城业主讨论区 | 0% | 75% | 87% | 7% | 13% |
| 华立地产业主讨论区 | 43% | 43% | 57% | 0% | 0% |
| 名城左岸花园业主讨论区 | 0% | 31% | 9% | 3% | 7% |

注：表 2、表 3 两题在问卷设计上是多选题，其百分比表示单项投票数与投票总人数的比值。

图 5　文三变电网走向
（左）

图 6　紫金庭园高压线
塔（右）

　　表 1、表 2、表 3 说明了小区公共服务设施因布局不当所引起的社会问题确实具有普遍性，并隐藏着巨大的社会危机，必须引起足够的重视。

## 2.3　杭城小区公共设施负外部性问题的分类表现

### 2.3.1　只具有负外部性的

（1）辐射问题

　　"电磁污染"已被确认为世界上继水质污染、大气污染、噪声污染之后的第四大污染。这由此引发了人们众多的疑虑和关注，随之而来的是投诉和法律纠纷逐渐增多。据不完全统计，仅杭州的 12345 市长热线在 2005 年一年就有关电磁辐射问题收到 475 个投诉电话。今年以来，杭州市电力局受理的各类投诉事件中，有关变电所、架空线的电磁辐射等的投诉，占到了总量的 25%，并且有愈演愈烈之势。

　　a. 高压输电线、变电站电磁辐射

　　随着大规模的城市改造和房地产开发，一些原来建于城市周边的传输发射中心和高压线等设施周围也开始进行开发建设，很多以前与居住区分离开来的发射区也被建设成为居住区，小区环境中的电磁辐射污染问题也就随之而来。如紫金庭园中，文三变有 1 回进线由府苑新村从南向北跨河进入紫金庭园南面沿河绿地，然后平行紫金庭园南面的芦荻苑 5、6 号楼向东进入文三变，并在芦荻苑 6 号楼正前面位置建造了一个 110kV 高压线的铁塔。目前该铁塔已经在建造，且距离芦荻苑水平投影最近距离只有约 9m（如按挑空横杆架距离算更近）（图 5、图 6）。诸如此类事件还存在于北景园、都市枫林、府苑新村。

　　b. 手机基站电磁辐射

　　由于手机的普及，通信基站也处处高耸。发射基站数量增加，使城市中发射基站逐步深入到城市居住小区，不少居民谈"站"色变，强烈要求拆除"距家门不远"的基站，有些人还付诸行动坚决阻止基站施工。如位于云顶花园的

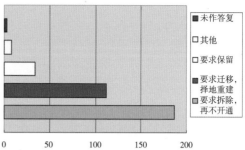

图7 手机基站与云顶花园位置示意图（左）

图8 云顶手机基站问题调查统计（右）

图9 红色区域是金都新城整治规划中的商务楼（左）

图10 广告牌影响部分居民的采光（右）

手机基站，是居民的心腹之患（图7、图8）。调研中我们了解到，一些居民已经搬离了小区，有些人空置着房子而宁愿在外租房生活。风景优美的小区已无人驻足停留，儿童游乐设施场地见不到孩子的身影，紧闭的门户让阳台与庭院失去了意义！诸如此类事件还存在于绿园等小区。

（2）日照问题

居民住宅既要有"绿"，更要有"光"。俗话说"万物生长靠太阳"，当然人也不例外。在日益强调住宅健康和建筑以人为本的今天，住宅采光逐渐成为人们关注的焦点，并呈上升趋势。

a. 公共设施建筑与住宅之间间距不足

如北景园紫荆苑边上中心广场的高楼规划最高是9层，紫荆小区的高层是11层，但是现在中心广场的高楼总高度却已经超过了11层。调研中我们发现这个高楼不仅破坏了整个小区的整体环境，更阻碍了小区的合理日照。诸如此类的事件还发生在金都新城，在整治中，规划在金都新城这个多层商品房的南边，竖起一座最高达五十多米，长一百多米的商务楼，它的建造将极大影响小区的采光和通风（图9）。

b. 小区周边商业设施的广告牌设置不合理

由于广告牌的设置过高，影响了部分居民的采光，缩短了日照时间。在调研中，家住西湖区九莲新村的居民抱怨说，在这次背街小巷整治中，由施工方统一将一楼商铺的店名牌由原来的1.4m加高到1.6m（超过阳台护栏约40～50cm以上），这样势必会影响采光（图10）。

图11 居住区中的彩光
污染

（3）光污染问题

光污染泛指影响自然环境，对人类正常生活、工作、休息和娱乐带来不利影响，损害人们观察物体的能力，引起人体不舒适感和损害人体健康的各种光。它已日益成为一种新的严重的污染源，在威胁人类健康的同时，也成为社会不容忽视的公害。

a. 建筑材料造成的"白亮污染"

小区中存在的白亮污染指的是公共设施建筑用大块镜面式铝合金装饰的外墙、玻璃幕墙等产生的反光。如下城区凤起苑的业主，因为先锋游泳池在搞装修工程，把二楼的屋顶用反光膜铺设，造成强烈的反射严重影响四周市民的生活，特别是大热天的强反光，让住在对面的住户白天必须将窗帘拉上，如此严重的光污染给居民生活造成极大的不便。

b. 夜景照明造成的"彩光污染"

居住小区中的一些娱乐设施的广告牌、霓虹灯，中心花园中闪烁的彩色光源等都是"彩光污染"。这些强光直刺天空，使夜间如同白日，住在其附近的居民戏谑为"晚上家里不开灯就可以看清楚，还省电呢！"在调研中，有2/3的居民认为小区夜景光线太强对健康不利，84%的居民反映影响夜间睡眠质量。足以可见，"彩光污染"的危害相当严重（图11）。

对于上述这些具有明显负外部性的公共设施，居民一致发出了强烈的呼声：别在我家后院！

### 2.3.2 负外部性大于正外部性的

对于这类公共设施，它能给居民带来很大的便捷性，但往往是麻烦的制造者。如停车场设置近，缩短了停车后的步行时间，但小区进出车辆所产生的噪声大大影响了小区居民的正常生活。

（1）噪声问题

居住小区公共设施产生的噪声源有停车场、市场、学校、其他文体活动场所。除此之外，小区内的锅炉房、水泵房、变电站以及邻近住宅的公共建筑中的冷却塔、通风机等的噪声干扰也相当普遍。

在调研中我们发现，杭州有近2/3的小区居民在噪声的环境中生活。据不完全统计，杭州住宅小区所受噪声污染中，生活噪声占33%，交通噪声占25%，工业噪声占20%，施工噪声及其他占22%（图12）。交通噪声、生活噪声是目前小区居民最为关心、反映最为强烈的噪声污染（图13）。

a. 交通噪声

交通噪声主要指设置在楼层附近停车场的进出车辆产生的噪声。如居住小区内车辆入库，机动车启动声和行驶声，严重破坏了小区的声环境质量，特别是每逢上下班时段，小区停车场附近的居民就叫苦不迭。

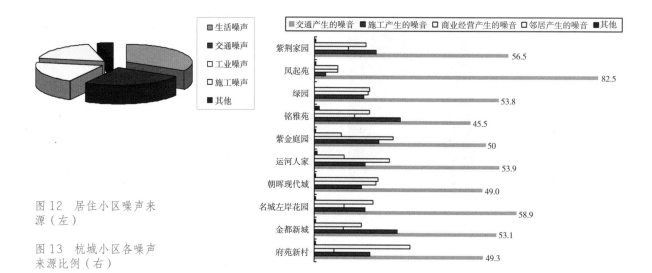

图例（左）：生活噪声 交通噪声 工业噪声 施工噪声 其他

图例（右）：交通产生的噪音 施工产生的噪音 商业经营产生的噪音 邻居产生的噪音 其他

| 小区 | 数值 |
|---|---|
| 紫荆家园 | 56.5 |
| 凤起苑 | 82.5 |
| 绿园 | 53.8 |
| 铭雅苑 | 45.5 |
| 紫金庭园 | 50 |
| 运河人家 | 53.9 |
| 朝晖现代城 | 49.0 |
| 名城左岸花园 | 58.9 |
| 金都新城 | 53.1 |
| 府苑新村 | 49.3 |

图 12 居住小区噪声来源（左）

图 13 杭城小区各噪声来源比例（右）

b. 生活噪声

生活噪声主要是小区内居民在社区活动场所进行娱乐活动时，高音喇叭播放的音乐声、居民聚集的喧哗声等。住在靠近小区会馆和小区娱乐设施的居民，在得到生活娱乐便捷的同时，也对由此产生的噪声厌烦不已。在调研中我们发现，这个问题几乎存在于每个居住小区。

（2）环卫问题

小区环卫的主要工作是生活垃圾的运收。不同的垃圾收集方式影响着不同环卫设施的配置，一般采用在小区内布置垃圾收集点（垃圾箱、垃圾点）的方式，然而居民对环卫设施的设置有着很强烈的排斥心理。

a. 住宅面对垃圾收集站等设备

当住宅面对垃圾收集站时，不仅影响了视觉景观，更重要的是从里面散发出来的臭气，让周围的居民叫苦不迭。如上城区四宜路中大吴庄住宅小区，因环卫垃圾车停车场规划布点不合理，垃圾臭味严重危害周围居民健康，很多居民根本连窗都不开，影响了住宅的通风（图 14）。天城路万家花园东面的建筑垃圾场，也多次遭到居民投诉（图 15）。在杭城，府新、嘉绿苑、沁雅等小区垃圾中转站已经立项、规划审批通过，却因附近群众强烈反对而不得不停建。

b. 垃圾箱布点不合理

在调研中我们发现，一些小区垃圾成堆的主要原因是配套设施还未建成，没有固定的垃圾投放点，导致小区居民每天的生活垃圾随处乱扔。如在紫荆家园我们发现，紫荆北组团几乎没有几幢楼前有垃圾筒，垃圾箱更是一个也没有看见，一位生活在那里的居民抱怨说"不知道北组团的邻居们是怎么对付这些东西的！今天我提着肯德基的垃圾袋在小区里面走了一圈，一个垃圾筒也没有见到啊！"

对于上述这些负外部性大于正外部性的公共设施，规划部门在规划时应

图14 小区住宅旁的垃圾回收站（左）

图15 天城路万家花园东面的建筑垃圾场（右）

该将它的负外部性最小化。

## 2.4 "别在我家后院"综合症的危害分析

### 2.4.1 休憩和工作不平衡

人类总是力求探求一种身心两相平衡的调节状态，有了好的休憩必然会促进工作的努力。同样，高效的工作也要求有能使人很好休憩的室外环境，这种安定、平静、和谐统一也是人类自身的一种生存需求，而小区公共设施产生的负外部性影响正是破坏了这种平衡。如噪声污染严重干扰居民休息和睡眠，从而影响到工作和学习。小区夜间照明设备产生外溢光和杂散光会使居民的正常工作和生活受到影响。

### 2.4.2 生理、心理带来严重负面影响

居住环境的主体是人，人在生活活动时，有生理的、心理的、社会性的综合需求。小区的公共服务设施就要满足人的需要，创造宜人的人居环境，健康的生态空间环境是人们生理和心理健康所必需的，但是小区公共设施的负外部性正是与此背道而驰。如光污染产生的人工白昼使人难以入睡，扰乱人体正常的生物钟，还会导致视疲劳和视力下降。小区的电磁辐射产生的负效应，让居民产生恐惧心理。

### 2.4.3 对相关部门产生不信任感

由于法制的不健全，各个部门之间职能不明确，"扯皮"现象严重，导致居民有"怨"无处诉说，继而对相关部门产生信任危机。长此以往，相关部门的权威性就受到考验与动摇，影响城市构建和谐社会。

## 2.5 "别在我家后院"综合症的诊断分析

我国正处于制度创新时期和经济转轨的过渡时期，体制转型和发展转型是这个阶段的主要特征。在这一时期出现了各种突发性、常发性的社会公共事

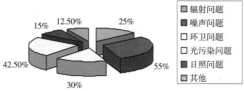

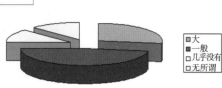

图16 "综合症"症状类型分类统计（上）

图17 "综合症"对居民生活的影响统计（下）

件，如环境污染、公共安全、社会冲突等。小区内部公共设施布局不当所带来的社会冲突就是其中典型的公共事件。

### 2.5.1 体制转轨带来的法制真空

从 20 世纪 80 年代的计划经济向市场经济的转型过程中，城市规划法制严重滞后于城市建设。在计划体制下，城市规划管理是以行政手段为主，以经济和法律手段为辅，城市规划法制并没有具备其应有的地位和发挥其应有的作用。同时由于我国城市化和城市规划起步较晚，加上长期对外交流不畅，规划学科一直处于探索阶段，规划技术和管理跟不上时代的变化。在长期的计划体制下，计划部门发挥了强大的作用，形成计划决定规划的状况，城市规划部门的职能被削弱，独立地位不够，也就谈不上单独的规划立法了。

现阶段，相对落后的城市规划法制给我国城市规划和管理工作造成一定后果，在居住层面上对城市健康居住空间环境的塑造成了严重影响。

行政机制难以保持城市规划的连续性。规划的短期行为使得城市规划及建设无法保持其应有的连续性，造成城市建设的连续性减弱和资源、资金的浪费。在居住区层面表现为每年住房建设面积数量指标化、任务化，忽视住宅及其环境的质量。

城市规划是一门严谨的学科，其中的政策、控制指标和技术规定均须有严格的确定性。法制的缺乏、落后和不健全使得行政具有很大幅度的自由裁量，严重影响了规划的科学性和合理性。"法定"城市规划的法律地位低下，成文的城市规划法律条例时常发生修改调整。尤其在现今市场经济的体制下，居住区建设的政府主导演变成了开发商主导，落后的法制难以约束他们"经济利润最大化"的本质，这使得居住区建设的不规范成为了可能。如在小区售房宣传时故意隐瞒，甚至在开发之际盲目夸大，像小区周边存在高压线塔等装置，却在平面图中略去的行为等（图 18）。其他又如

图 18 紫金庭园的展示模型上没有标注铁塔位置（左）

图 19 缺乏公众参与的规划方案讨论会（右）

阳光权问题。

在我国，也存在着一些现行规范不健全的现象，城市居住区规划所依据的"设计规范"等相关法规，滞后于城市居住空间发展的需求，它们不仅仅以技术经济指标的形式对物质空间环境及其服务设施配置进行了过于标准化的限定，忽视物质指标与社会、居民生活间的实际关系及市场规律的作用，而且已不能适应近年来城市居住空间的多方面需求。

### 2.5.2 发展转型带来的管理滞后

发展转型的同时也带来了管理制度的落后，计划经济下的居住区规划基本上是自上而下的过程，建设和管理基本由政府主导。住房体制改革后主要通过市场来提供住房，由政府和开发商来主导居住区的规划和管理，小区居民基本上参与不到规划的过程中，这使得居住区的管理存在专制性。这与整个城市规划体系中没有相应的公众参与的保障有重要关系（图 19）。自上而下的体制，权力主要集中于政府部门，由房产开发商辅助，使得指挥链条过长，中间环节过多，信息反馈和沟通容易受到阻碍和拖延，这无疑会影响组织的工作效率和决策应变能力。同时政府和开发商各为独立的利益主体，由于缺乏相关法律的规制，必然会出现利益的矛盾，这也使得管理难以实施。

随着市场经济体制全面运作，市民对自我权利的意识增强，使得政府部门的专制管理和公民本身要求的民主性产生了矛盾。市民在生活环境质量不断改善的基础上，会提出对生活事务、生活活动参与、管理的要求，尤其是在直接涉及居民日常生活的方面。通过调查发现，在一些相对条件较好的小区中，公众参与的要求尤为迫切，参与的程度较高。

由于社会意识形态的差异以及历史积淀所造成的原因，同时公众参与缺乏法律上、体制上的保证等，因此在我国开展全面的公众参与工作尚存在一定的距离和困难。规划界近年来也以多种方式期望开展公众参与的工作，但一直仍未找到较好的切入点，真正意义上的公众对城市规划的参与还未能全面展开。

图 20 "综合症"求医的一般途径（左）

图 21 "1818"黄金眼报道云顶花园手机基站一事（右）

总之，在城市化进程中，在相关法制不健全，政府管理滞后的背景下，居住区规划中公共设施布局不合理的问题无法解决，导致"别在我家后院"的现象越来越严重，成为许多小区空间发展的"毒瘤"。

## 2.6 "别在我家后院"综合症的求医难分析

### 2.6.1 "综合症"求医的一般途径

问题一：当小区环境对您的生活产生影响时，您会寻求以下哪种解决途径：（可多选）

（图 20） A. 政府（12345 市长热线）　　B. 新闻媒体

　　　　　 C. 小区物业管理部门　　　　　D. 小区开发商　　　E. 其他

从上题的调研中折射出小区建设法制规范的不完善，小区居民纷纷放弃投诉的一般途径，选择了非正常途径。原来只是作为一个便民措施的 12345 市长热线、新闻媒体（图 21）成为居民投诉的热点。而比较讽刺的却是，作为小区开发商，这个原本是解决小区纠纷的机构，却因开发商的自私自利行为，让居民产生不信任因素，居民投诉率极低。

### 2.6.2 "综合症"求医难的制约因素

问题二：以往发生的本小区环境纠纷最终是否得到解决：……（　　）

（图 22） A. 是　　　B. 否　　　C. 不清楚

问题三：解决本小区环境纠纷中遇到的最大阻碍是：……（　　）

（图 23） A. 小区部分居民维权意识不够，因而缺乏配合，凝聚力不够

　　　　　 B. 物业管理部门及相关部门互相推诿，态度冷漠

　　　　　 C. 未找到有效的维权途径　　　　D. 其他

相关部门之间应对解决的"推诿"态度折射出管理的真空，而居民投诉无门则反映了无有效的社会反应机制。正是基于这些因素，"别在我家后院"综合症得不到完善的解决。

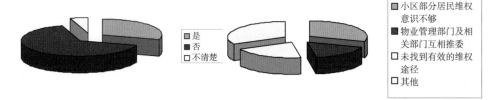

图 22 "综合症"是否得到解决（左）

图 23 "综合症"求医难的制约因素（右）

图例：
- 是
- 否
- 不清楚

- 小区部分居民维权意识不够
- 物业管理部门及相关部门互相推委
- 未找到有效的维权途径
- 其他

## 3 "别在我家后院"综合症的根治之道

在快速转型过程中，政府公共管理水平的滞后，如相关政策不健全，政策实施软化等，导致片面追求土地投机营利而不顾空间环境质量的市场行为随处可见，使得"别在我家后院"的现象越来越严重，成为许多小区空间发展的"毒瘤"。与此同时，社会民间声音微弱，非政府组织（NGO）不发达，集中体现为目前居民对社会公共问题的关注只停留在自身利益层面，是一种被动式的参与，而缺乏像欧洲发达国家民众的那种主动性，使得"别在我家后院"综合症并没有引起大范围的社会关注度。

于是，在"双转型"与"双落后"的社会背景下，一方面不能有效地预防各种社会公共问题，另一方面也不能有效地解决各种社会公共问题，结果使得类似"别在我家后院"的社会综合症愈演愈烈。

为此，我们针对"双落后"问题提出以下一些建议。

### 3.1 在法制层面做到有法可依

国家的法律部门要为公共设施的建造制定较为完善的法律、政策、规章、规范，使其有法可依。在小区建设这一过程中，用行政手段——国家规范的方式，将科学的内容总结为规定的形式，来保护居住者的利益，并制止损害行为。目前，我们在调研中发现书店中并没有找到有关小区电磁辐射的规范书籍，其他规范内讲到电磁辐射的章节也是标准不一致（图 24）。为此，我国应该向法制完善的国家学习，如新加坡政府就针对居民住宅及物业管理制定了很细的规章制度，并形成法律。

### 3.2 在管理层面做到执法必严

对于已有的法律规范，执行部门的严格执法是使其发挥作用的唯一途

|  | 地理位置 | 进出线 | 投资费用 | 居民反映 | 结果 |
|---|---|---|---|---|---|
| 庆丰变<br>（220kV） | 市中心（天目山路与保俶路路口），是杭州市区电力负荷最为密集的区域，周围有浙江大学等众多学校 | 电缆 | 3.1 亿元 | 投诉、静坐 | 停工半个月 |
| 文三变<br>（220kV） | 城西城乡接合部 | 架空高压线 | 4962.6 万元 | 投诉、联合签名 | 相持状态，无具体解决办法 |

径。物业管理部门也应通过法律的形式将各自的责、权、利明确下来，确保小区内的公共利益不受侵害。不能出现"谁受益，谁管理"的扯皮现象。如在新加坡，不管是物业管理公司还是居民都必须依法遵章行事，所以不管是高级公寓楼还是政府组屋区，管理都是井井有条，同时避免了各种矛盾或纠纷的发生。

### 3.3　在实施层面做到有法必依

目前，通过法律手段来提高城市规划和规划管理的权威性和约束力，确立城市规划的法律地位和法律效力已势在必行。在法律实施方面，不仅需要国家部门的日常执行，也需要规划人员将规范真正用于设计，物业管理也要以人为本，努力提高服务质量，改善小区生活环境，杜绝或者降低当前居住小区存在的噪声、日照、环卫、辐射、光污染等环境问题。

### 3.4　在监督层面做到违法必究

政府部门应加强工作的透明度，建立公众参与制度（图25），使更多的人参与到和谐社会的建设中来，群策群力，解决生活中的问题。以美国为例，当涉及社区建设的城市规划的编制、土地使用法规的审批、区域开发及改建计划的审批，都要召开听证会，听取市民意见，并通过媒体向大众公布。作为居民应该提高个人素质，加强法律意识和权利意识，面对自身权利受到威胁时，能够以正确的法律手段去协商和解决。

## 4　后记

"别在我家后院"的论题虽然是现代社会众多问题中的一个微小方面，但却是有关构建和谐社会的大事。建设和谐社会是一项十分复杂的系统工程，

图 24　众多规范标准不一（左）

图 25　公众参与应有的途径（右）

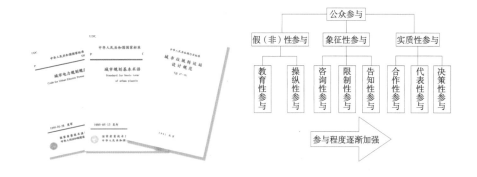

不仅要从大局上考虑构建整个社会体系，更要从细微之处着手。而我们的目的就是让大家能够认识到当前整个社会小区居住环境的现状，并认识到改善居住环境的重要性，同时我们深入地分析产生这种小区问题的原因，从而找到解决当前这种问题的方法，希望有关小区公共设施所产生的负外部性纠纷能越来越少。

## 参考文献

[1]　国家技术监督局，中华人民共和国建设部.GB 50180-1993 城市居住区规划设计规范（2002 年版）[S]. 北京：中国建筑工业出版社，2002.

[2]　刘长森 . 物业管理纠纷典型案例评析 [M]. 北京：中国建筑工业出版社，2002.

[3]　周俭 . 城市住宅区规划远离 [M]. 上海：同济大学出版社，1999.

[4]　夏南凯，王耀武 . 城市开发导论 [M]. 上海：同济大学出版社，2003.

[5]　王彦辉 . 走向新社区：城市居住社区整体营造理论与方法——城市建筑系列 [M]. 南京：东南大学出版社，2003.

[6]　丁健 . 现代城市经济（第二版）[M]. 上海：同济大学出版社，2005.

[7]　王国恩 . 城市规划管理与法规 [M]. 北京：中国建筑工业出版社，2006.

# 如何让农民"乐"迁"安"居？

## ——基于农民意愿的浙江省城乡安居工程调研

学生：王也　陈梦微　冯莉夏　徐隆侠

指导老师：陈前虎　武前波　黄初冬　张善峰

**摘要**

课题以"民生、民意"为视角，综合运用归一法、线性回归分析法、比较分析法等多种研究方法，对农民安居工程的区位、配套、户型和政策等事关农民是否"乐迁安居"的切身利益问题进行了广泛、深入和系统的调研。

研究结果表明：浙江省农民对安居工程的建设意愿呈现出明显的区域差异、城乡差异和发展阶段差异。"乐"迁"安"居作为一种和谐的可持续模式，必须坚持"农民本位、因地制宜、与时俱进"三大原则，既要充分发挥政府的主导性，又要广泛发动农民的主体力量，通过建立具有普适性的"D-D"模式，将政府供给与农民需求很好地协调起来。

**关键词**

"乐"迁"安"居模式　农民本位　因地制宜　与时俱进
公众参与

## Abstract

On the basis of "the people's livelihood, topics from the perspective of public opinion", the issue uses comprehensive methods such as linear regression analysis and comparison analysis to conduct a research on aspects of location, the comfortable housing project policy and supporting, family relates to meet the peasants' demands. The results of the study indicate that： Zhejiang farmers to live project construction of intend to show significant regional differences, urban and rural differences and the characteristics of the development phase difference. "happy to move and live" as a kind of harmonious and sustainable mode, must adhere to the "farmers standard, adjust measures to local conditions, advancing with the times" three principles, which should give full play to the government's leading role, and the subjectivity of widely mobilize peasants strength, through public participation mechanism through the establishment of generality "D-D" mode, will the government supplies and peasants demand well coordinated.

## Keywords

mode of 'content with move and live'　farmers standard adjust measures to local conditions　advance with the times　public participation

目录

1 课题背景....................................049
　1.1 农民安居工程对我国城乡统筹的意义.........049
　1.2 "乐"迁"安"居思路的提出 ..................049
　1.3 研究框架的建立...........................049
2 调研及成果分析 ..............................050
　2.1 调研对象的选取...........................050
　2.2 调研方法 ...............................050
　2.3 农民安居工程的硬环境建设意愿调查.........051
　　2.3.1 宏观层面：安居工程的区位选择........051
　　2.3.2 中观层面：安居工程的配套设施选择 ..054
　　2.3.3 微观层面：安居工程的户型选择........058
　2.4 农民安居工程的软环境政策意愿调查.........059
　　2.4.1 贷款需求.............................059
　　2.4.2 社保需求.............................059
3 总结与建议 ................................060
　3.1 公众参与机制...........................061
　3.2 "D-D"复合安置模式 .....................061
参考文献....................................063

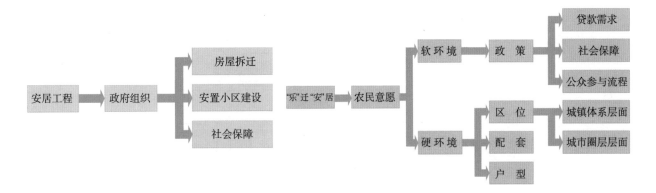

图1-1 现有以政府供给为主导的安居工程模式图（左）

图1-2 课题以农民需求为主导的"乐"迁"安"居模式图（右）

# 1 课题背景

## 1.1 农民安居工程对我国城乡统筹的意义

近年来，随着我国城市化的加速推进，大量政府拆迁与农民反拆迁之间的矛盾日益恶化，成了和谐社会建设进程中的最不和谐音符。

为此，有必要深入调查和研究一套真正有益于农民安居乐业、有助于政府实施建设的农民安居工程规划建设体系，这对于城市化持续快速推进、社会健康和谐等国家战略的实施都具有十分重要的现实意义。

## 1.2 "乐"迁"安"居思路的提出

一般而言，实物补偿指由政府负责组织农村拆迁与安置小区建设，并向农民提供社会保障的农村安居工程模式（如图1-1所示）。这种"政府供给主导型"的安居工程模式一旦不能满足农民的基本需求，就会导致反拆迁极端行为的出现。

基于对浙江省初步调研认知，我们认为，一种积极的、可持续的农民安居工程模式应该是：以农民需求为主导，统筹规划切合农民意愿的硬环境建设，包括安置工程的区位选址、配套设置和户型设计；合理制定符合农民迫切要求的软环境政策；兼顾近期利益与长远效益，通过广泛深入的公众参与，使安居工程建设由农民的消极、被动参与的拆迁安置过程转变为农民积极、主动融入的"乐"迁"安"居过程（如图1-2所示）。

## 1.3 研究框架的建立

课题的研究思路与框架如图1-3所示。

图 1-3 课题调研的思路与框架

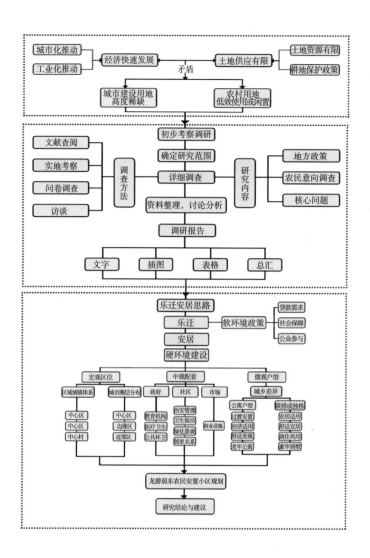

## 2 调研及成果分析

### 2.1 调研对象的选取

问卷以浙江省现已实施安居工程的村庄为单位，以农民意愿为重要视角，按经济发展水平、自然与区位条件差异，将调研地区分为发达地区——杭州、嘉兴、绍兴、宁波以及欠发达地区——衢州、丽水，围绕 6 个地区农民安置需求的不同展开调查与访谈，分析其安置意向。

本次调查共收集来自浙江省 2 个副省级城市、4 个地级市、5 个县市和 18 个村庄的调查样本，其中有效问卷数量，杭州地区共 227 份，嘉兴地区 116 份，宁波地区 129 份，绍兴地区 187 份，衢州地区 180 份以及丽水地区 95 份。合计有效问卷 934 份，实际发放问卷 1037 份，有效回收率达 90%。

### 2.2 调研方法

本课题采用了文献查阅、实地考察、问卷调查和访谈的调研方法。

图 2-1 农民区域安置
总体选择（左）

图 2-2 不同地区农民
区域安置选择（右）

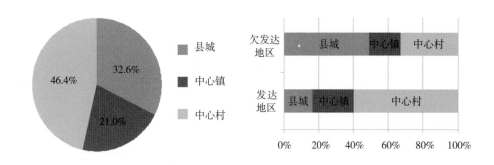

## 2.3 农民安居工程的硬环境建设意愿调查

"乐"迁"安"居需要解决的是"乐"迁和"安"居两大难题，而"安"居是农民未来生活环境的综合体现，是课题的重中之重。那么，农民到底期盼在哪里安置？他们需要哪些配套设施？什么样的安置户型？从规划建设的角度，充分了解和分析各地区农民对安置小区硬环境建设方面的实际意愿和需求。

### 2.3.1 宏观层面：安居工程的区位选择

#### a.区域城镇体系选择

（1）空间差异性分析

6个地区的调研样本数据显示：农民区域安置总体选择为中心村46.4%，县城32.6%和中心镇21.0% [1]。其中发达地区农民选择中心村59.9%，中心镇23.9%，县城16.2%；欠发达地区为县城48.9%，中心村32.9%，中心镇18.2%（图2-1、图2-2）。

事实上，各地区农民的经济收入两极分化较严重。地处衢州、丽水等偏远山区的农民，从事务农的居多，收入较低；而地处杭州、宁波等都市化地区的农民，大量从事二三产业，收入相对较高。这两类人群的安置意向有明显的差异，主要受区域经济条件差异的影响。

区域经济条件差异主要表现在农民对工作、环境和住房的选择上。经济条件较差的农民对改变现状的意愿较大，如失业农民希望去县城等就业机会相对较大的地区；生活环境恶劣的农民希望到环境优越、配套相对较完善的地区；地区住房质量差、功能少的农民希望改善住房条件。而经济条件较好的农民因

---

[1] 由于采集的有效问卷在欠发达地区和发达地区分别为275份和679份，因此本课题在总样本分析上统一采取了归一法，即总样本选择结果等于欠发达地区与发达地区选择结果的平均值。

| | | 务农所占职业比例 | 选择县城的百分比 |
|---|---|---|---|
| | | 相关性 | |
| 务农所占职业比例 | Pearson 相关性 | 1 | .964** |
| | 显著性（双侧） | | .000 |
| | N | 9 | 9 |
| 选择县城的百分比 | Pearson 相关性 | .964** | 1 |
| | 显著性（双侧） | .000 | |
| | N | 9 | 9 |

**. 在 .01 水平（双侧）上显著相关。

为综合生活条件及其居住环境较好，所以他们对住地的改变意愿较小。总体来说，县城配套设施较完善、就业机会相对较大，符合大多数欠发达地区农民的需要；中心村生活配套设施较好，邻里环境宜人，满足了发达地区农民的主要要求。

（2）社会"属性 – 行为"关联性分析

那么，在农民进行区域选择时，又有哪些因素影响他们的选择行为？课题组发现农民在区域选择时通常会衡量和关注以下几点：

①安置前后房屋质量对比；

②安置前后配套设施能否满足基本生活需求；

③安置后是否必须改变就业；

④目前对生活环境的满意程度；

⑤安置区位对个人的其他影响；

其中③④⑤与农民社会特征有关，在考虑这三点前提下选择农民的社会关联性因素，通过对年龄、性别、文化程度、家庭人口等各方面的线性回归分析[1]，针对被调查的 934 份有效问卷，课题组发现人均收入、职业结构和现状生活满意度对影响农民的区域主体选择——县城安置，具有一定的相关度。其中，务农所占比例与选择县城的百分比关系，Person 相关系数 r=0.964，样本容量 N=9（表 2-1），因此可以认为，职业结构是影响农民选择县城安置的主要因素。职业结构一方面通过工作地与居住地的远近影响农民选择；另一方面则依托职业性质是否决定职业受地域限制来发挥作用，特别突出的就是衢州部分下山安置农民，他们大多数以从事山区特征的农业为主，正是因为这种相对单一的职业性质导致了欠发达地区超过半数的拆迁农民希望政府安排工作（图

[1] 课题借用数据统计软件 SPSS18.0 分析处理，定义 9 个采集点选择县城的各自百分比为因变量，对应的人均收入、务农所占职业比例、现状生活满意度等为自变量，进行线性回归分析。

图 2-3 欠发达地区农民职业结构（左）

图 2-4 欠发达地区农民就业转变意向（右）

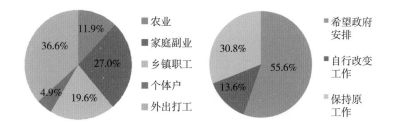

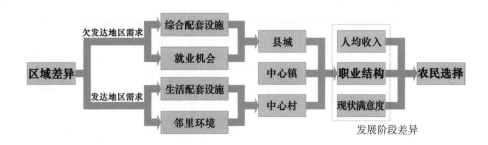

图 2-5 安置区位选择的区域性差异结构图

2-4)，所以他们选择区域安置，多数集中在转变就业形势较好的县城，或者为了保持原工作不变，选择安置在就近的中心村。

由发展阶段主导的农民属性与行为的关联研究表明，职业结构是农民最终落实区域选择的关键因素。这就需要我们从农民的角度出发，分析农民的区域意愿所需，合理配置安置小区在不同区域的比例结构。

b. 城市圈层分布选择

由于县城是各地农民安置的主要区域选择，所以需要对这个问题作进一步分析。特别是，欠发达地区的农民到底希望安置在城市的哪个位置？根据城市空间地域的分布状况，调研组将城市分为城市中心区（往往是城市的老区）、中心边缘区（一般是城市新区）和城市近郊区（通常是工业区）（图 2-6），进行研究。

实证研究表明，安置农民的社会适应的基本状况是"经济生存边缘化、社会交往双重性和心理认同不适应"，这一观点已经形成广泛共识。但我们在调研中发现一个现象，同样是低学历、缺乏专业技能的安置农民，因为其选择居住地在城市圈层中的空间区位不同，就业状况存在明显差别，在就业情况得到改善，经济状况得到好转时，其社会适应程度也随之提高。这是农民选择圈层考虑的基础。

课题借鉴朱力（现任南京大学社会学系教授）把社会适应分成三个层面的观点，把社会适应分为经济、社会和心理层面研究，结合农民圈层选择影响因素作出假设，调研组设计的因变量为各地中心边缘区选择比例[1]，自变量为经济层面的转变就业人数所占比例，社会层面的现状生活满意度、邻里关系满

---

[1] 因变量选取原因：中心边缘区在总体圈层选择中占最大比重（48.4%）。这说明中心边缘区的社会特点较能被农民适应，因此课题以此为突破口展开分析。

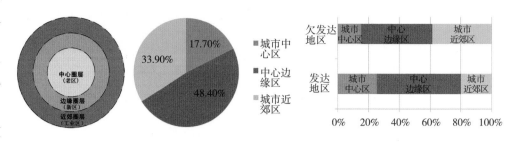

图 2-6 城市圈层分布图（左）

图 2-7 农民对城市圈层选择总体情况（中）

图 2-8 不同地区农民城市圈层选择情况（右）

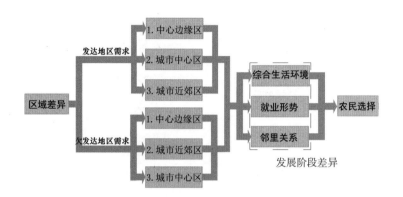

图 2-9 圈层意愿选择的区域性差异结构图

意度，心理层面的安置地区自我身份认同感。

　　经过数据统计软件 SPSS 分析，结果显示：转变就业人数所占比例、现状生活满意度和邻里关系满意度与中心边缘区选择比例相关，相关系数分别为 0.975、0.962、0.947。农民对中心边缘区社会适应度较高的原因在于：第一，中心边缘区的就业方向与就业选择多样，农民可以从事工业加工、运输服务、家政服务、商业服务等二、三产业；第二，中心边缘区的综合配套设施相对老区和工业园区而言，较为完善，生活更加适宜。

　　另外，欠发达地区农民选择城市近郊区的比例（38.6%）也很高，究其原因在于农民文化程度低，工业园区提供的职业更加适合他们，并且近郊区的社会交往环境与原来的邻里环境较为相似，农民适应度较高。

　　总之，着重考虑农民对圈层内就业形势、综合生活环境和邻里关系的要求，合理配置各圈层的农民比例和规划建设内容与方向，是解决农民在城市圈层选择与分布问题上的核心。

### 2.3.2　中观层面：安居工程的配套设施选择

　　从乡村到城镇的急剧转型，大量的安居工程不顾农民生活的特殊需求，将农民安置小区简单地定性为城市社区进行设计——冷漠的功能分区、无人气的中心绿地、宗亲关系的疏远、公共交流空间的缺失，使得安置农民感到在社会关系上特别是生活需求上的某种失落。

　　调研组首先将农民需求的配套设施按供给主体归纳为三类：

　　① 公共品：教育机构，医疗卫生，公共环卫等由政府主导的公共设施；

　　② 半公共品：治安管理，卫生保洁，绿化景观，邻里环境等由社区主导

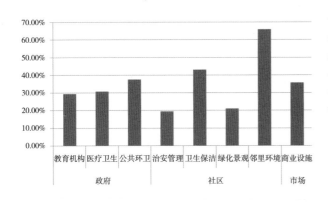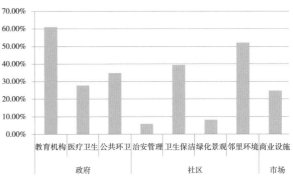

图 2-10 发达地区农民对各类配套设施的需求情况（左）

图 2-11 欠发达地区农民对各类配套设施的需求情况（右）

的公共设施；

③非公共品：市场机构提供的商业服务设施。

（1）空间差异性分析

将 8 个公共品的需求度按排序赋值，即排序 1 得 8 分，排序 2 得 7 分，……依次类推，表 2-2 为调查统计结果。

从不同供给主体需求分析（表 2-3），农民对配套设施的总体需求为：政府供给品（平均 5.3 分）>社区供给品（平均 4.3 分）>市场供给品（平均 3.0 分）。结合表 2-2，农民需求度最高的是邻里环境（59.3%），其次教育机构（45.3%），

浙江省农民安居工程配套需求状况的调查统计　　　　　　表 2-2

| 配套设施分类 | | 需求度选择（选项不限） | | |
|---|---|---|---|---|
| 供给主体 | 类型 | 总计（归一） | 发达地区 | 欠发达地区 |
| 政府 | 教育机构 | 45.3% | 29.4% | 61.2% |
| | | （2） | （6） | （1） |
| | 医疗卫生 | 29.5% | 30.9% | 27.9% |
| | | （5） | （5） | （5） |
| | 公共环卫 | 35.3% | 37.8% | 34.9% |
| | | （4） | （3） | （4） |
| 社区 | 治安管理 | 12.8% | 19.6% | 6.1% |
| | | （8） | （8） | （8） |
| | 卫生保洁 | 41.5% | 43.2% | 39.7% |
| | | （3） | （2） | （3） |
| | 绿化景观 | 14.7% | 21.2% | 8.2% |
| | | （7） | （7） | （7） |
| | 邻里环境 | 59.3% | 66.2% | 52.3% |
| | | （1） | （1） | （2） |
| 市场 | 商业设施 | 30.4% | 35.9% | 24.8% |
| | | （6） | （4） | （6） |

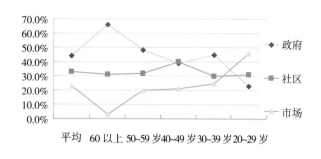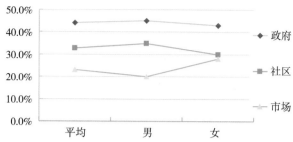

图 2-12　年龄对配套选择意愿的影响（左）

图 2-13　性别对配套选择意愿的影响（右）

不同供给主体需求分析　　　　表 2-3

| 供给主体 | 总分 | 平均分 |
|---|---|---|
| 政府 | 16 | 5.3 |
| 社区 | 17 | 4.3 |
| 市场 | 3 | 3.0 |

不同地区农民配套设施需求　　　　表 2-4

| 供给主体 | 发达地区 | | 欠发达地区 | |
|---|---|---|---|---|
| | 总分 | 平均 | 总分 | 平均 |
| 政府 | 13 | 4.3 | 17 | 5.7 |
| 社区 | 18 | 4.5 | 16 | 4.0 |
| 市场 | 5 | 5.0 | 3 | 3.0 |

而卫生保洁（41.5%）排名第三。

发达地区以选择市场供给为主，对三类供给品需求度相对平均；欠发达地区以选择政府供给为主，对三类供给品需求差异较大（表2-4）。

总体来说，农民配套选择的差异体现了较强的空间区域差异，这就传递了公共财政的支付重点信息——加大对欠发达地区的公共财政的投入，加快对发达地区商业市场的引入。

（2）社会"属性—行为"关联性分析

对性别、年龄、受教育程度、职业结构、家庭结构等因素与配套意愿选择进行关联关系。其中，折线的平缓程度反映因素的变化对配套选择的影响，折线波动越大，则此因素的影响力越大。

年龄：青壮年对配套的选择意愿和老年人有所差异

如图2-12所示，60岁以上的老年人对各类配套设施的需求有较强的认同感，20~59岁的农民认同感较低。由于受传统观念和经济条件的限制，老年人对市场的期望值较低，而对医院、环卫设施等政府供给品需求度较高（占

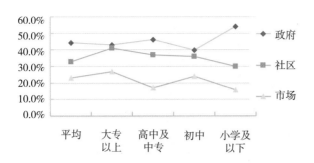

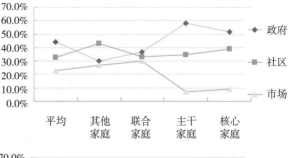

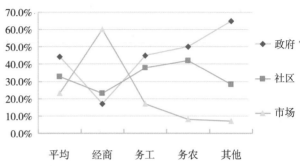

图 2-14  文化水平对配套选择
意愿的影响（上左）

图 2-15  家庭结构对配套选择
意愿的影响（上右）

图 2-16  职业结构对配套选择
意愿的影响（下）

66%）；另一方面，20~29 岁的年龄段对市场供给的商业设施有较高需求（占
46%）。

由于 20~59 岁年龄段的折线波动较小，所以年龄对农民配套的选择影响力
较低。

性别：男性和女性的选择没有明显差异

如图 2-13 所示，男女的选择没有明显差异，性别不是影响配套选择的影
响因素。

受教育程度：文化水平对配套的选择影响不大

如图 2-14 所示，选择政府供给中的 54% 是小学以下学历的农民，但曲线
相对平缓。总体来说，文化程度与配套的相关度不大。

家庭结构：不同结构组成的家庭的选择差异性明显

如图 2-15 所示，选择政府供给的样本中核心家庭和主干家庭所占比例最
高，分别为 52% 和 58%。因为这两类家庭赡养父母以及培养子女上学的意愿
较为强烈，所以他们对医疗、教育等设施比较看重；而对于由已婚子女组成的
联合家庭或其他家庭，上述两类需求的倾向就不太明显，相反，他们对社区供
给的半公共品需求较多（占 43%）。从曲线的波动情况来看，家庭结构对配套
需求的影响较为明显。

职业结构：职业的不同导致了配套选择的显著差异，影响力最大

如图 2-16 所示，在选择市场供给的农民中，60% 的职业是经商，市场供
给曲线波动最大；而务工、务农和其他职业的农民在不同供给主体的公共品需
求度排序上一致，但内部选择存在较大差异。这主要是因为经商农民的收入来
源与市场相关，同时他们具有较高的消费能力；而以务农、务工为主的粗放工

图 2-17 配套选择意愿中的主要影响因素

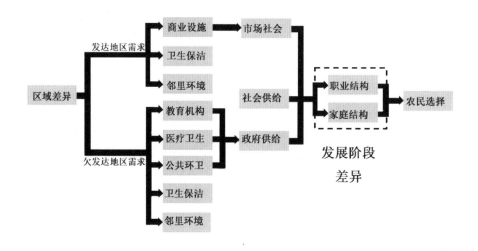

图 2-18 城市农民对公寓房的选择情况（左）

图 2-19 乡村农民对联排屋及独栋住宅的选择情况（右）

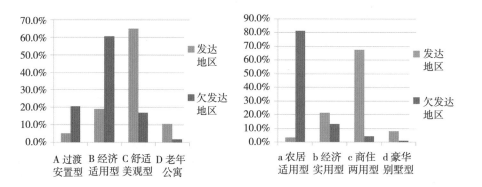

作模式及较低的经济收入使得他们希望得到的是与看病、上学、卫生有关的基础公共设施，对商业的需求度很低（占 8%）。

职业结构和家庭结构对配套选择的影响力最大。这就要求我们在对安置小区配套的建设规划时，注重发展阶段和家庭组成，从分析农民的社会特征和意愿角度出发，合理统筹，为农民建立公众参与的交流平台，使其更好地参与到"安"居规划的过程中。

### 2.3.3 微观层面：安居工程的户型选择

根据我国土地资源条件及住建部门的相关规范与要求，本次调查首先界定城市的安置户型为多层或高层公寓房，乡村为联排屋或独栋住宅。调研组设计了 3 类 8 种户型供农民选择，结果显示：农民对于户型的选择，在面积、功能、空间形式等诸多方面存在明显的区域差异。

发达地区农民选择城市公寓房的户型以舒适美观功能居多，面积在 130m² 左右，价格相对较高，选择乡村联排屋的户型以商住两用型为主，以适应其集居住、家庭作坊于一体的功能特点。而欠发达地区农民选择城市公寓房的户型

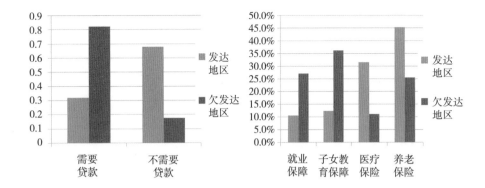

图 2-20　不同地区农民
的贷款需求（左）

图 2-21　不同地区农民
的社会保障需求（右）

以经济适用功能居多，面积在 100m² 左右，选择乡村联排屋或独栋住宅的户型以农居适用型为主，以便储藏农具。总之，城乡差异和区域差异是农民安居工程户型设计中必须考虑的因素。户型设计的供给只有因地制宜，符合不同农民"身份转型"的需要，才能真正满足农民的"安"居意愿。

## 2.4　农民安居工程的软环境政策意愿调查

要想实现"乐"迁，而不是强制拆迁，就必须给予政策补助，满足农民的基本生活保障，解决农民的后顾之忧。那么，衡量"乐"迁的政策包括哪些？区域间又有何差异？通过与农民的访谈，本课题将农民需求的政策分成贷款需求和社会保障（包括养老保险、子女教育、医疗保险和就业保障）两方面进行问卷调研。

### 2.4.1　贷款需求

由于发达地区农民大多不是单一地从事耕作，他们往往有着其他副业，如乡镇职工、个体户等，经济收入较高且稳定，基本可以解决购买安置房与安置过渡问题，所以发达地区对贷款的需求度和贷款额度均较低（占 32%），贷款额度集中在 5 万以下；而欠发达地区农民的职业单一（以农耕与家庭副业为主），收入摆幅较大，一般需要通过相当额度的贷款和较为合理的安置过渡费才能够购得条件较好的安置房，同时保障过渡期的基本生活。欠发达地区农民对贷款的需求度和贷款额度较高( 占 83%)，贷款额度集中在 5~15 万。（图 2-20）

在贷款政策上考虑给予部分欠发达地区农民低息贷款优惠，尤其是以农耕为主要收入来源、异地安置的农民。

### 2.4.2　社保需求

如图 2-21 所示，不同地区农民对各类社会保障的需求有所不同：

发达地区的需求从高到低为：养老保险（45.42%）＞医疗保险（31.67%）

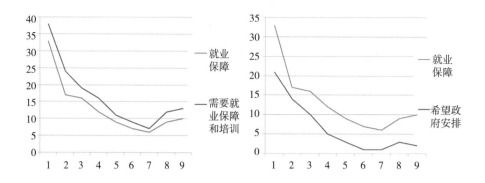

图2-22 欠发达地区农民就业培训需求与就业保障需求的关系（左）

图2-23 欠发达地区农民就业选择流向与就业保障需求的关系（右）

> 子女教育（12.35%）> 就业保险（10.56%）；欠发达地区则为子女教育（36.21%）> 就业保障（27.16%）> 养老保险（25.51%）> 医疗保险（11.12%）。

由于欠发达地区他们职业单一，没有多样的就业技能，受教育程度低使他们缺乏变更职业的信心和能力，因而就业保障显得相当重要，这一点从就业培训要求和就业选择流向也可以看出（图2-22、图2-23）。因此，政府有必要在部分欠发达地区组织就业培训，适当提供就业保障、子女教育保障，在发达地区优先考虑养老保险和医疗保障，全面加大社保力度，才能解决农民的后顾之忧。

## 3 总结与建议

调研结果表明：农民对安居工程的建设意愿呈现出明显的区域差异、城乡差异以及发展阶段差异的特性；需求是多元的、差异的，供给也不应该是单一的、固化的。经过上述分析，本课题认为浙江省安居工程的建设必须遵循以下三大基本原则：

①农民本位原则。基于农民的需求统筹规划，即回归到涉及农民迫切需要的基本生活生产保障和有利于调动农民积极性的、事关农村发展的生活环境建设上。

②因地制宜原则。在硬环境建设和软环境政策的意愿调查中，样本数据普遍反映了农民选择的区域差异性，因此，安居工程应当在充分分析当地农民安置意愿选择，挖掘社会行为内在原因的基础上，因地制宜地进行规划与建设。

③与时俱进原则。与城市一样，农村也会经历一个由贫穷到富裕、由低级到高级的发展演化过程；相应地，农民对安居工程的需求也会经历一个从单方面重视硬环境到关注软硬综合环境的需求转换。所以，重点考虑近期配置，并为远期设施和体系完善预留空间，是安置农民长期"安"居的可靠保证。

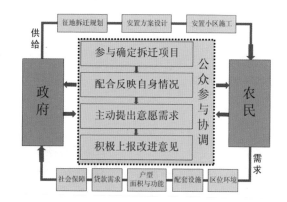

图3-1 公众参与模式
示意图（上）

图3-2 部分调研照片
（下）

## 3.1 公众参与机制

在应对农民普遍提出的"公平公正"要求下，课题提出以公众参与为指导思想，通过公众参与机制的引入，可以达到以下目标：第一，增加安居工程的政策透明度；第二，为农民与政府提供彼此交流的机会与平台；第三，保障农民对政府行为的监督；第四，为农民获得拆迁信息与实物证据提供可靠途径。

## 3.2 "D-D"复合安置模式

在三大原则的指导下，本课题认为合理的"乐"迁"安"居模式应该为农民安置问题的综合解决提供一种新思路，其突破点在于提出针对性强、具有可操作性的运行流程。"D-D"复合安置模式的核心思想是差异性"different"和双向性"double"。第一，差异性应当根据：①区域差异；②城乡差异；③发展阶段差异，来体现出供给内容上的不同。由于各个地区的经济发展水平、社会结构等存在差异，农民的安置意愿是不同的。第二，双向性主要表现在政府的职能从"主导型"向"服务型"转变。突破传统的以政府为主导、单方面规划建设的安居工程模式，而将农民作为需求主体，政府作为供给主体，通过将公众参与机制融入流程的方式，农民可以反映意愿给政府，在农民合理的利益诉求下，政府可以统筹建设符合农民需求的安置小区，这样就形成了一个双主体双向的良性循环模式，如图3-3和表3-1所示。

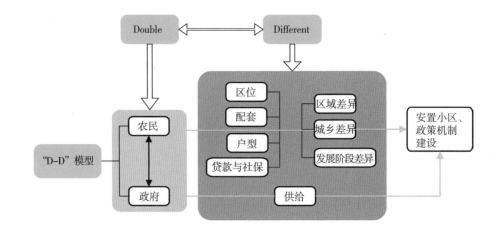

图 3-3 "D-D" 复合安置模式示意图

"乐"迁"安"居模式安置流程
（斜体部分为课题涉及公众参与的环节）

表 3-1

| 安居工程各个阶段 | 具体流程 | | |
|---|---|---|---|
| | 主要内容 | | 公共参与可能途径 |
| 项目审核公告 | *初步确定拆迁项目（拆迁范围及安置区位）* | | 网上投票、电话申请 |
| | 审核部门审定土地征收申请 | | |
| | 土管部门告知相关权利人相关事宜 | | |
| | 报请政府下发通告，拟定计划 | | |
| 前期摸底调查 | *拟征地农民基本情况与"乐"迁"安"居问卷调查* | | 设计人员访谈与问卷调查 |
| 乐迁安居方案确定 | 软环境政策方案设计 | 硬环境建设方案设计 | |
| | *召开动员会和听证会征求意见* | | 村民代表直接向政府反映意题，政府代表着实向上级反映情况 |
| | "乐"迁"安"居方案确定 | | |
| | "乐"迁"安"居方案公示 | | 村民观看方案公示，在有效期内向政府反映改进意见 |
| 拟征地实测 | 对拟征收地块进行实测 | | |
| 签订拆迁协议 | 申请房屋拆迁许可证 | | |
| | 发布拆迁公告 | | |
| | 房屋价值评估 | | |
| | 拆迁补偿协商 | 拆迁补偿裁决 | |
| | 签订拆迁协议 | | |
| 房屋拆除与搬迁 | 产权置换后，实现房屋拆除与搬迁 | | |

## 参考文献

[1] 顾朝林 . 城市社会学 [M]. 南京：东南大学出版社，2002.

[2] 罗志刚 . 统筹城乡土地，破解城市规模难题 [J]. 理想空间：新形势下的总体规划，2007，（5）：60.

[3] 钱雪华 . 农村宅基地集约使用的模式与方法研究——以浙江省为例 [D]. 浙江大学，2009.

[4] 孟海宁，陈前虎，孙天钾等 . 浙江农村公共设施建设的有关问题探讨 [J]. 上海城市规划，2008，（2）：3.

[5] 徐琴,刘国鑫.居住安置的空间区位差异与弱势群体的社会适应——对江苏A市两个失地农民安置区的定量研究 [J]. 江海学刊，2009，（6）：7.

[6] 代晓利 . 新农村建设中农民安置社区规划的思考 [J]. 建筑与文化，2010，（7）：4.

# 空间微作用
## ——微观土地利用特征对居民出行方式的影响调研

学生：朱嘉伊　陶舒晨　方勇　吴庄黎

指导老师：吴一洲　武前波　陈前虎　宋绍杭

摘要

基于杭州城北 6 个街区 913 份居民调查数据，调查居民的个体属性、出行特征和主观意愿，深入剖析居民微观交通行为与土地利用特征，探讨两者互动规律；建立回归模型分析土地利用形态对居民出行的影响，结合居民的个体偏好，探讨两者重合与矛盾之处，最后提出相关的策略和建议。

关键词

土地利用　空间偏好　出行特征　交通方式　空间形态

Abstract

This paper investigates individual attributes, traffic characteristics and subjective willingness of residents based on 913 samples of 6 blocks in the northern Hangzhou, and then discossing the interaction law among each other.It establishes regression models to analyze how land use forms do have influence upon resident trip, discusses overlap and contradictions between the calculation results and individual preferences, thus proposes strategies and suggestions.

Keywords

land use　spaital preferences　travel characters　travel pattern　spatial form

# 目录

1 绪论 .................................................. 067
  1.1 调研背景 ...................................... 067
    1.1.1 居民家庭汽车拥有量急剧上升 ........... 067
    1.1.2 城市交通拥堵问题日益严重 ............. 067
    1.1.3 有效的交通治理策略缺乏 ................ 067
  1.2 调研意义 ...................................... 068
  1.3 创新点 ........................................ 068
  1.4 调研方法与研究框架 ......................... 068
2 调研分析 .......................................... 069
  2.1 居民出行特征 ................................. 069
    2.1.1 出行意向 ................................. 069
    2.1.2 出行方式 ................................. 070
    2.1.3 出行距离与时间 ......................... 072
    2.1.4 出行阈值与期望 ......................... 074
  2.2 城市空间特征 ................................. 075
    2.2.1 道路景观 ................................. 075
    2.2.2 住区环境与设施 ......................... 077
  2.3 小结 .......................................... 077
3 模型设计与结论 .................................. 078
  3.1 因子选择 ...................................... 078
    3.1.1 居民个体属性特征 ....................... 078
    3.1.2 居民交通出行特征变量 .................. 078
    3.1.3 微观土地利用特征变量 .................. 078
  3.2 模型建立 ...................................... 079
    3.2.1 二元逻辑回归模型设计 .................. 079
    3.2.2 模型简化步骤 ............................ 080
  3.3 模型结果与讨论 .............................. 081
  3.4 小结 .......................................... 082
4 机制分析与建议 .................................. 083
  4.1 机制一：公交建设缓慢、汽车出行偏好是
    造成城市交通拥堵问题的重要原因，应推行
    "土地－交通"一体化规划。 ................ 083
  4.2 机制二：微观空间小尺度的营造，既能够
    提升城市生活品质，又符合当下多数居民
    对慢行系统的需求。 ....................... 085

参考文献 .............................................. 086
附录 "土地利用特征对居民出行方式的影响"
问卷调查 .............................................. 087

图 1-1 杭州高架白天堵车

图 1-2 杭州高架夜间堵车

图 1-3 杭州文二路堵车

图 1-4 杭州文三路堵车

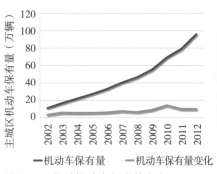

图 1-5 杭州机动车保有量变化

图 1-6 杭州某一时段交通路况

# 1 绪论

## 1.1 调研背景

### 1.1.1 居民家庭汽车拥有量急剧上升

伴随社会经济水平提升和城市化的高速推进，近年来城市规模及城市人口急剧膨胀，小汽车拥有量急速提高。以杭州为例，截至 2012 年底，主城区汽车保有量达到 96 万辆，每百人汽车拥有量达 26.96 辆。

### 1.1.2 城市交通拥堵问题日益严重

近年来，杭城的交通拥堵问题日益严重，以中河高架为代表的城市快速路成"巨型停车场"（图 1-1）；以文一路、文二路为代表的城市主干道形成的钟摆交通问题（图 1-2）。大量的私家车在高峰时期涌入城市中心区，挤压了有限的交通资源。

### 1.1.3 有效的交通治理策略缺乏

现有的交通政策不尽合理，交通系统资源消耗严重，交通管理采用单一面向交通的方法，没有考虑交通发展对资源的要求及其对环境的影响（王炜，2001）。

交通基础设施无法承受交通需求总量，已有的各种交通方式未能实现有效的衔接，而现代社会经济的发展要求各种方式能有效衔接，建立高效、安全、

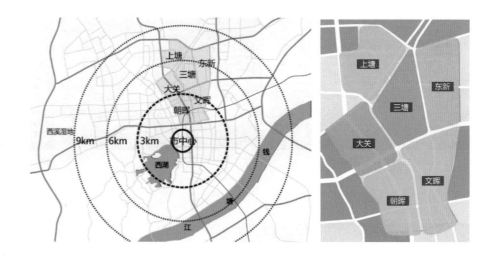

图 1-7  调研区域在杭州的区位（左）

图 1-8  调研分区（右）

便捷的交通体系，实现一体化发展（周伟，2005）。

## 1.2　调研意义

高密度的混合土地利用，多样化的居民出行方式决定了城市土地利用特征和居民交通行为之间的复杂关系。本文期望通过调查研究实现以下目的：

（1）调查居民在不同目的下的交通行为特征（出行方式，出行距离，出行时间），探究居民出行行为规律。

（2）分析不同街区的土地利用特征，探讨不同的土地利用特征对居民出行方式选择的实际影响及其原因。

（3）调查居民对空间的个体偏好选择，对比土地利用现状的特征，探讨更加人性化的城市交通组织与土地利用模式。

本次研究区域选择城北片区，跨下城、拱墅两区，共 2293 余公顷，具体分为朝晖、文晖、三塘、东新、大关和上塘六区（图 1-7）。

## 1.3　创新点

（1）交通出行从单一的通勤扩展为通勤、娱乐、购物及就医四个方面，对不同目的下的交通出行分别进行研究。

（2）从居民主观偏好的角度出发，将公众需求纳入研究范畴。

（3）研究方法上，使用 SPSS 统计软件和 ArcGIS 分析平台，对数据进行整理与分析。

## 1.4　调研方法与研究框架

本次调研采用问卷调研获取居民出行第一手数据；通过实地调研、文献调研、遥感等方法获取土地利用基础资料，并使用 ArcGIS 对数据进行定量分析；建立逻辑回归模型进行分析，精确刻画居民个体的交通方式选择，定量化研究

图 1-9　技术路线

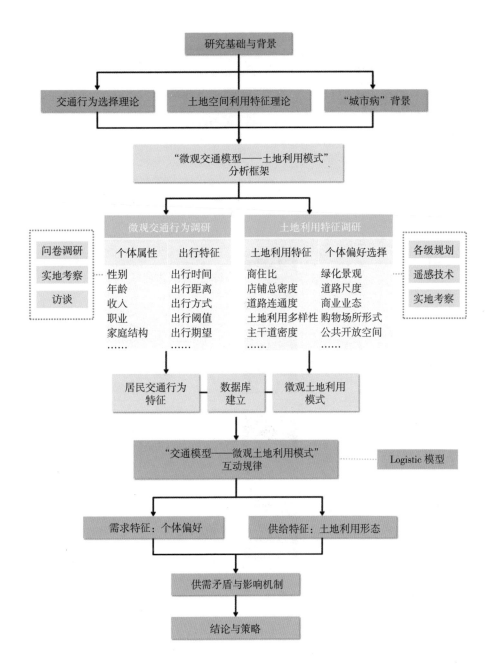

土地利用对居民出行方式选择的影响和作用机制。

本次调研共发放问卷 1000 份，回收有效问卷 913 份。

## 2　调研分析

### 2.1　居民出行特征

#### 2.1.1　出行意向

随着经济水平的提高，公共交通网络的成熟，居民的日常出行有了越来越多的选择。根据出行目的、出行的时间与距离以及自身的经济条件，居民趋向于选择"经济－时间"成本最优的出行方案。

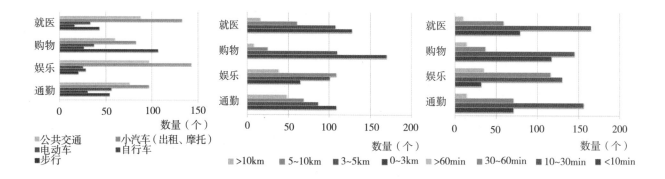

就医　购物　娱乐　通勤

■公共交通　■小汽车(出租、摩托)
■电动车　■自行车
■步行

■>10km　■5~10km　■3~5km　■0~3km　■>60min　■30~60min　■10~30min　■<10min

图 2-1　不同目的下选择各出行方式数量（左）

图 2-2　不同目的下出行距离的样本分布（中）

图 2-3　不同目的下出行时间的样本分布（右）

我今年都 70 多岁了，平时出去也就买点菜，买点生活用品，最好离得近一点，方便一点。

——1# 受访者

平时出去玩的话，大多数就去西湖、龙井一些地方，没办法，只能多花点时间，周边没有什么好玩的地方。

——2# 受访者

上班距离远还是得开车，但一定要起得早，否则就在路上堵死了，费时费油，不知道杭州地铁什么时候才能造福我们。

——3# 受访者

大家生病了都喜欢去大医院，有保障就比较放心，就是过去太远了，看病的人又多，有时候只能自己买点药吃。

——4# 受访者

　　相同目的的出行方案往往受共同因素的影响，而居民出行的目的会有多种，如上班、上学、购物、走亲访友、娱乐健身等。本次调研主要从通勤、娱乐、购物、就医四个方面入手，研究居民在这四种目的下的出行规律。

### 2.1.2　出行方式

　　（1）通勤：交通干道车满为患，中青年是开车出行的主体

　　工作日的早 7 点至 9 点是片区内交通最为繁忙的时段之一，如文一路、文晖路、上塘高架等交通干道车满为患；非机动车道亦是爆满，甚至有不少电瓶车与自行车占用人行道。许多受访居民表示，早晚高峰期间交通拥堵严重，"开车还不如骑车、走路来得快"。在实际调研中我们发现小汽车出行是主要的出行方式，占到 30%。其次是公交出行，约占 25%。在开车上班的人群中，35~44 岁的中青年占到了绝大多数。这部分人群属于社会中坚力量，收入、消费水平较高，因而大部分选择汽车通勤。通勤方式的选择也可能受到文化程度

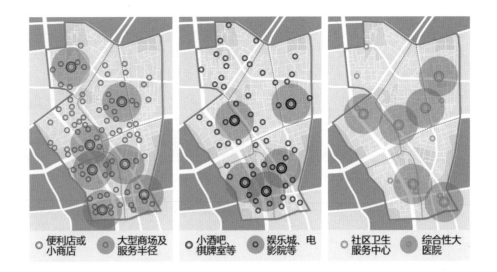

图 2-4 购物点空间分布（左）

图 2-5 娱乐点空间分布（中）

图 2-6 就医点空间分布（右）

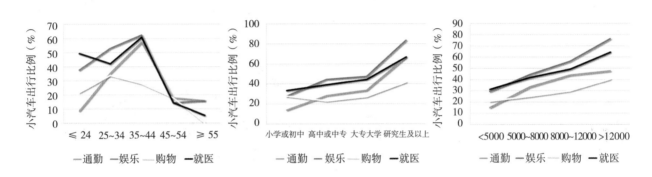

图 2-7 不同年龄人群小汽车出行比例（左）

图 2-8 不同文化程度人群小汽车出行比例（中）

图 2-9 不同家庭月收入小汽车出行比例（右）

和月收入水平的影响。调研结果显示，选择小汽车出行的比例随着文化水平和收入水平的提高缓步提高。

（2）娱乐：出行方式多样化，便利性是首要考虑的因素

片区内居民的娱乐方式多种多样，不同年龄层之间更是千差万别。年轻人主要选择武林商圈、湖滨商圈等繁华区的 KTV、电玩城等娱乐场所；中年人往往携带家眷，前往西湖、西溪一带；而老年人更多选择运河两岸的各种公园绿地等。

相比通勤方式，娱乐出行中小汽车与公共交通的比例大幅增长，分别达到 32% 和 43%。娱乐出行往往与亲朋同行，小汽车更加舒适便捷，因而小汽车出行比例上升；自行车、电动车等交通工具在娱乐过程中看管较难，会有更多人选择公交。

（3）购物：周边商业基本能够满足购物需求，低碳出行成为常态

我们在某超市进行实地记录，在 15min 的客流中，驾驶汽车前来购物的有 11 人，乘坐公交车前来的有 41 人，自行车或电动车前来的有 34 人，步行前来的有 47 人。住区周边的超市、市场基本能够满足日常购物需求，故大部分居民认为没有必要开车购物。少数居民认为，虽然购物地点在步行的可达范围内，但购买的商品难以带回家，只能选择开车。这部分居民以 25~34 岁的年

图 2-10 不同出行目的地及其图示

| 出行目的 | 目的地 | 图 示 |
|---|---|---|
| 通勤 | 翠苑、黄龙、下沙、钱江、新城、武林、余杭、朝晖、大关、湖滨等 | |
| 娱乐 | KTV、电玩城、电影院、游乐场、桌游室、酒吧、歌舞厅、太子湾、湖滨、运河、西溪湿地等 | |
| 购物 | 便利店、超市、农贸市场、夜市、银泰、解百、杭州大厦等 | |
| 就医 | 浙江大学医学院附属第二医院、浙江大学医学院附属第一医院、浙江省中医院、省人民医院、社区卫生服务中心、小药店等 | |

小汽车出行比例（%）

图 2-11 老年人步行去购物　图 2-12 青年人骑车去上班　图 2-13 人们在等候公交车　图 2-14 快递员偏爱电动车

轻人为主，其生活节奏较快，更加讲究舒适和效率。而在超过 55 岁的人群中，几乎没有人选择开车购物。

（4）就医：省属医院距离住区较远，汽车出行比例高

就医也是汽车出行比例较高的出行类型。一方面，受访居民大部分表示不愿在社区卫生服务机构就医，而更倾向选择省属医院为代表的三级甲等医院；另一方面，这些高等级医院往往距离住区较远，考虑到病人的身体状况，一般选择汽车作为交通工具。浙江省人民医院所在的朝晖片区，步行或非机动车出行就医的比例高过其他片区。

### 2.1.3 出行距离与时间

（1）通勤：通勤成本差异大，随年龄增长呈正态分布

受访居民上班地点主要集中在片区内部，西湖东岸城市核心区及文二路、文三路沿线。片区内的商贸区、办公区能为居民提供部分就业岗位，就近上班的居民一般花在路上的时间不会超过 20min，他们对片区交通环境的满意度也较高。而那些需要前往城郊或城市核心区上班的居民往往抱怨在路上浪费了过多的时间。除交通拥堵外，公交车班次间隔时间长、乘客多也是矛盾较为集中的点。

从通勤时间来看，半数居民能在 30~60min 内到达上班地点，通勤平均距离

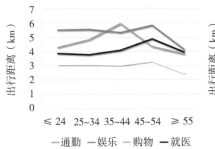
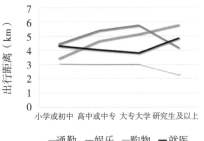
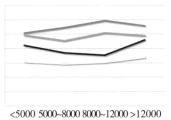

图 2-15　不同年龄人群的出行距离（上左）

图 2-16　不同文化程度人群的出行距离（上中）

图 2-17　不同家庭月收入人群的出行距离（上右）

图 2-18　人们习惯了远距离上班（左上）

图 2-19　地摊卖场周边的停车场（右上）

图 2-20　家门口的"流动购物点"（左下）

图 2-21　刚从医院归来骑行（右下）

为 4.8km。35~44 岁居民的平均通勤距离最长，达到了 5.9km，平均通勤距离随年龄增长呈正态分布。而随着居民文化水平的提高，通勤距离也随之增大。这与片区内提供的就业岗位层次有关，片区内缺少综合性、中高层次的办公场所。

（2）娱乐：出行呈现较大差异，大多数居民并不在意距离远近

因上班太忙，居民遇到空闲能够出去放松一下都会选择知名度高、环境好的娱乐地点，并不太在意距离。另一方面，调查也发现居民娱乐出行呈现较大的分异，部分退休老年人和外来务工者甚至表示自己完全没有外出休闲娱乐。

（3）购物：日常购物需求一般在 3km 内得到满足

朝晖等居住片区作为杭城较老的社区经历了近 30 年的发展，日常配套已较为完善，片区内各级商业网点分布均匀合理，因而居民购物出行的距离普遍较短，半数以上居民能够在 3km 以内完成日常购物，购物出行的平均时间为 19.1min。

（4）就医：社区医疗设施能够满足需求，居民偏好省属医院

片区内较为大型的医院有浙江省人民医院和拱墅区人民医院，各级社区卫生服务网点成系统，社区医疗硬件设施能够满足居民日常需要，因观念问题许多受访者尤其是老年人趋向于前往较远的省属医院就医。根据问卷统计，就医出行平均距离达到 3.9km，平均时间为 22.2min。

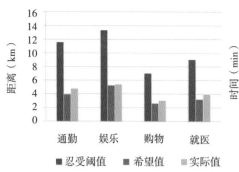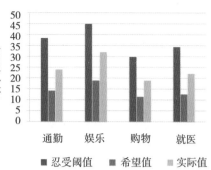

图 2-22 不同目的的出行距离忍受阈值、希望值和实际值（左）

图 2-23 不同目的的出行时间忍受阈值、希望值和实际值（右）

### 2.1.4 出行阈值与期望

针对目前的交通困境，我们希望了解居民们心中所期望的日常活动需要的出行时间、出行距离以及他们的忍受范围。通过居民的主观意愿调研，对比发展的现状可以看到矛盾所在。

我们将居民的日常出行按目的不同分为四类，经过调查发现，在通勤、娱乐、购物和就医四种目的的出行中，娱乐出行距离、时间忍受阈值最高，分别达到平均 13.3km 和 45.1min；其次是通勤出行，平均达到 11.6km 和 38.5min；忍受阈值最低的是购物出行，仅有 7.1km 和 29.9min。从不同区域来看，东新片区的娱乐出行忍受阈值比其他区域更低，而通勤出行忍受阈值更高，主要原因是东新是外来务工人员相对集中的片区，其经济条件与社会属性限制造成了忍受阈值的不同。

相比忍受值，居民对出行的期望值明显更低。从距离视角出发，期望值只有忍受阈值的 1/3。时间的忍受阈值与期望的差距没有距离那么显著，居民实际出行的距离与时间介于忍受阈值与期望值之间。从图 2-22 与图 2-23 中

上班没办法啊，近一点当然最好，远一点的话总不能 2、3 个小时花在路上，那到时候每天天还没亮就要起床了。

——5# 受访者

我一般出去玩，在路上花 2 个小时左右，就去西湖、武林那一圈，稍微远一点也没什么关系。

——6# 受访者

我们家旁边就有一家超市的，平时买点东西很方便啊，没搬家之前超市离得远，都不愿意去，就在小店里买买。

——7# 受访者

看病基本都是去浙一医院那种类型的大医院，特别是小孩子，要去妇保院，远一点也就无所谓了。

——8# 受访者

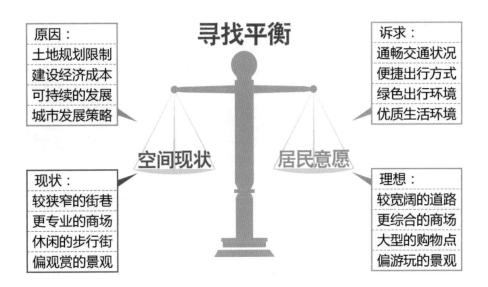

图 2-24　城市实际建设
与居民意愿的平衡

可以发现，居民出行的实际距离与期望距离相差并不大，尤其是娱乐出行；但出行时间和期望时间却有明显差距。我们认为造成这一现象的主要原因是居民对距离的概念不如对时间掌握的清晰。

## 2.2　城市空间特征

除出行意愿外，本次调研还设置了关于住区周边空间偏好的问题，针对 8 种不同的空间环境分别设置了 8 对形容词组，以研究居民的主观偏好。八对词组分别从道路交通、住区、环境、商业设施等方面着手，包括道路尺度、绿化景观、公共广场、购物场所、居住区周边环境、步行环境、商业服务业类型、居住区档次。

### 2.2.1　道路景观

居民喜欢宽阔大路胜于小尺度街巷。居民一般认为街道尺度越大，道路承载能力越强，继而交通环境也越好；另一方面小尺度的居住区级道路容许了更多的路边停车，经常造成拥堵，从而影响交通。

居民更喜爱视觉观赏型景观略多于游玩体验型。前者在塑造环境、提升品质、愉悦心情等方面都有较明显的效果。

超过 85% 的居民都更加喜爱开放式广场。实地调研发现，片区内公共开放空间较为缺乏，居民健身、集会、游憩只能利用沿河、沿街的小型绿地和小广场。

居民更加喜爱与绿地结合的步行空间，片区中运河沿岸的步行环境较好。但部分路段存在没有专设的人行道、人行与非机动车混行、步行路面不平整等诸多问题。

道路景观小结：

（1）片区内的道路分布系统性较强。道路尺度分布与居民主观偏好基本相反。

（2）绿化景观的实际建设水平与居民期望较为符合，广场大多属于开放式的，但并不意味所有的绿化及公共空间塑造都较好。

## 道路尺度

| 大尺度街道 | 小尺度街巷 |
|---|---|
|  |  |
| 居民主观偏好 72% | 28% |
| 实际建成比例 20% | 80% |

## 绿化景观

| 视觉型景观 | 游玩型景观 |
|---|---|
|  |  |
| 居民主观偏好 68% | 32% |
| 实际建成比例 72% | 28% |

图 2-25 道路尺度偏好与客观情况（左）

图 2-26 绿化偏好与客观情况（右）

## 公共广场

| 私密空间 | 开放空间 |
|---|---|
|  |  |
| 居民主观偏好 13% | 87% |
| 实际建成比例 47% | 53% |

## 步行环境

| 与商业 | 与绿地 |
|---|---|
|  |  |
| 居民主观偏好 25% | 75% |
| 实际建成比例 79% | 21% |

图 2-27 公共广场偏好与客观情况（左）

图 2-28 步行环境偏好与客观情况（右）

## 购物场所

| 步行商业街 | 大型商场 |
|---|---|
|  |  |
| 居民主观偏好 51% | 49% |
| 实际建成比例 83% | 17% |

## 商业类型

| 专业的 | 综合的 |
|---|---|
|  |  |
| 居民主观偏好 24% | 76% |
| 实际建成比例 13% | 87% |

图 2-29 购物场所偏好与客观情况（左）

图 2-30 商业类型偏好与客观情况（右）

## 住区周边环境

| 绿化 | 商业 |
|---|---|
|  |  |
| 居民主观偏好 83% | 17% |
| 实际建成比例 27% | 73% |

## 居住区档次

| 混合住区 | 同档住区 |
|---|---|
|  |  |
| 居民主观偏好 30% | 70% |
| 实际建成比例 45% | 55% |

图 2-31 住区周边环境偏好与客观情况（左）

图 2-32 居住区档次偏好与客观情况（右）

（3）步行环境的实际塑造与居民主观偏好差异非常明显，大部分道路只承担交通功能或与商业结合的功能。

### 2.2.2 住区环境与设施

住区环境与设施相关的四组空间形式包括购物场所、商业类型、住区周边环境及居住区档次。结果显示，居民更偏爱多样化的配套设施。

在商业配套方面，居民普遍希望更多的综合型设施，而对其空间形式并无明显偏好；住区环境方面，居民希望更多的绿化；逾七成居民不愿意在混合社区中居住。

住区环境与设施小结：

（1）购物场所一般呈线状分布，本组成员认为应当在大型购物场所分布较少的地区增设一些综合商场或超市以满足不同居民的需求。

（2）目前片区内的居住区周边还是以商业设施为主，不同小区环境差异较大，沿运河的住区环境明显优于非沿河住区。

（3）片区内住区同质化较为明显，尤其是大关、朝晖片区。而上塘、三塘、东新片区内存在不少城中村，住区类型混杂。

## 2.3 小结

（1）居民的日常出行方式受出行目的、经济文化水平等诸多因素的影响，娱乐和就医是小汽车出行比例最高的两种出行目的。其中很重要的原因是娱乐、就医的地点相对较远，尤其是西北片区，直接导致了机动车出行比例的上升。

（2）即使现状的出行距离与出行时间尚在居民的忍受范围内，但与居民期望仍有一定的差距。调查访问中，居民表现出强烈的"在家门口解决日常需要"的愿望。

（3）实际建设在多方面与居民的主观偏好存在较大偏差，如道路尺度、步行环境等。即使部分空间类型分布与居民偏好较为一致，也不能就此认为该种空间塑造一定是正确的，居民的偏好未必是最优选择。

| 土地利用特征 | 因子 | 因子解释 | 计算方法 |
|---|---|---|---|
| 土地功能特征 | 商住比 | 商业居住平衡度 | 商业用地面积 / 居住用地面积 |
| | 大超市密度 | 大型商业服务水平 | 大型超市个数 / 街区面积 |
| | 便利店密度 | 小型商业服务水平 | 小型便利店个数 / 街区面积 |
| | 公交站点密度 | 公共交通服务水平 | 站点个数 / 街区面积 |
| | 店铺总密度 | 商品综合服务水平 | 所有店铺个数 / 街区面积 |
| | 绿化景观密度 | 绿化景观建设水平 | 绿化广场面积 / 街区面积 |
| | 商业用地开发强度 | 商业氛围整体水平 | 商业总面积 / 街区面积 |
| | 土地利用多样性指数 | 用地功能的混合度 | 吉布斯 – 马丁多样化指数模型 |
| | 自行车与步行环境 | 非机动车行驶环境 | 非机动车行驶环境测度 |
| 土地空间特征 | 主干道密度 | 道路建设整体水平 | 主干道长度 / 街区面积 |
| | 支路密度 | 微观可达性水平 | 支路长度 / 街区面积 |
| | 道路连通度 | 路网整体连通性 | （十字路口、T 字路口、断头路赋值后数量之和）/ 街区面积 |
| | 街区平均面积 | 街区空间平均尺度 | 界区内成块的区域面积平均值 |
| | 店铺占街面比例 | 街面商业氛围 | 店铺面宽和 / 街面长度和 |
| | 道路交叉口平均距离 | 中观可达性水平 | 每一点与街区内所有点的平均距离 |

（4）根据居民的主观偏好，我们可以设计更加人性化的住区空间，但这并不意味着空间类型的趋同。丰富的空间类型组合才能满足不同年龄、不同文化、不同阶层的居民的各种需求。

# 3 模型设计与结论

## 3.1 因子选择

影响居民出行方式的影响因素有很多，主要可以归纳为三类：

### 3.1.1 居民个体属性特征

居民个体属性特征包括居民的性别、年龄、职业、教育水平、收入水平等。居民的个体属性决定其在交通方式选择上的个人偏好和支付能力，是出行方式的内在变量。

### 3.1.2 居民交通出行特征变量

居民交通出行特征变量是指出行时间和出行距离。出行距离决定了个人出行方式的选择。如：当居住地和目的地之间距离较短时，人们会倾向于步行或自行车出行；当距离较长时，会倾向小汽车或公共交通出行。通勤方式也可视为是人们权衡出行时间与经济成本的结果，居民最终将选择在时间和经济成本上兼可支付的交通方式。

### 3.1.3 微观土地利用特征变量

微观土地利用特征变量主要分为土地功能特征和土地空间特征两方面，包括街区交通条件、用地混合度、交通设施布局、街区环境等在内的 15 个特

图 3-1 土地功能特征指标图示

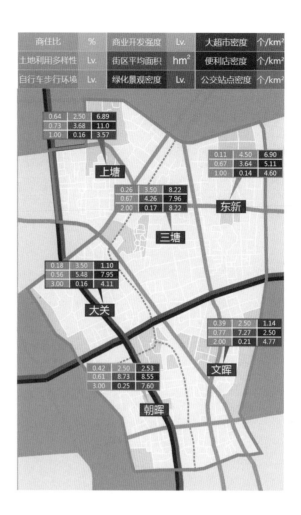

征变量。这些要素对出行方式的选择具有明显的影响。

为合理表达土地利用特征，在现状用地的基础上，结合场地调查修正，通过计算获得土地利用指标（表 3-1）。

## 3.2 模型建立

### 3.2.1 二元逻辑回归模型设计

为模拟个体属性、出行特征变量和土地利用特征变量与通勤方式的关系，首先假定一个基本的二元逻辑回归模型如下：

$$\ln\left(\frac{\rho}{1-\rho}\right) = \beta_0 + \beta_1 x_1 + \cdots + \beta_k x_k$$

$$\rho = \frac{\exp(\beta_0 + \beta_1 x_1 + \cdots + \beta_k x_k)}{1 + \exp(\beta_0 + \beta_1 x_1 + \cdots + \beta_k x_k)}$$

我们提出的基本函数为：

$$\text{Logit}(P_1/P_2) = f(SD_k, D_k, LU_k);$$

式中，"k" = 1，2…，指代样本个体；

SD 为个体属性，包括性别、年龄、文化程度、家庭月收入、职业、家庭成员数、家庭成员上学数、家庭成员工作数、家庭汽车拥有量等 9 个因子；

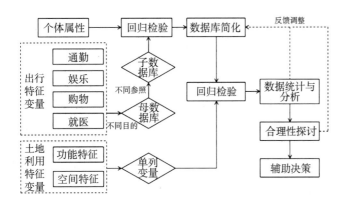

图 3-2 模型计算过程（左）

图 3-3 土地空间特征指标图示（右）

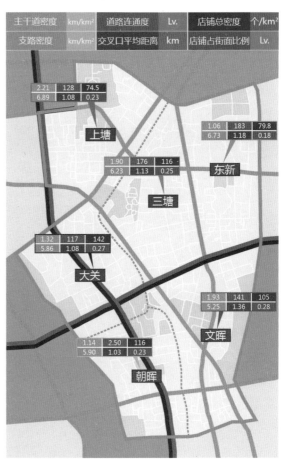

D 为通勤距离和通勤时间两个因子；

LU 为街区土地利用特征，即表 3-2 中所列。

为了更好地刻画个人通勤方式的选择，以单个通勤方式作为参照 "0"，小汽车作为 "1"，将以上模型转换为以下四个分析模型（子数据库）：

$$Logit（P_{car}/P_{walk}）= f（SD_{k1}，D_{k1}，LU_{k1}）；$$

$$Logit（P_{car}/P_{bike}）= f（SD_{k2}，D_{k2}，LU_{k2}）；$$

$$Logit（P_{car}/P_{e-bike}）= f（SD_{k3}，D_{k3}，LU_{k3}）；$$

$$Logit（P_{car}/P_{transit}）= f（SD_{k4}，D_{k4}，LU_{k4}）；$$

### 3.2.2 模型简化步骤

模型的简化分为三步：

（1）初步简化——设定小汽车通勤方式为 "1"，其他方式为 "0"，建立一个针对所有样本的模型。仅纳入个体属性和距离这两组因子，观察各因子在模型中的显著性，进而剔除一部分无统计意义的因子。

（2）全数据库模拟——在简化模型的基础上分别纳入与之相关的 9 个土地利用指标（表 3-2），分析观察各变量在模型中的显著程度。

（3）子数据库模拟——为使结果更为细致、更具说服力，按照上文四个分析模型构建方法，将样本数据库拆分为四组子数据库，在此基础上分别纳入土地利

用于通勤计算的土地利用特征变量

表 3-2

| 片区名 | 土地功能特征 | | | | 土地空间特征 | | | | |
|---|---|---|---|---|---|---|---|---|---|
| | 公交站密度 | 绿化景观密度 | 土地利用多样性指数 | 自行车与步行环境 | 主干道密度 | 支路密度 | 道路连通度 | 街区平均面积大小 | 道路所有交叉口交互平均距离 |
| 朝晖 | 7.60 | 25 | 0.61 | 3.00 | 1.14 | 5.90 | 125.35 | 8.73 | 1.03 |
| 文晖 | 4.77 | 21 | 0.77 | 2.00 | 1.93 | 5.25 | 140.82 | 7.27 | 1.36 |
| 东新 | 4.60 | 14 | 0.67 | 1.00 | 1.06 | 6.73 | 182.52 | 3.64 | 1.18 |
| 三塘 | 8.22 | 17 | 0.67 | 2.00 | 1.90 | 6.23 | 175.74 | 4.26 | 1.13 |
| 上塘 | 3.57 | 16 | 0.73 | 1.00 | 2.21 | 6.89 | 128.04 | 3.68 | 1.08 |
| 大关 | 4.11 | 16 | 0.56 | 3.00 | 1.32 | 5.86 | 117.38 | 5.48 | 1.08 |

各子数据库中具有一定显著性的参数结果

表 3-3

| 土地利用特征 | 子数据库 | 模型参数（B） | 参数检验统计量（Wald） | 显著性（Sig.） |
|---|---|---|---|---|
| 绿化景观密度 | 全数据库 | −17.075 | 9.932 | 0.002 |
| | 自行车 – 汽车 | −18.899 | 4.792 | 0.029 |
| | 公交车 – 汽车 | −13.934 | 5.305 | 0.021 |
| 土地利用多样性指数 | 全数据库 | 6.111 | 8.571 | 0.003 |
| | 电动车 – 汽车 | 9.196 | 7.499 | 0.006 |
| | 公交车 – 汽车 | 9.352 | 8.812 | 0.003 |
| 自行车与步行环境 | 全数据库 | −0.680 | 12.659 | 0.000 |
| | 电动车 – 汽车 | −0.597 | 4.430 | 0.035 |
| | 公交车 – 汽车 | −1.335 | 17.336 | 0.000 |
| 主干道密度 | 全数据库 | 0.963 | 7.474 | 0.006 |
| | 自行车 – 汽车 | 2.074 | 6.795 | 0.009 |
| | 电动车 – 汽车 | 1.238 | 5.154 | 0.023 |
| | 公交车 – 汽车 | 1.082 | 4.840 | 0.028 |
| 支路密度 | 全数据库 | 0.614 | 4.587 | 0.032 |
| | 公交车 – 汽车 | 1.202 | 8.197 | 0.004 |
| 道路连通度 | 全数据库 | 0.025 | 14.694 | 0.000 |
| | 电动车 – 汽车 | 0.028 | 6.652 | 0.001 |
| | 公交车 – 汽车 | 0.033 | 13.699 | 0.000 |
| 街区平均面积大小 | 全数据库 | −0.304 | 10.577 | 0.001 |
| | 自行车 – 汽车 | −0.412 | 5.472 | 0.019 |
| | 公交车 – 汽车 | −0.456 | 11.776 | 0.001 |
| 交叉口交互平均距离 | 电动车 – 汽车 | 8.472 | 5.878 | 0.015 |

用特征变量，得到更全面的模拟结果，从而得到变量对通勤方式选择的作用特征。

### 3.3 模型结果与讨论

在剔除性别、文化程度、家庭成员上学数、家庭成员工作数、上班时间、一般工作人员、高层管理人员、低收入家庭、中等收入家庭和高收入家庭 10 个变量后，考虑到家庭汽车拥有量造成的影响过于显著，可能会导致土地利用变量的模拟结果不尽真实，故也剔除。

将土地利用指标分别纳入整理过后的全数据库与四个子数据库，输出结果整理见表 3-3。我们可以得出：

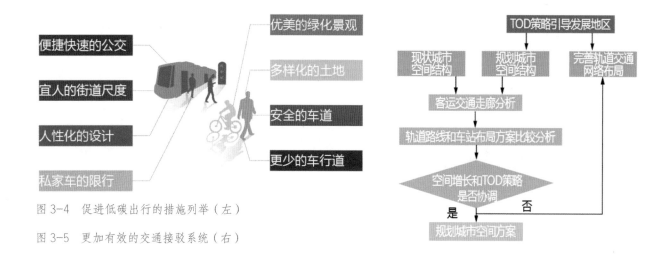

图 3-4  促进低碳出行的措施列举（左）

图 3-5  更加有效的交通接驳系统（右）

图 3-6  更加完善的低碳交通体系（左）

图 3-7  更加合理的土地利用规划（右）

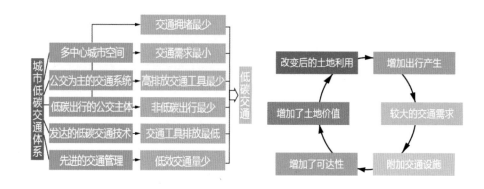

（1）在公交设施建设水平足够充足的情况下，公交站点密度难以影响人们的通勤方式。

（2）绿化景观布置越多，人们选择电动车与公交车通勤越多。

（3）在城市功能混合的条件下，土地利用多样性越高，人们更倾向于选择非机动的方式出行。

（4）随着城市建设不断发展，非机动车道景观布置与安全程度不断提升，从而会促进居民采用电动车、公交的方式进行通勤。

（5）对于拥有汽车的居民而言，道路网密度越大，意味着交通条件的愈加成熟，其选择汽车作为通勤方式的意愿更强。

## 3.4  小结

经上述定量分析方法，针对四种不同的出行目的，分别建立数据库，选择不同土地指标的组合进行分析，我们可以得出以下结论：

（1）在现有城市形态下，路网的不断建设以及家庭收入的不断提高，不

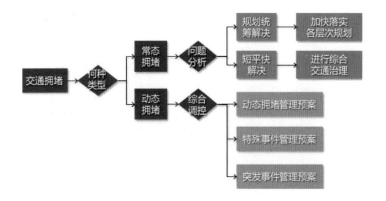

图 4-1 应对交通拥堵的管理办法

但形成了以小汽车为主导的混合出行结构，而且有可能进一步推进小汽车的购买与使用，形成恶性循环。就医、购买建材等具有极强目的性的小汽车通行行为的存在是合理的，更大程度上的通勤、购物、同城游玩等行为应减少对路网的依赖，转向使用运输效率更高的公共交通系统，这也要求杭州进一步推进轨道交通建设与公交接驳系统的建设。

（2）为了治理大城市交通出行的拥堵问题，需要从土地利用规划、非机动车通道设计等方面出发，鼓励低碳绿色出行方式。其中在土地利用规划中提高土地利用多样性，减少远距离通勤、购物等行为至关重要。在这样的基础上，适当地提出小汽车管制措施，能够进一步保障规划的实施。

（3）出行目的不同，土地利用特征对居民出行方式的影响各异，但绿化景观设施的布置在每一个目的下都能够促进低碳绿色出行，这是由出行主体的主观感知所决定的。

（4）值得注意的是公交站点密度的增加，不仅没有表现出对低碳出行方式的促进作用，甚至在一定程度上抑制了非机动车出行方式的增长，可能的解释是公交车站的布置存在问题，并且前往或离开车站的步行环境被大量的机动车停车位或是通行线路所占据，也可能是因为公交站多敷设于道路网密集区域，而这一区域正是机动车方式所偏好的区域。

## 4 机制分析与建议

### 4.1 机制一：公交建设缓慢、汽车出行偏好是造成城市交通拥堵问题的重要原因，应推行"土地-交通"一体化规划。

现代的城市生活追求多样化的发展，城市居民的收入水平、价值观念、消费习俗等都存在巨大的差异。居民收入特征的变化表现为小汽车拥有量的不断攀升，私家车出行比例不断上升；价值观念、消费习俗表现在消费地点的多

图 4-2 TOD 导向下的住区设计（左）

图 4-3 交通管理规划方案的设计（右）

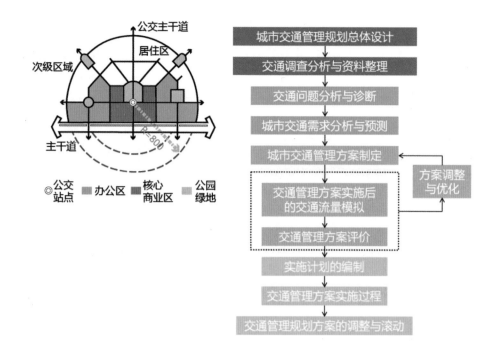

样化、娱乐地点的远郊化和休闲地点的集中化。上述问题都在一定程度上造成了机动车使用的大幅增长，进而造成城市交通拥堵问题。

即使土地利用不是起到决定性作用的唯一因素，但从上文的模型结果可以得出，一定数量的土地利用特征更应该得到我们的关注。

相关建议：

（1）考虑现实可行性、环境友好性，在规划前期进行社会影响评估。

在更大区域内进行大量的土地利用特征与交通模型的模拟，能够得到缓解交通问题的"最优解"（表 3-3）。并不是每个"最优解"都适用于所有区域，而且有可能会对周边其他行为（如商业经营、办公效率、旅游休憩等）造成一定的负面影响。

这就要求在土地利用规划前进行社会影响评估，并在规划实施过程中进行监督与评估，并依据可持续发展原则及时修正，强调交通价值与社会价值的共同实现。

（2）加速 TOD、TDF 等软手法的建设，推广智能交通管理技术。

土地的规划是缓解交通问题的"硬"手法，而在更大的社会、经济、法制层面，"软"手法的运用能够整合更大范围的资源，起到更好的效果。

居民选择私家车出行的根源在于舒适性与效率。在这样的基础上，我们更加应该关注多种公共交通工具组合的开发模式，如 TOD（公共导向开发模式）、Transit Village（公交社区）和 TFD（公交友好设计）等。

在交通管理方面，既要有私家车出行的交通管制措施，也要关注道路网

图 4-4 中观层面变点位轴（左）

图 4-5 微观层面构建复合型景观（右）

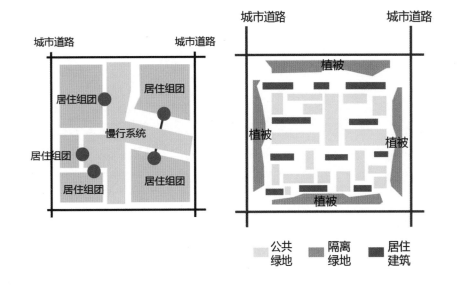

的 SCATS 型号控制设备、RFID 识别系统等交通管理工具的建设，通过技术手段尽可能实现"绿波交通"。

## 4.2 机制二：微观空间小尺度的营造，既能够提升城市生活品质，又符合当下多数居民对慢行系统的需求。

此处所指的绿化景观，包含了道路中的非机动车道景观、住区环境和开放广场等。

根据居民主观意愿的统计与计算模型的结果，绿化景观能够在所有方式中起到引导人流、倡导低碳出行的作用。就非机动车道景观而言，其代表的是非机动车行驶过程的安全性与舒适性，不容易与机动车车流互相干扰，提高交通效率。大面积的广场与绿化景观促使人们在选择购物、娱乐的过程中考虑到这一因素，为居民日常的低碳出行提供了良好的物质基础。

相关建议：

（1）提升城市慢行系统战略地位，优化"公交 + 慢行"的交通结构。

明确慢行系统规划意图，确定微观空间建设目标，突出各区域特色，强化立体慢行交通体系。在布局规划时需要注重的有：结构主次均匀、分布合理；有效集散人流，串联重要交通源；地表与地下空间的结合；贯彻低碳优先理念，在微观尺度上构筑连续的、具有吸引力的慢行交通系统。

（2）打造景观廊道，补充城市空间环境，促进沿线产业设施发展。

绿化景观可以作为城市发展的"轴"，当城市发展到一定规模时，轨道交

慢行系统设计体系　　　　表 4-1

| 分类 | 定义 | 设计要求 | 适用范围 | 使用主体 | 代表性街道 | 断面示意图 |
|---|---|---|---|---|---|---|
| 道 | 以通过性机动车交通为主 | 人、非机动车与机动车道间用绿化带分离，过街设施一般设置在路口并尽量采用立交 | 一般在城市中的快速路、主干道上设置 | | 上塘路、文晖路 | |
| 路 | 以非通过性机动车交通为主 | 可设置隔离设施，并有明确的车速限制。过街通道的间距缩短，其位置也可在道路中段，一般采用平交 | 一般在城市中的次干道上设置 | | 潮王路、湖墅路 | |
| 街 | 以非机动车交通为主 | 以慢性交通为主的路径有条件地允许机动车交通 | 一般在城市支路或较大的组团内部道路设置 | | 大兜路、河东路 | |
| 径 | 以人行交通为主 | 以人行交通为主，一般不鼓励机动车出行，主要满足步行出行 | 一般主要在居住区内部和风景旅游区设置 | | 德苑路等组团道路 | |

通将会推动城市形成多中心的空间结构，而商业则从"圈层式"向"点面式"发展。特定的绿化景观廊道，能够起到疏解大客流的作用，促进人性化的交通空间建设。

绿化景观的点状空间布置，在当前的城市中尚未充分发挥购物人流的诱导作用，利用轴线式的景观构建，利用技术手法兼容复合型商业廊道，以步行客流引导商业土地开发，继而通过鼓励沿线商业中心的开发增加来往人数，形成良性循环。

## 参考文献

[1] 王苏毅. 城市综合体外部交通与公共空间互动机制与影响案例研究 [D]. 合肥工业大学，2012.

[2] 姚文琪. 城市商业区慢行系统的营造——以杭州市武林地区为例 [J]. 城市规划学刊，2010，（SI）：144-150.

[3] 王炜. 城市交通管理规划理论体系框架设计 [J]. 东南大学学报（自然科学版），2003，（3）：335-339.

[4] 周伟，姜彩良. 城市交通枢纽旅客换乘问题研究 [J]. 交通运输系统工程与信息，2005，（5）：27-34.

[5] 林艳，邓卫，葛亮. 以公共交通为导向的城市用地开发模式（TOD）研究 [J]. 交通运输工程与信息学报，2004，（4）：90-94.

[6] 周素红，闫小培. 广州城市空间结构与交通需求关系 [J]. 地理学报，2005，（1）：131-142.

[7] 杨源，颜毅，郭大忠. 提升山地城市交通规划中步行系统战略地位的必要性——以涪陵区综合交通规划为例 [J]. 重庆建筑，2011，（3）：11-15.

[8] 郭雪斌，吴海芳. 城市综合体公交社区规划研究——以杭州为例 [J]. 交通科学与工程，2011，（2）：80-86.

[9] 王光荣. 城市低碳交通体系建设简论 [J]. 前沿，2011，（13）：126-130.

[10] 韦亚平，潘聪林. 大城市街区土地利用特征与居民通勤方式研究——以杭州城西为例 [J] 城市规划，2012，（3）：76-84.

[11] 华芳, 王沈玉. 公交导向的新区规划建设——以杭州艮北新区公交社区规划建设实践为例 [C]. 中国城市规划学会. 多元与包容——2012 中国城市规划年会论文集（05. 城市道路与交通规划）：中国城市规划学会, 2012.

[12] 韩云旦. 杭州城市步行系统构建研究 [D]. 浙江大学, 2006.

[13] 钱璞. 城市交通和城市形态的关系——国际经验及对我国的借鉴意义 [C]. 首都经济贸易大学、北京市社会科学界联合会. 2012 城市国际化论坛——世界城市：规律、趋势与战略选择论文集：首都经济贸易大学、北京市社会科学界联合会, 2012.

[14] 刘冰, 周玉斌. 交通规划与土地利用规划的共生机制研究 [J]. 城市规划汇刊, 1995,（5）：24-28.

[15] 陆化普. 大城市交通问题的症结与出路 [J]. 城市发展研究, 1997,（5）：18-22.

# 附录

## "土地利用特征对居民出行方式的影响"问卷调查

☆居住地点：＿＿＿＿＿＿＿

尊敬的女士 / 先生：

您好！我是《土地利用特征对居民出行方式的影响》课题的访问员。为了更准确地了解居民对通勤方式的选择，了解其与居民的生活、城市土地利用的关系，从而为城市规划、建设和管理提供依据，我们开展此次问卷调查。请对每一个问题选择合适的一个或者多个选项打钩，并在＿＿＿＿＿横线上填写您的想法，非常感谢您对我们工作的配合和支持！

根据《中华人民共和国统计法》的规定，您提供的资料仅供研究之用，不必署名，故不存在泄密问题。

**一、基本情况：**

1. 您的性别：

A. 男性；B. 女性

2. 您的年龄：

A.24 岁及以下；B.25~34 岁；C.35~44 岁；D.45~54 岁；E.55 岁及以上

3. 您的文化程度：

A. 小学或初中；B. 高中或中专；C. 大专或大学；D. 研究生及以上

4. 您家庭的月收入水平：

A.5000 元以下；B.5000~8000 元；C.8000~12000 元；D.12000 元以上

5. 您所从事的职业：

A. 一般工作人员；B. 中层管理人员；C. 高层管理人员；D. 个体户；E. 其他

6. 您的家庭有多少成员：

A.1 个；B.2 个；C.3 个；D.4 个及以上

7. 您家庭内有多少成员正在上学：

A.0 个 B.1 个；C.2 个及以上

8. 您家庭内有多少成员参加工作：

A.1 个；B.2 个；C.3 个及以上

9.您的家庭拥有多少辆汽车：

A. 没有；B.1 辆；C.2 辆及以上

## 二、出行情况：

（1）通勤情况

10.您上班的通勤方式一般为：

A. 步行；B. 自行车；C. 电动车；D. 小汽车（含出租车和摩托车）；

E. 公共交通（含普通公交、快速公交、单位班车、地铁等）

11. 您从家到上班地点的距离约为：

A.0~3 公里；B.3~5 公里；C.5~10 公里；D.10 公里及以上

您上班的地点是_____

12. 您从家到上班地点所花费的时间约为：

A.10 分钟以内；B.10~30 分钟；C.30~60 分钟；D. 一小时以上

13. 从家到上班地点的距离，您能接受的最远距离是_____公里，希望是_____公里，从家到上班地点所花费的时间，您能接受的最长时间是_____分钟，希望是_____分钟。

（2）娱乐情况

14.您外出娱乐的出行方式一般为：

A. 步行；B. 自行车；C. 电动车；D. 小汽车（含出租车和摩托车）；

E. 公共交通（含普通公交、快速公交、单位班车、地铁等）

您从家到日常娱乐地点的距离约为：

A.0~3 公里；B.3~5 公里；C.5~10 公里；D.10 公里及以上

您日常娱乐的地点是_____

15. 您从家到日常娱乐地点所花费的时间约为：

A.10 分钟以内；B.10~30 分钟；C.30~60 分钟；D. 一小时以上

16. 从家到娱乐地点的距离，您能接受的最远距离是_____公里，希望是_____公里，从家到娱乐地点所花费的时间，您能接受的最长时间是_____分钟，希望是_____分钟。

（3）购物情况

17.您日常购物的出行方式一般为：

A. 步行；B. 自行车；C. 电动车；D. 小汽车（含出租车和摩托车）；E. 公共交通（含普通公交、快速公交、单位班车、地铁等）

18.您从家到日常购物地点的距离约为：

A.0~3 公里；B.3~5 公里；C.5~10 公里；D.10 公里及以上

您日常购物的地点是_____

19. 您从家到日常购物地点所花费的时间约为：

A.10 分钟以内；B.10~30 分钟；C.30~60 分钟；D. 一小时以上

20. 从家到购物地点的距离，您能接受的最远距离是_____公里，希望是_____公里，从家到购物地点所花费的时间，您能接受的最长时间是_____分钟，希望是_____分钟。

（4）就医情况

21. 您日常就医的出行方式一般为：

A. 步行；B. 自行车；C. 电动车；D. 小汽车（含出租车和摩托车）；E. 公共交通（含普通公交、快速公交、单位班车、地铁等）

22. 您从家到日常就医地点的距离约为：

A.0~3公里；B.3~5公里；C.5~10公里；D.10公里及以上

您日常就医的地点是_____

23. 您从家到日常就医地点所花费的时间约为：

A.10分钟以内；B.10~30分钟；C.30~60分钟；D.一小时以上

24. 从家到就医地点的距离，您能接受的最远距离是_____公里，希望是_____公里，从家到就医地点所花费的时间，您能接受的最长时间是_____分钟，希望是_____分钟。


三、个人偏好与意愿

25. 在以下列举的几个方面中，您更加偏爱在居住地附近有怎样的空间类型，请在相应的选项下打"√"

| 道路尺度 | | 绿化景观 | | 公共广场 | | 购物场所 | |
|---|---|---|---|---|---|---|---|
| 宽阔大路 | 小尺度街巷 | 视觉观赏型 | 游玩体验型 | 私密的 | 开放的 | 商业步行街 | 大型商场 |
|  |  |  |  |  |  |  |  |

| 住区周边环境 | | 步行环境 | | 商业服务业类型 | | 居住区档次 | |
|---|---|---|---|---|---|---|---|
| 更多绿化 | 更多商业 | 与商店结合 | 与绿地结合 | 专业的 | 综合的 | 高低档混合 | 同一档次 |
|  |  |  |  |  |  |  |  |


衷心感谢您真诚的回答以及对我们研究的支持和合作！

# 青山遮不住，梅坞换酒茶
## ——都市消费文化渗透下梅家坞茶文化村的转变调查

学生：庞赟俊　陶娇娇　叶潇涵　原雪怡

指导老师：吴一洲　武前波　陈前虎

**摘要**

在中国城镇化快速推进大背景下，大城市边缘风景名胜区村落作为特色村庄的典型代表，在都市消费文化的影响下，空间、经济、社会、文化等都发生了变化。本文以杭州西湖风景区梅家坞村历史变迁为例，运用文献调查、实地观察、问卷调查、深度访谈、数据模型等分析方法，总结了梅家坞村空间演化、经济形态和社会形态演变的特点及规律；并归纳出在都市消费文化的影响下，梅家坞村的空间演化趋于符号化，经济形态趋于复合化，社会形态趋于城市化的特点。采用多层次体系对风险进行评估，并且提出可持续发展的建议。

**关键词**

茶文化村　消费文化　村庄形态　经济形态　社会形态
风险评估　梅家坞村

# 目录

1　绪论 ......................................................... 093

　　1.1　调研背景及意义 ................................... 093

　　　　1.1.1　调研背景 ................................... 093

　　　　1.1.2　调研意义 ................................... 093

　　1.2　调研方法及思路 ................................... 094

　　　　1.2.1　调研区域的选定 ........................... 094

　　　　1.2.2　调研技术路线 ............................. 095

　　　　1.2.3　调研分析方法 ............................. 095

　　1.3　概念界定 ........................................... 096

2　调研与分析 ................................................. 098

　　2.1　消费文化对村庄空间演化的影响 .............. 098

　　　　2.1.1　村庄大事件 ............................... 098

　　　　2.1.2　村庄环境转变 ............................. 099

　　　　2.1.3　小结 ....................................... 099

　　2.2　消费文化对村庄经济形态的影响 .............. 101

　　　　2.2.1　消费者导向的村庄业态布局 .............. 101

　　　　2.2.2　"茶元素"为核心的收入结构 ........... 101

　　　　2.2.3　"多元化"与"品牌化"的经营
　　　　　　　模式 ....................................... 102

　　　　2.2.4　小结 ....................................... 104

　　2.3　消费文化对村庄社会形态的影响 .............. 105

　　　　2.3.1　村庄主体分析 ............................. 105

　　　　2.3.2　社会活动分析 ............................. 107

　　　　2.3.3　社会网络分析 ............................. 109

　　　　2.3.4　小结 ....................................... 111

　　2.4　游客感知调查 ..................................... 112

　　2.5　消费文化对传统茶文化村的影响 .............. 113

3　风险评价与建议 ........................................... 114

　　3.1　村庄发展风险分析 ................................ 114

　　3.2　建议 ................................................ 115

参考文献 ....................................................... 117

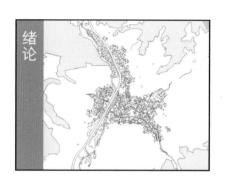

绪论

图 1-1-1　梅家坞村主干道（左）

图 1-1-2　梅家坞村茶山（中）

图 1-1-3　梅家坞村茶楼（右）

# 1　绪论

## 1.1　调研背景及意义

### 1.1.1　调研背景

　　在城镇化快速推进背景下，大都市消费文化日益兴盛，并深刻渗透至周边的村庄。大城市边缘风景名胜区村落作为经济特色村庄的典型代表，其小农经济逐渐向市场经济转化，都市消费文化改变了村庄传统的价值取向，也给村庄的空间、社会、经济、文化等方方面面带来了巨大的变革。

　　梅家坞村作为西湖风景旅游区内龙井茶文化的代表，在"景区"和"村庄"的双重身份的作用下，其发展和变迁具有明显的特殊性。在村庄转型过程中，业态不断创新，社会关系发生变化，文化传承面临挑战。

### 1.1.2　调研意义

　　揭示　大都市功能与空间扩张和消费文化对茶文化村产生了哪些影响，表现出怎样的特征。

　　剖析　在消费文化影响下，茶文化村的空间、社会、经济、村民特征是如何演化的，内在的机制如何。

　　探求　在新型城镇化背景下，这类村庄发展的主要风险，以及如何在保护村庄特色的基础上，兼顾可持续发展。

## 1.2 调研方法及思路

### 1.2.1 调研区域的选定

本研究选取杭州主城区周边，西湖景区内的典型茶文化村梅家坞村作为研究对象。

> 周恩来总理生前曾五次亲临梅家坞，关怀和指导茶叶生产的发展。周恩来纪念室就是由当地村民捐款，将接待过总理的老楼改建而成的。

图 1-2-1 梅家坞村区位

图 1-2-2 梅家坞景点——琅珰岭（左）

图 1-2-3 梅家坞景点——十里琅珰（右）

图 1-2-4 梅家坞入口（左）

图 1-2-5 周恩来纪念馆（右）

### 1.2.2　调研技术路线

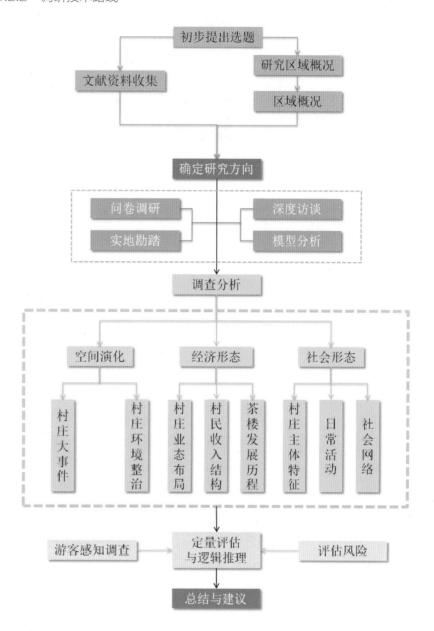

图 1-2-6　调研技术路线

### 1.2.3　调研分析方法

　　文献调查：通过期刊及网络了解关于梅家坞村的背景及发展资料。

　　实地观察：在调查中，为了全面准确的反映梅家村在消费文化影响下的变迁，我们采取拍照、速记等形式记录下梅家坞村现状发展情况。

　　问卷调查：针对梅家坞村不同人群——村民和游客发放问卷，村民问卷发放 160 份，游客问卷发放 50 份。收集调研所需相关资料。

　　深度访谈：走访了西湖管委会及梅家坞村委会了解梅家坞村的相关问题，通过随机访问群众了解群众心声。

　　数据模型分析：采用层次分析法对梅家坞村村庄发展风险进行模型分析，利用 UCINET 软件分析村庄社会网络变化。

图1-3-1 城镇农村消费支出（左）

图1-3-2 景中村（中）

图1-3-3 茶文化（右）

## 1.3 概念界定

消费文化：一般而言，消费文化是即指消费社会的文化，它基于消费社会的前提，认为大众消费活动伴随着符号生产、日常体验和实践活动的重新组织，是消费社会运行的内在机制和核心价值。与传统的社会理论认为这个社会重要的基础是生产相比，消费文化理论认为消费才是最重要的，社会基础、整个社会的组织、结构、甚至人的生活都是被消费所定义的。

景中村：目前为止，学术界对"景中村"尚无明确的定义。依据杭州政府2005年颁布的《杭州西湖风景名胜区景中村管理办法》，研究将景中村定义为：位于风景名胜区内，并承载一定旅游功能的村落型居民点。本研究选取杭州西湖风景名胜区内梅家坞为研究对象。

图1-3-4 社会网络概念图（左）

图1-3-5 茶村符号——茶文化小品（中）

图1-3-6 茶山环绕的梅家坞村（右）

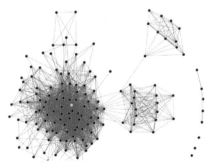

图1-3-7 梅竺度假村
（左）

图1-3-8 龙井茶基地
（中）

图1-3-9 茶农采茶（右）

　　茶文化：本研究中指梅家坞村在历史发展过程中继承的茶叶种植、培育、采摘至炒制等一系列茶叶生产过程，及茶叶销售衍生而来的农家乐茶楼文化，茶村特有的建筑及环境特色文化，包括与茶相关的民俗活动，如茶文化节等。

　　社会网络：社会行动者及其之间关系的集合，一个社会网络是由多个点（社会行动者）和各点之间的连线（行动者之间的关系）组成的集合。本研究中主要指茶村村民内部之间与城市游客之间的关系的集合。

　　符号化：符号化是指将实际问题转化为数学问题，建立数学模型的过程。符号化超越了实际问题的具体意境。深刻地揭示和指明了存在于某一类问题中的共性和普遍性。本研究中指的是梅家坞村从以种茶为生的传统村落向以茶文化为主题的旅游文化村转变过程中所表现出的一种旅游景区的空间形态的变化特征。

图1-3-10 特色茶楼
（左）

图1-3-11 石砌步道
与绿化（右）

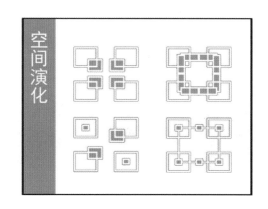

图 2-1-1　梅家坞村旧貌　　脏乱的环境　　　　　破败的房屋　　　　　垃圾遍布

图 2-1-2　梅家坞村新貌　　梅灵隧道　　　　　白墙黑瓦　　　　　沿街茶楼

## 2　调研与分析

### 2.1　消费文化对村庄空间演化的影响

#### 2.1.1　村庄大事件

　　城镇化过程中，梅家坞村从传统茶村向茶文化旅游村转型，空间演化趋于符号化，其经历的大事件如下：

　　■ 2000 年梅灵南路建成，梅灵隧道通车。

　　■ 2002 杭州撤销西湖乡，改为西湖街道，梅家坞村庄受西湖风景名胜区管理委员会管辖。

　　■ 2004 年西湖管委会对梅家坞进行统一整治规划，完善了基础设施。

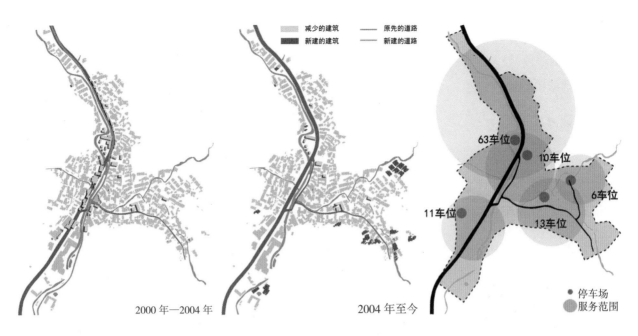

减少的建筑    原先的道路
新建的建筑    新建的道路

63车位

10车位

6车位

11车位

13车位

● 停车场
○ 服务范围

2000 年—2004 年         2004 年至今

图 2-1-3　村庄改造变
化（左、中）

图 2-1-4　梅家坞村停
车位分布（右）

### 2.1.2　村庄环境转变

■ 村庄基础设施的大规模改造

2000 年，梅家坞村拓宽村道，兴建梅灵南路；拆除村庄篮球场；开辟多
处停车场；规划并新建了多处垃圾房；整改村庄内电力、电信及管道设施。在
村内各空间节点布置旅游指示标志。

> 梅家坞村几乎每一户村民都拥有一辆汽车，并且游客以自驾前往居
> 多。村庄内停车位无法满足日常游客、村民所需，停车设施成为梅家坞
> 村发展的重要限制条件。高峰时段，沿道路停车将蔓延至村外 5km 处。

■ 村庄建筑风貌的特色化整治

在改造前，梅家坞村建筑风貌杂乱无章，新老不一，风格各异。在改造中，
除了拆除那些违章建筑，尽可能原汁原味地保留梅家坞村原有的建筑风貌，体
现梅家坞各个年代的情况。在改造后，村庄沿街建筑还原了浙江粉墙黛瓦的传
统建筑风格。

在消费文化的影响下，梅家坞村建筑由原来单一的居住功能，向商业、
居住等复合功能发展。

### 2.1.3　小结

梅家坞村空间演化受消费文化影响主要体现在以下三方面：

村庄道路条件改善，对外联系加强。梅家坞村在原有村道的基础上修建

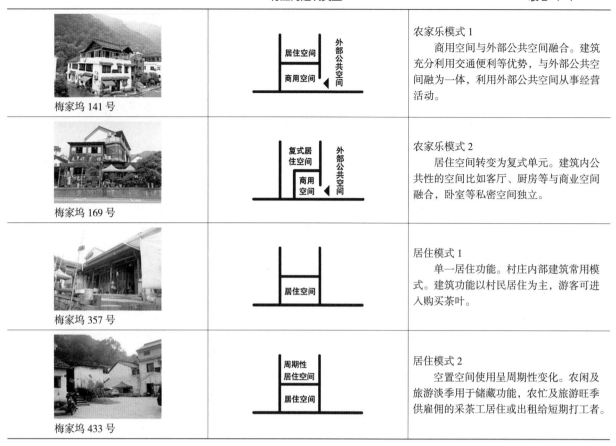

| | | |
|---|---|---|
| 梅家坞 141 号 | 居住空间 / 商用空间 / 外部公共空间 | 农家乐模式 1<br>商用空间与外部公共空间融合。建筑充分利用交通便利等优势，与外部公共空间融为一体，利用外部公共空间从事经营活动。 |
| 梅家坞 169 号 | 复式居住空间 / 商用空间 / 外部公共空间 | 农家乐模式 2<br>居住空间转变为复式单元。建筑内公共性的空间比如客厅、厨房等与商业空间融合，卧室等私密空间独立。 |
| 梅家坞 357 号 | 居住空间 | 居住模式 1<br>单一居住功能。村庄内部建筑常用模式。建筑功能以村民居住为主，游客可进入购买茶叶。 |
| 梅家坞 433 号 | 周期性居住空间 / 居住空间 | 居住模式 2<br>空置空间使用呈周期性变化。农闲及旅游淡季用于储藏功能，农忙及旅游旺季供雇佣的采茶工居住或出租给短期打工者。 |

图 2-1-5　村庄整治
（来自杭州日报）（左）

图 2-1-6　"茶"与建
筑（右）

了梅灵南路，加强了与城市的联系。

村庄环境整治，茶文化村特色突出。梅家坞村对村内的基础设施和建筑风貌进行整治，修复了历史文化景观，体现了其茶文化村的特色。

形成具有商业氛围的空间。为服务外来游客，村庄以游客为导向，形成规模业态，布置典型商业小品，成为具有典型旅游符号的空间。

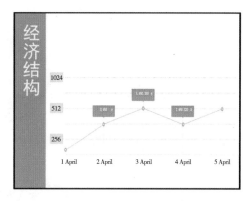

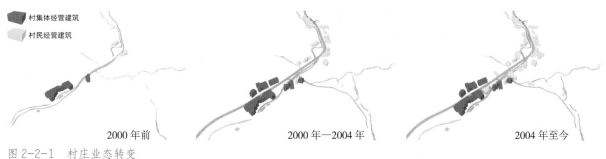

图 2-2-1　村庄业态转变

## 2.2　消费文化对村庄经济形态的影响

### 2.2.1　消费者导向的村庄业态布局

梅家坞村业态布局的转变可分为三个阶段。

第一阶段（2000年前）：业态类型、服务对象单一。梅灵隧道未开通之前，梅家坞村与城区联系并不密切，城市对村庄发展的影响较小。村庄凭借独特的地域优势，着力发展龙井茶的生产和销售，仅有沿村道的4、5家茶楼。

第二阶段（2000年—2004年）：与城市联系密切，业态类型增加。梅家坞村改造基本完成后，村庄迎来了发展的高峰期。游客大量涌入，对茶叶的需求量增加，因而农家乐大量涌现，数量多达160余家；除此之外，村庄还有小卖部、住宿、工艺品销售等业态类型。

第三阶段（2004年至今）：业态类型和数量趋于稳定。梅家坞村的发展达到了稳定阶段，业态类型变化不大，农家乐数量稳定在120余家。

### 2.2.2　"茶元素"为核心的收入结构

（1）村民收入来源与茶文化密切相关

梅家坞村是西湖景区内最负盛名的龙井茶文化旅游村。受消费文化的影响，其主要的收入来源是以龙井茶文化衍生而来的茶叶销售和农家乐经营。改造前后，梅家坞村民收入来源都集中在茶叶销售、农家乐经营、外出工作方面，而小卖部、旅店等所占比重较小。

如图2-2-2所示，改造前后，村民的收入来源中：农家乐经营大幅度地上升，

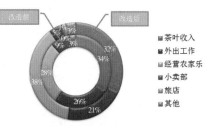

图 2-2-2　村民主要收入来源变化情况

图 2-2-3　游客采茶体验（左）

图 2-2-4　茶楼茶艺表演（中）

图 2-2-5　不同接待频率茶楼分布情况图（右）

茶叶收入和外出工作有一定程度地下降，其他变化不大。

产生以上变化的原因主要为，由于村内的用人需求和经济收入增加，吸引了部分收入较低的外出工作者回村就业；在梅灵南路两侧的部分村民开始经营农家乐，其接待频率如图 2-2-5 所示。

（2）村民收入水平显著提高

在村庄改造后，村民的经济收入整体提高了一个水平。

问卷显示，在改造前，村民的收入主要集中在 5 万 ~10 万元，而改造后收入集中在 10 万 ~20 万元，收入增加明显。

从全村总体收入来看，2000 年—2004 年，村民茶叶收入处于缓慢增长阶段，至 2004 年，收入达到 1500 万；2004 年以后，村庄改造完成，受消费文化及市场经济的影响，村民茶叶收入处于快速增长阶段，至 2012 年，收入达到 3500 万。而村民个体收入中的茶叶收入、农家乐经营收入从 5 万 ~10 万元上升到 10 万 ~20 万元。

（3）村民经济活动以"茶"为主线

在梅家坞村内从事经济活动的村民主要分为两类，分别是茶农和私营业主。村民的日常生活因为身份的不同而有所区别，图 2-2-11 为一般茶农和私营业主一天的生活工作内容。

茶农生活以种植养护茶树为主，同时有一些娱乐活动。私营业主生活以农家乐的经营为主，个人休闲娱乐时间较少。两者差异较大。

### 2.2.3　"多元化"与"品牌化"的经营模式

在梅家坞改造之后，村庄茶楼亦在消费文化的影响下发生变迁，具体可分为以下三个阶段。

（1）村民自主经营

随着梅家坞知名度提升，越来越多的游客来到这里。为接待远道而来的

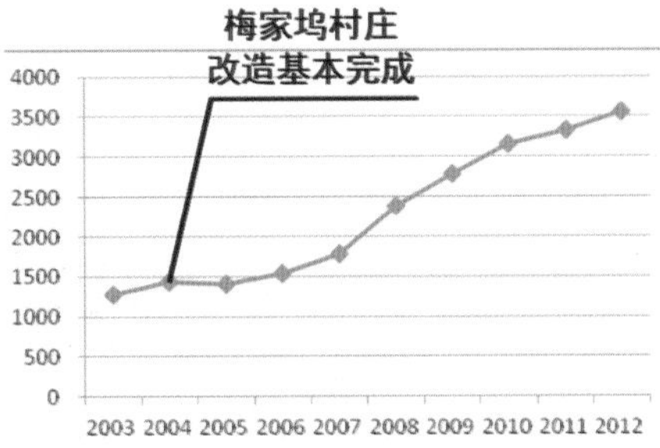

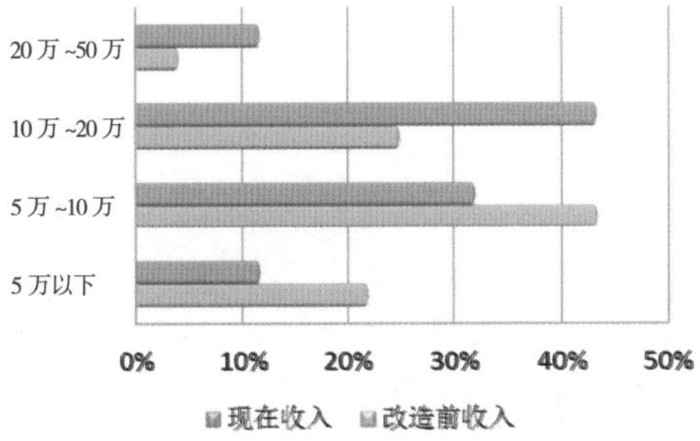

图 2-2-6 村庄总收入
变化情况（左）

图 2-2-7 村民收入变
化情况（右）

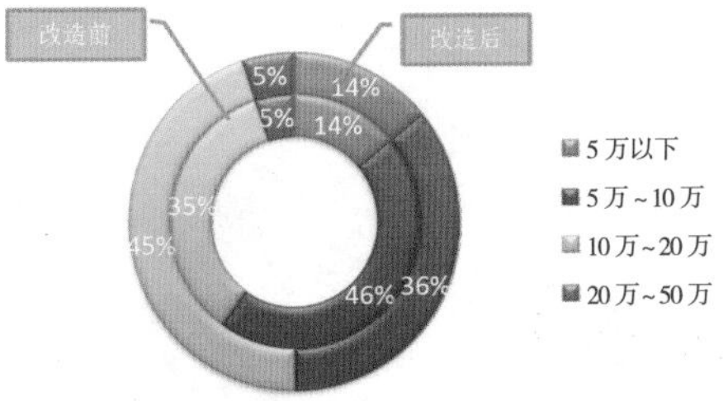

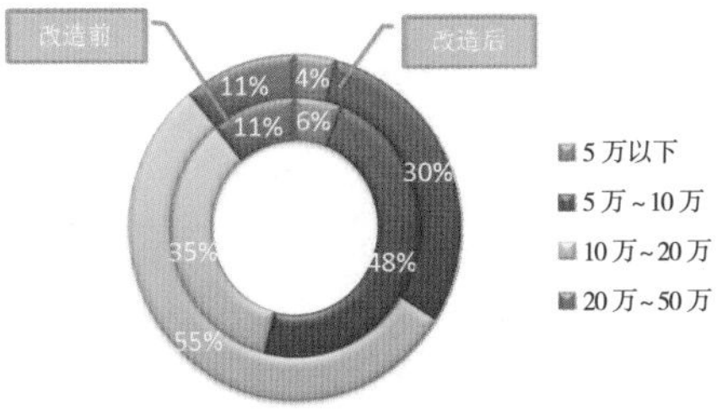

图 2-2-8 私营业主收
入变化情况（左）

图 2-2-9 茶农收入变
化情况（右）

图 2-2-10 茶农一天
经济活动

图 2-2-11 私营业主
一天经营活动

客人，临街的村民渐渐开起了茶楼。村民用质朴的待客方式让游客不仅享受了纯正的茶叶，还感受到梅家坞村的乡土人情。

在 2005 年，村庄仅 500 户村民，但茶楼数达到了 164 家。同年的五一黄金周，梅家坞游客数达到日均 5000 人，户均茶叶年收入 3.82 万元，而经营茶楼年收入为 9.45 万元。收入最高的茶楼经营户年纯收入达到 50 万元，其中 90% 以上为茶楼经营收入。

（2）转租他人经营

村民在常年高强度的经营活动中，渐渐感觉力不从心，于是一些要求不高的茶农开始出租自己的茶楼。每年收取 6 万 ~10 万元的房租费。最高峰时，大约有 70% 的茶楼由外地人承包经营。

图 2-2-12 村民自主经营茶楼（上左）

图 2-2-13 外来承包经营（上中）

图 2-2-14 占道经营（上右）

图 2-2-15 茶楼品牌宣传（下左）

图 2-2-16 茶楼特色建设（下右）

高昂的租金、员工工资和水电、运输等杂费的支出给经营者带来巨大的负担。受利益的驱使，经营者占道经营，降低经营质量，销售假茶叶，拉客宰客，甚至毁林种茶。梅家坞村茶楼经营特色退化，信誉下降，服务打折，游客减少，茶楼发展面临巨大冲击。

（3）转型升级，重特色、品牌建设

2007 年至今，茶楼生意开始重新洗牌，有的门庭若市，大部分却举步维艰。一些装修考究的茶楼转变为画室、展览馆等形式；有特色的茶楼生意依然火爆，生存了下来，而外人经营茶楼在竞争中逐渐淘汰出局。村庄内茶楼的数量也由最高峰时期的 180 余家到 2012 年的 120 余家。但由于服务质量的提高，经营收入却大大增加。

村民本身更加注重环境的保护和梅家坞茶文化的传承。只有他们学会了管理，提高了素质，才能让梅家坞村真正打响茶文化村的金名片。

### 2.2.4 小结

梅家坞村庄经济结构受消费文化影响主要体现在以下三个方面：

村庄业态类型多样，布局趋于稳定。梅家坞村的业态布局经历三个阶段的改变，目前稳定在茶楼经营、茶叶销售、旅馆、零售和工艺品销售等多种业态共存的阶段。各业态主要沿梅灵南路分布。

村庄收入结构的核心是"茶文化"。茶文化贯穿梅家坞村的经济活动，其主要收入来源是以龙井茶文化衍生而来的茶叶销售和农家乐经营。

茶楼转型升级，重视品牌建设。茶楼在经历业内洗牌之后，更加注重茶文化的传承和发展，让游客能真正领略到茶文化的魅力。

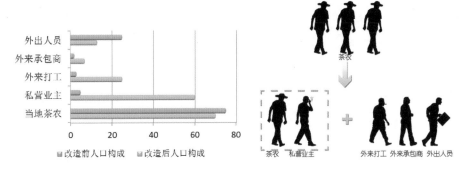

图 2-3-1　问卷人口结构变化情况（左）

图 2-3-2　村民身份转变（右）

图 2-3-3　村庄人口文化水平情况（左）

图 2-3-4　村庄人口年龄结构情况（右）

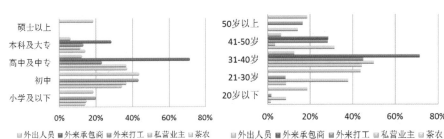

## 2.3　消费文化对村庄社会形态的影响

### 2.3.1　村庄主体分析

（1）村庄主体特征：人口复杂，异质性增强

梅家坞村内男性占全村人口的 43%，女性占 57%。年龄主要集中在 31~40 岁。学历以初高中为主。村民主要从事农家乐经营及茶叶的种植与销售，年收入以 5 万 ~20 万元为主。

**村庄人口结构复杂化**

村庄改造前，村庄内多为梅家坞村本地村民，和一般村庄一样带有明显的同质性特征。在改造后，受消费文化影响，茶文化旅游业发展，外来人员增加，人口结构复杂化。村庄人口主要由当地茶农、当地私营业主、外来承包商、外来打工者、外出人员组成。

**村民主体异质性增强**

在村庄改造后，梅家坞村业态类型增加，当地村民身份发生巨大变化。

图 2-3-5 雇佣的采茶
工（左）

图 2-3-6 茶楼沿河布
置（中）

图 2-3-7 村民私家车
（右）

村民人口特征                                                      表 2-3-1

| | 身份 | 特征 | 年龄 | 收入水平 | 文化水平 |
|---|---|---|---|---|---|
| 村民 | 茶农 | 村内大部分人群，主要从事茶叶活动 | 41~50 岁为主 | 5 万 ~10 万为主 | 初中、高中及大专为主 |
| | 私营业主 | 经营农家乐茶楼 | 31~40 岁为主 | 10 万 ~20 万为主 | 初中、高中及大专为主 |
| | 外出人员 | 外出在城区工作 | 21~30 岁为主 | 5 万 ~20 万为主 | 本科及以上 |

> 现在去别人家里有时候也不方便了，要脱鞋呀，搞卫生，很麻烦的，就在路上碰到聊聊么好了。
>
> ——普通村民 A
>
> 老年活动中心，搓麻将喽，聊聊天，喝喝茶。
>
> ——普通村民 B

村民从原先单一的茶农身份，向茶农、私营业主、外出人员等多重身份转变。同时，梅家坞村民的收入水平也因为身份的变化，差异逐渐增大。

（2）村民主体社交转变：地缘关系弱化

**村民交往频率降低**

问卷显示，在村庄改造后，村民邻里间接触频率降低。

改造前邻里间接触频率较高（以经常接触为主），改造后接触频率较低（以有时接触为主）。

**村民交往"人情味"减弱**

在过去，村民与邻里接触一般都是闲聊、相互帮忙。大多数村民通过相互帮忙和闲聊与邻里接触，少数通过棋牌活动和商业交往与邻里接触。

问卷显示，28% 的村民愿意与邻居闲聊，26% 的会相互帮忙，27% 的是为了棋牌活动聚集在一起，18% 的是通过商业交往。闲聊和相互帮忙在改造后比例明显下降，打牌和商业交往比例明显上升，这一现象不利于梅家坞村民健康的感情交流。

图 2-3-8　村民交往频
率变化情况（左上）

图 2-3-9　村民目前交
往活动比例（左下）

图 2-3-10　村庄活动
空间示意图（右）

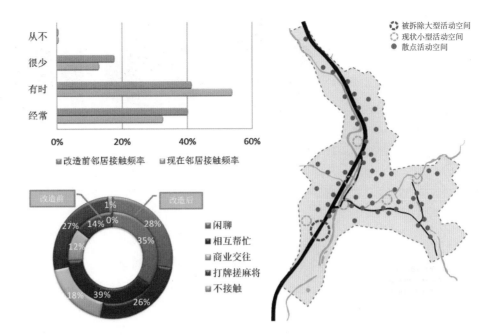

## 2.3.2　社会活动分析

（1）交往空间发生转变：趋于小范围私密化

大型交往活动空间消失，小型交往活动空间增加。

2000 年，为建设梅灵南路，梅家坞村内唯一一处大型活动空间被征作道路用地。至 2004 年村庄整治之后，村内共有 6 处小型活动空间，其中 5 处结合停车场布置，3 处结合健身设施布置。

现代生活方式入驻传统茶村，村民交往活动空间从私人化场所向公共化场所转变。

问卷显示，在梅家坞村改造前后，村民的活动场所发生了以下变化：老年活动中心、宅间空地、健身场地有一定比例地上升；商铺、自家庭院有较大幅度地下降。在改造后，受到现代生活方式的影响，相比于自家庭院，村民更倾向于在健身场地、老年活动中心等公共空间进行交往活动。

（2）需求错位导致活动空间利用率低

目前，村庄内的主要活动空间有 6 处，可分为两类：一类为健身设施点，一类为开放空地。

图 2-3-11　村民交往
场所比例变化情况（左）

图 2-3-12　院落私密
化（中）

图 2-3-13　大型空间作
为停车场使用（右）

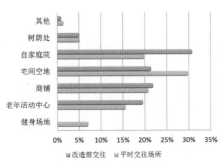

| | | | | |
|---|---|---|---|---|
| 活动空间基本情况 | | | | 表2-3-2 |

| | 选点 | 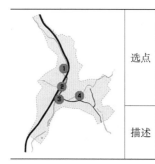 |  |  | |
|---|---|---|---|---|---|
| | | 1号点 | 2号点 | 3号点 | 4号点 |
| | 描述 | 梅家坞村内最大的公共停车场；中青年人群广场舞活动点 | 梅家坞村内老年活动中心前滨水活动空间 | 梅家坞村卢正浩茶庄门前；老年人广场舞活动点 | 梅家坞村朱家里内小广场 |

1、2、4号点为健身设施分布点，其使用频率为：2号点>4号点>1号点。1号点健身设施虽沿河分布，数量最多，但却缺乏管理，地面杂草丛生。4号点位于村庄内部，村民使用率相对较高，2号点地理优势最佳。

1号点和3号点分别为村庄内青年组和老年组广场舞活动地点，这两个活动点傍晚使用频率较高。

调研选取了梅家坞村使用频率最高的4个公共活动空间，分析梅家坞村人群活动特点。

活动内容单一、活动人数不多，活动主体为中老年人。

调查选取了11：00~12：00，14：00~15：00，19：00~20：00三个时间段进行人员活动统计。从调查结果显示，村民的主要活动内容为健身、闲聊、休憩及跳舞，但村民人数较少。活动时间集中在下午和晚上。参加活动的村民主要集中在40~60岁之间（46%），其次为20~40岁之间（34%）。

梅家坞村内健身设施使用率较低。

调查结果显示，设施布置的位置不符合村民的使用要求，村民对健身设施的需求不高，村民更重视对登山游步道、山间休憩点等设施的建设。

图2-3-14 设施被停车占用

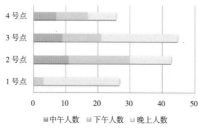
图2-3-15 不同时间段人数分布图

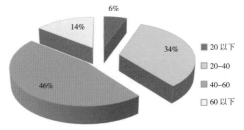
图2-3-16 活动空间年龄结构图

图2-3-17 游步道建设

图2-3-18 水体环境治理

图2-3-19 休憩凉亭布置

图 2-3-20　抽样样本分布图（左）

图 2-3-21　改造前村庄社会网络（右上）

图 2-3-22　目前村庄社会网络（右下）

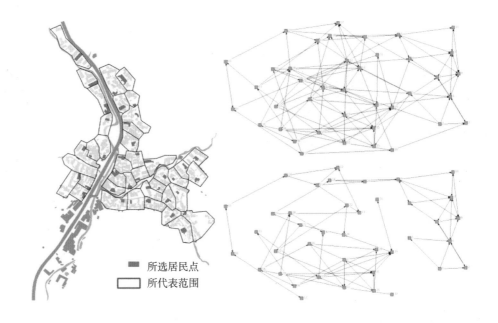

所选居民点
所代表范围

　　健身器材不怎么用的啦，我们一般就爬爬山，管管茶树，茶叶管理很费时的，我们平时都是在动的，不大需要啦。

——私营业主 C

　　还可以吧，打麻将累了，偶尔会去玩玩的。

——普通村民 D

　　我们村晚上还是有跳舞的，年轻人在停车场那里跳，年纪大一点的就在河边的小广场（卢正浩茶庄前广场）跳，大家都蛮开心的啦。

——普通村民 E

### 2.3.3　社会网络分析

（1）社会网络的结构特征：外向性提升

本文通过对梅家坞村不同时期的社会网络进行比较研究。综合考虑梅家坞村社会网络的发展趋势及问卷统计的实际情况，将梅家坞村分为 40 个均匀片区，每个片区选取一户居民抽象为网络节点，选取改造前和现在两个时间段内居民交往状况数据建立联系矩阵，然后采用 UCINET 软件分别对数据进行分析，输出两个时间段梅家坞村联系网络图，以期更精确地了解梅家坞村社会网络结构，为村子合理有效地发展提供依据。

■ 梅家坞村内部社会网络结构弱化，密度减小

根据图 2-3-21 与图 2-3-22 显示，现在梅家坞村民之间的邻里关系已不如改造前密切。为了分析比较梅家坞村两个时间段的社会网络，本文在计算过程中，利用 UCINET 软件，沿着 Network-Cohesion-Density 这条路径，计算出网络的整体密度。由于本文采用抽样调查的方法，得出的密度值并不是网络的

 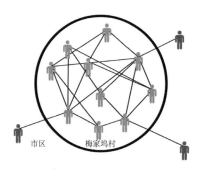 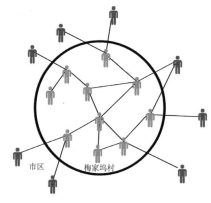

市区　梅家坞村　　　　　市区　梅家坞村

> 线条代表梅家坞村民之间的联系，线条越多表明社区居民之间邻里关系越好。
>
> 网络的密度越高说明结点间联系渠道越多，居民之间互相交流、帮助更加频繁，有利于更好地建立邻里关系。

真实密度，但是对各时段的横向比较仍然有一定意义。

梅家坞村在改造前村民社会网络结构密度为 0.113，村民之间联系较多，交往范围较广。而改造后，由于消费文化入侵，外来人员增加，部分村民的身份转变为私营业主，村民间联系减少；公共设施布置以服务外来人员为主，未满足村民交流的需求；受到城市观念的影响，村民更多地关注家庭生活，忽视了邻里间的交往。以上三点导致目前梅家坞村社会网络结构密度下降，仅有0.084。

■ 梅家坞村对外联系加强

通过现场调研和实地访谈，梅家坞村由于茶文化旅游的发展，对外联系加强。在改造后，梅家坞村农家乐迎来发展的高峰期，大量城市人口进入梅家坞村吃饭品茶、欣赏茶艺表演、体验茶农生活，梅家坞村民和游客间建立了友好关系。

（2）村民心理转变

通过探讨村民的心理转变来解释村民邻里关系减弱的现象。

沿梅灵南路两侧的村民，由于经营农家乐，经济收入高于内部村民。村民收入差距增大，导致部分村民认为社会不公，对收入高村民产生仇视心理，村民邻里关系减弱；同时，部分村民为追求更高的经济收入，采用不良的竞争手段，破坏了邻里之间关系。

图 2-3-26 仿西式院落(上左)

图 2-3-27 拥挤的梅家坞村
(上中)

图 2-3-28 商业遍布梅家坞
(上右)

图 2-3-29 游客的汽车(下左)

图 2-3-30 外来承包的会所
(下右)

他们外边开茶楼的收入高啊,我们只能种种茶。

——普通村民 F

当然不公平啊,但是也没办法啊。

——普通村民 G

儿子在外面上的大学,现在也住在城里了,偶尔回来看看我们,我们也会去城里看看他,以后还要帮着带小孩了。

——私营业主 H

随着村民与城市居民联系的加强,村民生活水平的提高,城市化的观念逐渐影响到村民质朴的传统观念。并且,村庄外来人口的增多,也降低了村民的出行意愿。

### 2.3.4 小结

梅家坞村庄社会形态受消费文化影响呈现出城市化的特征,主要体现在以下三个方面:

梅家坞村外来人口增加,人口结构复杂化,村民身份从茶农转变为私营业主,日常生活从过往的茶叶活动为主转变为以农家乐等商业活动为主。

梅家坞村民日常交往频率降低,场所减少。村庄改造对村庄建筑环境进

图 2-4-1 脏乱的环境

图 2-4-2 村外的停车位（左）

图 2-4-3 梅家坞村茶文化小品（右）

行了统一整治。但村庄整体改造以景区游客服务为主,村民居住环境提升为辅,间接导致村庄内交往活动空间的不足。同时,现有活动空间的设施效益较低。影响村民的日常交往活动。

梅家坞村庄社会网络密度降低,与外界联系加强。在消费文化的影响下,村民生活方式发生改变。村民与城市的联系加强,城市化的观念也随之影响着村民。村民的心理也随着村庄的发展逐渐发生转变。

### 2.4 游客感知调查

研究采用问卷调查的方法,对梅家坞村内的游客进行了乡村旅游感知调研。该问卷由游客对景区的"景观体验"、"设施体验"和"农家乐的服务体验",游客对梅家坞旅游的感知价值,游客满意度和重游意愿及游客基本信息四部分组成。

研究对梅家坞村内 50 位游客进行了问卷调查,年龄以 26~45 岁为主,主要职业为公务员、事业单位工作人员,平均月收入集中在 5000 元以上。

图 2-4-4　茶叶自产自销

| | 游客调查 | 表 2-4-1 |
| --- | --- | --- |

| 调查项目 | 游客态度 |
| --- | --- |
| 梅家坞景区的景观体验 | 对村内自然景色、特色建筑及环境满意度较高；对村内的水环境及卫生环境评价较低 |
| 梅家坞景区的设施体验 | 对村内的交通条件满意度较低，认为住宿条件有待加强；对村内指示牌设置、休闲设施满意度一般；对村内通信设施满意度较高 |
| 梅家坞农家乐服务体验 | 认为农家乐主人亲切友善，但从业人员的服务水平还有待提高，农家乐对当地农家特色农家活动的投入仍显不足 |

## 2.5　消费文化对传统茶文化村的影响

■ 空间演化特征：符号化

在改造前，梅家坞村是一个以种茶卖茶为生的普通村庄，村庄以居住功能为主。村庄内建筑密度大，开放空间不足，基础设施缺失，是一个比较落后的传统小山村。目前，梅家坞村成为了以商业和展示功能为主，居住为铺的新型茶文化旅游村。村庄内开设了大量有龙井茶村特色的茶楼，开辟了大型停车场，修复了周恩来纪念馆、十里琅珰等历史文化景观。

■ 经济结构特征：复合化

在改造前，作为传统茶文化村，梅家坞村民从事的主要是第一产业茶叶种植。村民的收入更多的取决于自家茶地面积的大小，茶叶的销售也主要是通过村民自身的渠道。目前，梅家坞村民从事的产业主要是第一产业和第三产业。梅家坞村浓厚的茶文化氛围以及农家乐吸引着城市居民。为了满足游客的需求，村民们办起了农家乐茶楼，收入显著提高。

■ 社会形态特征：城市化

在改造前，梅家坞村与普通村庄一样，社会网络结构单一。村民活动范围主要为村庄内部，邻里串门频繁。目前，梅家坞村社会结构复杂化，社会关系趋向城市化。大量外来人口涌入，梅家坞村稳定的社会网络被打破。在城市观念的影响下，村民之间联系逐渐减弱。同时，村民与城市居民之间的联系加强，这一点在农家乐私营业主身上尤其明显。

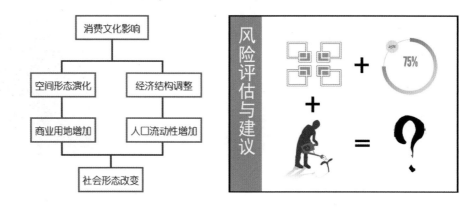

图 3-1-1　消费文化影响梅家坞

# 3　风险评价与建议

## 3.1　村庄发展风险分析

综合应用模糊评价法和层次分析对梅家坞村发展社会风险进行评价，从而能够获得相对来说比较客观和准确的评价。对梅家坞村民进行问卷调查，计算获得各指标权重，见表 3-1-1。

各项权重　　　　　　　　　　　　　　　　　表 3-1-1

| 目标层 | 准则层 | 权重 | 指标层 | 权重 |
|---|---|---|---|---|
| 梅家坞村发展过程中可能遇到的风险 | 文化环境 | 0.0850 | 茶文化宣传不到位 | 0.0183 |
| | | | 村庄民俗活动缺失 | 0.0311 |
| | | | 茶文化缺少继承人 | 0.0356 |
| | 自然环境 | 0.1548 | 自然环境遭到破坏 | 0.1068 |
| | | | 阻碍可持续发展 | 0.0480 |
| | 经济环境 | 0.3181 | 生活成本提高 | 0.1590 |
| | | | 贫富差距加大 | 0.1591 |
| | 社会环境 | 0.1817 | 村庄基础设施供应量不足 | 0.0403 |
| | | | 村庄社会治安不如从前 | 0.0196 |
| | | | 村庄人文景观遭到破坏 | 0.0270 |
| | | | 外来因素对当地的影响 | 0.0436 |
| | | | 邻里关系不和谐 | 0.0512 |
| | 政策环境 | 0.2604 | 政策公示和公众参与度不够 | 0.0208 |
| | | | 村民对茶地、林地保护政策不满意 | 0.0689 |
| | | | 村民对景区与村庄管理不满意 | 0.0331 |
| | | | 村民对土地审批政策不满意 | 0.0603 |
| | | | 村民对房屋管理政策不满意 | 0.0603 |
| | | | 村民对村庄环境保护政策不满意 | 0.0170 |

图 3-1-2 自然环境遭到破坏（左）

图 3-1-3 贫富差距拉大（中、右）

图 3-2-1 风险管理的流程（左）

图 3-2-2 建议提出流程（右）

图 3-2-3 空间改造建议（下）

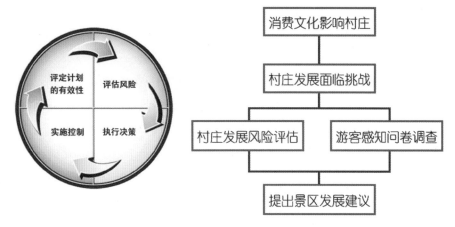

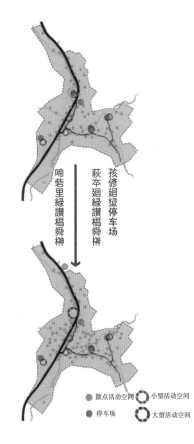

从调研可知，村民认为村庄发展面临的风险主要为自然环境的破坏、贫富差距加大和生活成本提高带来的村民矛盾。村民对于梅家坞村的茶地林地管理政策、土地审批政策及房屋管理政策有一定抵触。村庄作为一个城郊旅游基地，村庄基础设施不足和丰富的客源需求形成的长期矛盾成为村庄的发展风险，而随着村庄开放性的加大，村庄受外来因素的影响越来越大，村民原真性的缺失，邻里关系矛盾的扩大，也是梅家坞村作为一个茶文化村面临的发展风险。

## 3.2 建议

结合以上对梅家坞村经济形态、社会形态的研究和梅家坞村发展过程中可能遇到社会风险的综合性评价以及社会各阶层的需求和使用者需求，研究提出以下几点建议：

■ 注重广泛的公众参与机制。村民是村庄中重要的群体，对村庄具有一定的认识，政府在村庄政策、改造建设规划中应当注重公众参与，听取村民的意见，确保政策、规划制定的合理性。

■ 评估文化元素的适宜性。应当把握文化元素体现在建筑立面、日常业态以及空间标识中的适宜性。文化的适宜性取决于村庄的历史背景，不可脱离村庄的历史渊源。

■ 结合景中村的自身特点优化基础设施建设。不原搬照抄城市建设的原则和方法，如村内健身设施的布置。应强化景中村旅游的吸引力。例如应针对梅家坞村用地紧张情况，在村庄南北部、地势较平坦区域开辟停车场，解决村庄旅游旺季停车设施不足干道交通拥堵问题。

■ 组织交流活动，重塑社会形态。梅家坞村在发展过程中，村庄关系弱化，在今后的发展中，政府应当鼓励村民重拾村庄记忆，例如重建村庄舞龙小分队、越剧小组等，在特殊节假日组织集体旅游等。

■ 加强本土文化宣传。作为龙井茶特色村，政府应当加大对村庄内茶文化记忆的打造。例如可以拍摄茶文化宣传片，包括龙井茶的种植、培育、采摘、炒制加工至销售过程，在梅家坞农家乐中选点组织茶艺表演，加大对茶文化的宣传。

■ 组织建设详细的评价体系。景中村发展具有不可逆性，在村庄改造规划制定前需要建立具体的评估体系，深入了解村民的需求，对村庄改造后存在的一些问题进行风险评估。

## 参考文献

[1]  刘颖. 避灾移民社会风险评价研究 [D]. 西北大学，2012.

[2]  李王鸣，高沂琛，王颖，李丹. 景中村空间和谐发展研究——以杭州西湖风景区龙井村为例 [J]. 城市规划，2013，08：46-51.

[3]  周向频，吴伟勇. 从"大世界"到"新天地"——消费文化下上海市休闲空间的变迁、特征及反思 [J]. 城市规划学刊，2009，02：110-118.

[4]  周小宝. 基于因子分析的文化旅游开发研究——以杭州龙井村和梅家坞为例 [J]. 出国与就业（就业版），2011，10：141-143.

[5]  徐立娣. 杭州梅家坞农家乐模式发展刍议 [J]. 现代交际，2011，07：126-127.

[6]  徐莎莎. 多功能农业视角下杭州梅家坞农家乐旅游可持续性研究 [D]. 浙江农林大学，2013.

[7]  陈岩峰. 基于利益相关者理论的旅游景区可持续发展研究 [D]. 西南交通大学，2008.

[8]  吕筱萍，刘梅. 基于利益相关者理论的职业经理人绩效评价研究 [J]. 工业技术经济，2005，08：58-62.

[9]  王立. 自然景区主要利益相关者的利益冲突及协调研究 [D]. 湖南大学，2007.

[10] 周莹，王文彬. 社会网络研究的发展趋势及存在问题 [J]. 吉林师范大学学报（人文社会科学版），2008，06：6-8.

[11] 张云武. 中国的城市化与社会关系网络：以大庆市和上海浦东新区为例 [M] 北京：社会科学文献出版社，2008.

# 第二篇　城市问题

阅读导言　　　近 20 多年我国大都市空间的快速扩张带来了大量的城市问题，交通出行、土地利用、社会冲突等矛盾问题大量涌现。以杭州为调查对象，浙江工业大学城乡规划专业针对非机动车停车、地铁客流、高架路建设影响、城市边缘土地利用、存量规划等问题，进行了深入调查研究，注重现状特征与过程机理的综合分析，揭示出当前大城市发展过程中存在的典型矛盾。

　　本篇章选取了浙江工业大学城乡规划专业近期获奖及参赛的部分社会调查优秀作品，包括了杭州市大型超市非机动车停车、高架路修建冲突事件、城市边缘社区土地利用、高教园区居民出行等问题，并以深入访谈作为主要社会调查方法，从中剖析国内大中城市共有或杭州特有的城市矛盾问题。

**"车辘辘"的方寸空间——杭州大型超市非机动车停车问题调查研究**

（二等奖，2009 年）

（学生：杨洋，姜玮，沈吉煜，张振杭；指导老师：陈前虎，孟海宁）


**"我的地盘谁做主？"——公众参与背景下杭州城市规划典型事件的社会调查**

（三等奖，2013 年）

（学生：储薇薇，颜文娅，吾娟佳，马显强；指导老师：武前波，宋绍杭，吴一洲，陈前虎）


**失而复得的"粮票"——杭州边缘区土地利用变迁中的社区留用地调研**

（三等奖，2015 年）

（学生：陈家琦，胡芝娣，曾成，朱力颖；指导老师：武前波，吴一洲）


**谷城，孤城？——杭州小和山高教园区居民日常出行特征调查**

（佳作奖，2015 年）

（学生：郑晓虹，丁凤仪，高天野，周玲玲；指导老师：武前波，吴一洲）

# "车轱辘"的方寸空间
## ——杭州大型超市非机动车停车问题调查研究

学生：杨洋　姜玮　沈吉煜　张振杭

指导老师：陈前虎　孟海宁

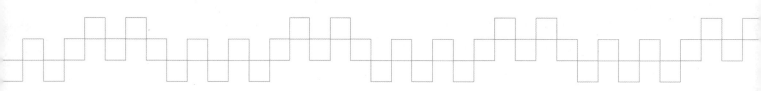

引言：

穿梭在城市的车流……我们无处驻足……

徘徊于超市的喧嚣……我们依旧彷徨……

只为方寸空间，

车轱辘，

我们无处安放……

　　　　　　——非机动车的自白

摘要

本文旨在通过调研深入了解杭州超市的非机动车停车设施的建设和使用状况，以及存在的问题，并分析这些问题产生的根源和影响这些问题的各种变量构成，提出解决超市非机动车停车问题的一些导向性建议，为公共建筑和居住区的配建停车指标的制定提供更为合理的基础数据。

建立一个以确定超市非机动车停车场面积为目的的数学模型，为了使超市乃至于城市非机动车的静态系统得以可持续运作，并且为城市超市非机动车停车规范提供一个参考方向，改变以往用数字区间来确定面积的简单做法。

关键词

规范　非机动车　停车　模型　杭州　超市

Abstract

This article is aimed at better understanding of the Hangzhou supermarket survey of non-motor vehicle parking facilities and the use of conditions and problems, analyzes the root causes of these problems and the impact of these issues posed a variety of variables, and proposes the solution to the supermarket parking non-motorized a number of issues-oriented proposals for public buildings and residential building with parking for the development of indicators to provide the basic data is more reasonable.

The establishment of a supermarket in order to determine the non-motor vehicle parking area for the purpose of the mathematical model, in order to make the supermarkets in the city and even the static non-motor vehicles adopt to the sustainable operation of the system, and non-motorized urban supermarket parking norms to provide a reference to the direction of change interval used to determine the number of simple practice area.

Keywords

Criterion　Norms non-motor　Parking　Hangzhou Model Supermarket

# 目录

1 绪论 ...................................................... 123

  1.1 调查的背景 ........................................ 123

    1.1.1 非机动车交通的重要地位及其优越性 .. 123

    1.1.2 非机动车的法规和研究相对欠缺 ........ 123

    1.1.3 超市的非机动车的停车问题严峻 ........ 123

  1.2 调查的目的 ........................................ 124

  1.3 概念、指标界定 .................................. 124

  1.4 调查范围的确定 .................................. 124

  1.5 研究框架 .......................................... 124

2 调查与分析 .......................................... 126

  2.1 调查初期内容 ...................................... 126

    2.1.1 调查内容的获取 .............................. 126

    2.1.2 访谈对象的选取 .............................. 126

    2.1.3 调查时间的选取 .............................. 127

    2.1.4 问卷时间的选取 .............................. 127

  2.2 指标、数据处理 .................................. 127

    2.2.1 折算系数：1 电动车 = 1.5 自行车 ...... 127

    2.2.2 实际供应停车位数（P） ................... 128

    2.2.3 实际需要停车位数（X） ................... 128

    2.2.4 规范规定停车位数（G） ................... 128

  2.3 调查内容分析 ...................................... 129

    2.3.1 调查研究分述 ................................. 129

    2.3.2 调查研究综述 ................................. 131

  2.4 模型分析 .......................................... 133

    2.4.1 模型数据 ...................................... 133

    2.4.2 建模目标 ...................................... 134

    2.4.3 需求量模型建立 .............................. 134

    2.4.4 模型初步建立 ................................. 134

    2.4.5 多元线性模型验证 ........................... 136

    2.4.6 模型分析结果表明 ........................... 136

3 建议与展望 .......................................... 137

  3.1 建议 ................................................ 137

    3.1.1 规范制定编写人员 ........................... 137

    3.1.2 停车场设计人员 .............................. 137

    3.1.3 超市管理部门 ................................. 137

    3.1.4 政府部门 ...................................... 138

  3.2 展望 ................................................ 138

参考文献 ................................................ 139

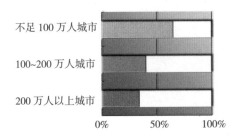

不足 100 万人城市

100~200 万人城市

200 万人以上城市

0%　　50%　　100%

1988 年城市交通　　　　　　2008 年城市交通

图 1　自行车交通所占
客运交通比例（左）

图 2　20 年交通变迁（右）

# 1　绪论

## 1.1　调查的背景

### 1.1.1　非机动车交通的重要地位及其优越性

据中国统计网资料显示（图 1），200 万人口以上的城市，自行车出行量占城市总出行量的比例约为 36%，大大超过公交客运量的 30.2%。近几年，电动自行车的出现，进一步扩大了非机动车出行者的出行范围，在上海、天津、武汉等国内特大城市，都先后出现了非机动车出行比例上升的状况。

### 1.1.2　非机动车的法规和研究相对欠缺

目前，在道路规划和交通组织上，对机动车的动态和静态交通的问题关注程度较高，而对非机动车的问题的研究相对欠缺。许多城市在道路拓宽改造中，重点放在机动车道的拓宽方面，而将非机动车道和人行道合并在一起，使行人与骑车人之间的交通事故频发。在法规层面上，非机动车的停车位配置缺乏法定依据，浙江省现行的《城市建筑工程停车场（库）设置规则和配建标准》大多参照 1988 年的《城市停车场规则》，呈现数据陈旧、指标老化的现象，而规划设计和审批人员又往往依据经验判定法来进行选择。

### 1.1.3　超市的非机动车的停车问题严峻

据中国统计网 2000 年数据，在非机动车交通出行目的分布图（图 3）中，购物占到 6%，其中超市占很大的比例。比如在杭州市民以超市为出行目的地的交通结构中，非机动车出行占了 64%（图 4），其中电动车和自行车各占一半，这也符合人们习惯用短途交通方式来解决日常采购的心理。据杭州统计数据显示，市区逾五成市民一周之内会去超市购物 2 次以上。然而超市非机动车停车问题已经成为超市所在组团地块交通系统发展的瓶颈，出现停车场地的狭小、硬件设备的不完善以及出入口的规划不当等问题，随着电动车拥有量的增加，非机动车停车问题将会越来越凸显。因此，对以上这些问题

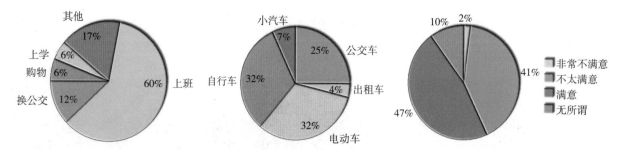

图3 非机动车交通出行目的分布图（左）

图4 杭州市民以超市为出行目的地的交通结构（中）

图5 顾客对超市停车的满意程度（右）

进行研究十分具有时效性和现实意义，这也正是笔者深入调研的原因所在。

## 1.2 调查的目的

本文旨在通过调研深入了解杭州超市的非机动车停车设施的建设和使用状况，以及存在的问题，并分析这些问题产生的根源和影响这些问题的各种变量构成，提出解决超市非机动车停车问题的一些导向性建议，为公共建筑和居住区的配建停车指标的制定提供更为合理的基础数据。

## 1.3 概念、指标界定

1.3.1 我们研究的非机动车包括：自行车和最高时速不大于20km/h，空车质量不大于40kg的电动车。

1.3.2 超市的非机动车停车问题是指：在超市用地范围内，由于非机动车停车过程中各种软硬件配置的不足（例如空间位置设置不妥当、场地规划容量过小、停车管理问题等）与使用者需求发生的矛盾以及规划、供应、需求三者之间的关系。

## 1.4 调查范围的确定

注：由两条相互垂直的线，分别将平面左右、上下的点等量平分；两条线的交点即为中项中心。

以杭州主城区为大范围，以超市商业网点分布密集度为主要的划分依据，以1/2中项中心、1/4中项中心、1/16中项中心为界点进行划分。确定杭州超市商业点的三个等分区域，分别记作A区，B区，C区，然后在三个区域中各选择典型的三个点来进行调查，探究城市非机动车停车普遍性矛盾。

## 1.5 研究框架

本次调研主要采用实地观察、问卷调查、访谈记录、场地测绘、资料搜集五种方法。针对调研过程中出现的问题，通过不断修正，调整研究方向。

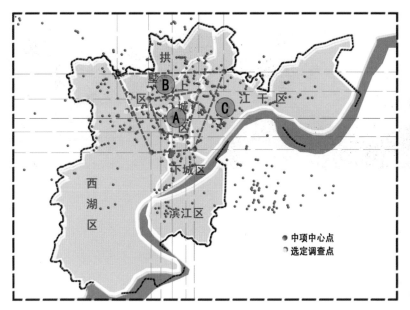

●中项中心点
○选定调查点

图6　被自行车淹没的
人行道（右上）

图7　将被改造的非机
动车停车场（右下）

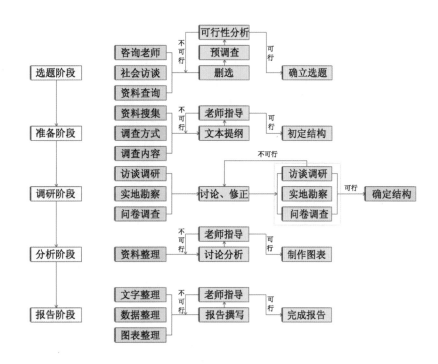

图8　在超市入口停放
的非机动车（左）

图9　顾客停放态度（右）

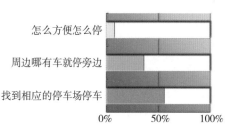

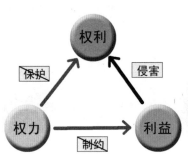

图10 城市规划者的无奈（左）

图11 现场采访超市管理人员（中）

图12 现场采访停车场管理人员（右）

## 2 调查与分析

### 2.1 调查初期内容

#### 2.1.1 调查内容的获取

调查主要分三部分：第一轮调查内容为现场踏勘，获取超市基本状况，确定第二轮调查的时间、地点。第二轮调查内容为深入调查，获取高峰时段，为下一轮发放问卷提供矛盾突出时间段；第三轮调查内容为问卷发放及市民访谈，为将来超市深层次分析提供更多因子。

#### 2.1.2 访谈对象的选取

第一轮调查以规范编写人员，设计人员，超市管理人员，停车场管理人员为主，随意访谈市民，网络调查为辅。除了为下一轮调查获得较为准确的调查时间以及地点外，更可以得出各个收益团体对超市停车现状的预判。

规范编写人员说：现行规范不能很好地适应当前停车的实际情况，但现有数据不足以支撑新的规范出台。

超市管理人员说：现在开车来购物的顾客越来越多了，我们为了满足顾客需求将扩建（机动车）停车场。

使用非机动车的市民说：平时去超市还好，但节假日和周末车太多了，停车，拿车都很不方便。

| 地点 项目 | 区域位置 | 建筑年代 | 超市面积 /m² | 员工数量 /人 | 有无购物接送专车 | 有无公交自行车站 | 天气 | 重点调查时间 |
|---|---|---|---|---|---|---|---|---|
| 1 | 欧尚（大关店） | A区 | 2002 | 25000 | 600 | Y | Y | 多云 | 5 月 1 日（五一） |
| 2 | 沃尔玛 | | 2007 | 16900 | 500 | Y | Y | 晴 | 5 月 9 日（周六） |
| 3 | 乐购（德胜店） | | 1999 | 8600 | 400 | Y | N | 晴 | 5 月 10 日（周日） |
| 4 | 世纪联华(运河店) | B区 | 2005 | 25000 | 400 | N | N | 晴 | 4 月 11 日（周六） |
| 5 | 世纪联华（庆春店） | | 1999 | 12000 | 500 | N | Y | 晴 | 5 月 10 日（周日） |
| 6 | 物美（文一店） | | 2001 | 9000 | 300 | Y | N | 晴 | 4 月 18 日（周六） |
| 7 | 世纪联华（华商店） | C区 | 1999 | 24000 | 500 | Y | N | 多云 | 4 月 4 日（清明） |
| 8 | 乐购（庆春店） | | 2003 | 9800 | 450 | Y | N | 晴 | 5 月 10 日（周日） |
| 9 | 好又多（凤起店） | | 2004 | 20000 | 350 | Y | Y | 晴 | 4 月 18 日（周六） |

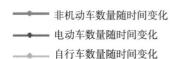

—■— 非机动车数量随时间变化
—■— 电动车数量随时间变化
—■— 自行车数量随时间变化

中餐时间　　　　　晚餐时间

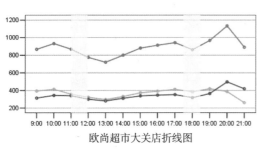

欧尚超市大关店折线图

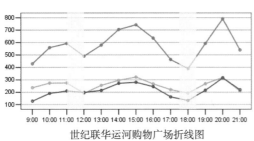

世纪联华运河购物广场折线图

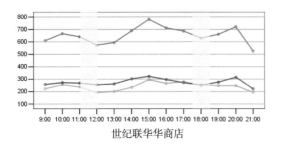

世纪联华华商店

### 2.1.3　调查时间的选取

由于超市具有时间性强的特点，所以我们事先通过对超市值班经理，停车场管理人员访谈以及超市顾客的随机采访，得出一般超市停车高峰日出现在节假日或者周末，而晴好的天气以及适宜的温度也具有一定的影响。针对第一轮调查所获取的信息，我们选取春季为主要调查时间，而清明、五一、周末更是我们调查的重点，见表 1。

### 2.1.4　问卷时间的选取

在得出高峰日后，为了保证能在停车问题最突出的高峰时期得到最真实的数据，我们在每一个区域选取一个超市进行全天跟踪，以得出区域日高峰时段，并在这一时段对每一个超市进行问卷调查。

## 2.2　指标、数据处理

### 2.2.1　折算系数：1 电动车 = 1.5 自行车

由于现阶段没有关于电动车停车位面积的界定，

| | |
|---|---|
| **峰值不明显，显平缓**<br><br>**就餐点略有下滑**<br><br>**基数动态稳定** | A区：非机动车停车属于稳定波动型。在15∶00呈现一个相对明显的高峰段，在两个就餐时间点出现略有下滑的趋势，基数保持动态稳定，大概在300到400之间。 |
| **多峰值时间明显**<br><br>**就餐点下滑明显**<br><br>**基数动态不稳定** | B区：非机动车停车属于峰值明显型。在15∶00和20∶00两个时间点出现明显的高峰段，就餐前出现一个小高峰然后明显下滑，基数动态不稳定，从300到790，变化幅度大。 |
| **单峰值时间明显**<br><br>**就餐点下滑迟缓**<br><br>**基数动态稳定** | C区：非机动车停车属于稳定平缓波动型。最大值与最小值之间的差距只有250，所以波动幅度是相对较小的，单峰值时间点明显，就餐点时下滑幅度小，基数动态稳定。 |

在设计过程中仍以自行车单位面积供给，给不少停车场带来了不便，我们通过实地测量得出：在紧凑排放的前提下，十辆电动车的宽度约为十五辆自行车的宽度，故在下面涉及电动车停车面积的问题上，一律1.5的折算系数折算成自行车。

### 2.2.2 实际供应停车位数（P）

实际拥有停车位数量按总停车位面积除以单个自行车停车位面积计算。参照浙江省现行的《城市建筑工程停车场（库）设置规则和配建标准》单个停车位面积，分别为露天1.5m²/辆，室内2.0m²/辆，路边1.0m²/辆。

### 2.2.3 实际需要停车位数（X）

实际需要停车位数量按调查日最高峰自行车及电动车数量计算，此处每辆电动车以1.5辆自行车折算后计入总数。

### 2.2.4 规范规定停车位数（G）

参照浙江省现行的《城市建筑工程停车场（库）设置规则和配建标准》规范规定停车位数，超市建筑面积不足1000m²的，顾客每100m²2个停车位，员工每100m²1个停车位；超市面积大于1000㎡而不足10000m²的，顾客每100m²5个停车位，员工每100m²2个停车位；超市面积大于10000m²的，顾客每100m²10个停车位，员工每100m²2个停车位。

## 2.3 调查内容分析

### 2.3.1 调查研究分述

超市相关数据初步结论 表2

| 区域 | 名称 | 超市平面图 | 超市停车问题 | 规范、供应与需求图 | 规范、供应与需求对比 |
|---|---|---|---|---|---|
| A区 | 欧尚<br>（大关店） | | 有些规划停车区域距离超市主入口过远，导致顾客贪图方便，随意将车停在路边 | 实际拥有停车位（P）502 / 300<br>实际需求停车位（X）1134 / 523 顾客 员工<br>规范规定停车位（G）2500 / 500 | 顾客停车位：<br>P<X<G<br>员工停车位：<br>P<G<X |
| A区 | 沃尔玛 | | 停车位不足导致高峰时期在路边自发形成停车区域，占用顾客步行空间 | 实际拥有停车位（P）262 / 150<br>实际需求停车位（X）450 / 346 顾客 员工<br>规范规定停车位（G）1600 / 320 | 顾客停车位：<br>P<X<G<br>员工停车位：<br>P<G<X |
| A区 | 乐购<br>（德胜店） | | 由于原有员工停车区挪作他用，使得员工停车与顾客停车错杂，导致顾客停车位严重不足，沿街停放成为唯一解决措施，顾客车辆占用人行道现象严重 | 实际拥有停车位（P）105 / 0<br>实际需求停车位（X）353 / 309 顾客 员工<br>规范规定停车位（G）430 / 172 | 顾客停车位：<br>P<X<G<br>员工停车位：<br>P<G<X |
| B区 | 世纪联华<br>（运河店） | | 停车位不足且区位设置不合理导致顾客停车占用广场出入口，且缺乏有效管理，如遇有雨雪天则没有好的解决方案。特别是规范所定顾客停车位数量大于供需 | 实际拥有停车位（P）490 / 540<br>实际需求停车位（X）791 / 412 顾客 员工<br>规范规定停车位（G）2300 / 460 | 顾客停车位：<br>P<X<G<br>员工停车位：<br>X<G<P |
| B区 | 世纪联华<br>（庆春店） | | 位于杭州商业中心，使得停车位的配备尤其吝啬，停车区域主要利用建筑凹角结合人行道设置，给行人带来不便。员工地下停车区，没有有效管理，常有顾客停入，出入口容易堵塞 | 实际拥有停车位（P）150 / 36<br>实际需求停车位（X）406 / 423 顾客 员工<br>规范规定停车位（G）1200 / 240 | 顾客停车位：<br>P<X<G<br>员工停车位：<br>P<G<X |
| B区 | 物美<br>（文一店） | | 没有专设顾客停车场，顾客停车占用人行道现象严重 | 实际拥有停车位（P）0 / 204<br>实际需求停车位（X）373 / 306 顾客 员工<br>规范规定停车位（G）450 / 180 | 顾客停车位：<br>P<X<G<br>员工停车位：<br>G<P<X |

| 区域 | 名称 | 超市平面图 | 超市停车问题 | 规范、供应与需求图 | 规范、供应与需求对比 |
|---|---|---|---|---|---|
| C区 | 世纪联华（华商店） | | 非机动车车位被大量改建成机动车停车位，供应远远低于规范规定停车位数量，且员工停车位设置距出入口较远，在数量上也不足，使得无论员工还是顾客乱停放现象严重 | 实际拥有停车位（P）81 150；实际需求停车位（X）781 536；规范规定停车位（G）2400 480（顾客 员工）0 1000 2000 3000 | 顾客停车位：P<X<G 员工停车位：P<G<X |
| | 乐购（庆春店） | | 部分顾客停车场离超市出入口过远，顾客停放不方便，加上没有管理导致现场停放很不合理，使得原已不足的停车位不能得到很好的利用 | 实际拥有停车位（P）489 216；实际需求停车位（X）501 330；规范规定停车位（G）490 196（顾客 员工）0 200 400 600 | 顾客停车位：P<G<X 员工停车位：G<P<X |
| | 好又多（凤起店） | | 员工与顾客停车位配比失衡，但将电动车与自行车停车分开设置很有前瞻性。作为江干区中心，供需之间配比有待继续观察，但规范所定顾客停车位数明显超出实际使用 | 实际拥有停车位（P）560 35；实际需求停车位（X）643 224；规范规定停车位（G）2000 400（顾客 员工）0 500 1000 1500 2000 2500 | 顾客停车位：P<X<G 员工停车位：P<X<G |
| 备注 | | ◀ 超市出入口 ■ 规划停车位 ▨ 自发停车位 | | P——实际拥有停车位 X——实际需求停车位 G——规范规定停车位 | |

**总结：**

就9个超市三个区域的基本信息来看，大部分信息具有共性，无论是高峰时间还是供需关系都没有必然的区域性特征。从总体上看，绝大多数的超市在顾客停车位上供小于求，而规范规定数量又大于实际供需。而在员工方面，供仍然小于求，但规范规定数量却小于实际需求。为了更深层次分析三者之间的关系，我们以9家超市为例，进行深层次剖析，并拟提出一份切实可行的解决方案。

### 2.3.2 调查研究综述

以下分别从规范、供应与需求进行对比分析，以得出一些初步的结论。

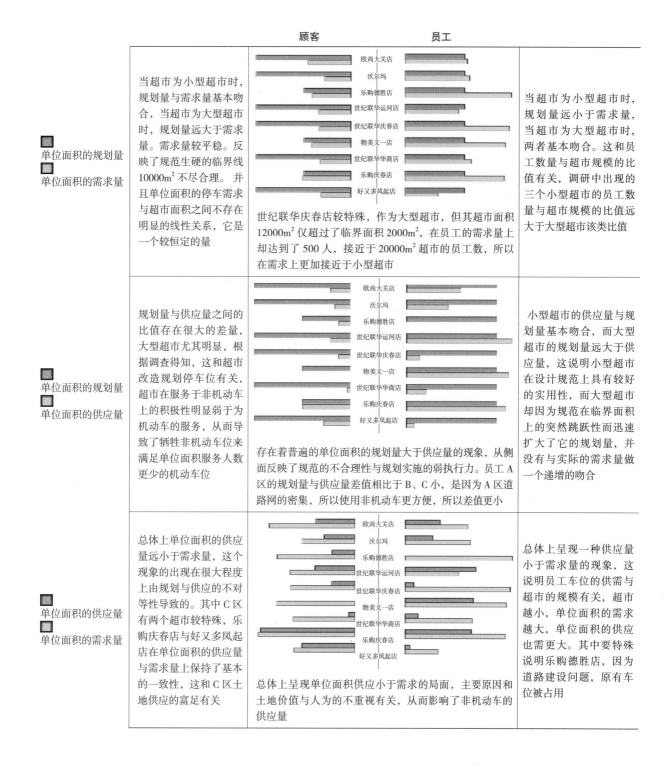

**■** 单位面积的规划量
**■** 单位面积的需求量

当超市为小型超市时，规划量与需求量基本吻合，当超市为大型超市时，规划量远大于需求量。需求量较平稳。反映了规范生硬的临界线10000m²不尽合理。并且单位面积的停车需求与超市面积之间不存在明显的线性关系，它是一个较恒定的量

世纪联华庆春店较特殊，作为大型超市，但其超市面积12000m²仅超过了临界面积2000m²，在员工的需求量上却达到了500人，接近于20000m²超市的员工数，所以在需求上更加接近于小型超市

当超市为小型超市时，规划量远小于需求量，当超市为大型超市时，两者基本吻合。这和员工数量与超市规模的比值有关，调研中出现的三个小型超市的员工数量与超市规模的比值远大于大型超市该类比值

**■** 单位面积的规划量
**■** 单位面积的供应量

规划量与供应量之间的比值存在很大的差量，大型超市尤其明显，根据调查得知，这和超市改造规划停车位有关，超市在服务于非机动车上的积极性明显弱于为机动车的服务，从而导致了牺牲非机动车位来满足单位面积服务人数更少的机动车位

存在着普遍的单位面积的规划量大于供应量的现象，从侧面反映了规范的不合理性与规划实施的弱执行力。员工A区的规划量与供应量差值相比于B、C小，是因为A区道路网的密集，所以使用非机动车更方便，所以差值更小

小型超市的供应量与规划量基本吻合，而大型超市的规划量远大于供应量，这说明小型超市在设计规范上具有较好的实用性，而大型超市却因为规范在临界面积上的突然跳跃性而迅速扩大了它的规划量，并没有与实际的需求量做一个递增的吻合

**■** 单位面积的供应量
**■** 单位面积的需求量

总体上单位面积的供应量远小于需求量，这个现象的出现在很大程度上由规划与供应的不对等性导致的。其中C区有两个超市较特殊，乐购庆春店与好又多凤起店在单位面积的供应量与需求量上保持了基本的一致性，这和C区土地供应的富足有关

总体上呈现单位面积供应小于需求的局面，主要原因和土地价值与人为的不重视有关，从而影响了非机动车的供应量

总体上呈现一种供应量小于需求量的现象，这说明员工车位的供需与超市的规模有关，超市越小，单位面积的需求越大，单位面积的供应也需更大。其中要特殊说明乐购德胜店，因为道路建设问题，原有车位被占用

为了更好的进行统计分析，引入了平均值、偏差与相对偏差的概念进行数理分析：

| | | | 系数 | | | |
|---|---|---|---|---|---|---|
| 类别 | 名称 | 平均值（个/百$m^2$） | 偏差 | | 相对偏差 | |
| | | | 平均偏差 | 标准偏差 | 相对平均偏差 % | 相对标准偏差（RSD）% |
| 顾客 | $G_1$ 规范停车位数 | 8.33 | 2.22 | 2.5 | 26.67% | 30.00% |
| | $X_1$ 需要停车位数 | 3.78 | 0.62 | 0.74 | 16.38% | 19.6% |
| | $P_1$ 供应停车位数 | 1.83 | 1.04 | 1.48 | 57.08% | 80.66% |
| 员工 | $G_2$ 规范停车位数 | 2.00 | 00 | 00 | 00% | 00% |
| | $X_2$ 需要停车位数 | 2.59 | 0.79 | 0.90 | 30.38% | 34.83% |
| | $P_2$ 供应停车位数 | 1.10 | 0.81 | 0.96 | 73.62% | 87.23% |

注：

平均偏差：$avg\_d = (abs(d_1) + abs(d_2) + ... + abs(d_n)) / n$；

相对 $x$ 的平均偏差：$\% = avg\_d / x * 100\%$；

标准偏差：$s = sqrt((d_1*d_1 + d_2*d_2 + ... + d_n*d_n) / (n-1))$；

相对 $x$ 的标准偏差：$(RSD)\% = s / x * 100\%$

比如 $x$ 是平均值

标准偏差表示衡量数据值偏离算术平均值的程度。标准偏差越小，这些值偏离平均值就越少，反之亦然。

精密度用相对标准偏差表示，RSD 越小表示多次测定所得结果之间越接近。

以上数据都是单位面积下的计算值：

从顾客的相对偏差来看，$P_1 > G_1 > X_1$

供应 $P_1$ 的不均等因为要涉及城市道路用地的扩充以致占据超市的沿路停车面积或是当地村委承包超市的顾客停车管理等问题，所以外在因素的影响过大；

规范 $G_1$ 的不均等是在规划编制过程中将超市规模分为三等，停车面积也分为三个区段来定义，本次大型超市调研普遍是在一万 $m^2$ 以上区段，三个是一万 $m^2$ 以下，所以是 30%；

需求 $X_1$ 不均等的原因是我们此次报告要探究的，19.6% 说明三个区域的单位面积超市非机动车停车位的需求差别不是很明显，在中国现阶段不需要在城市中分区域考虑非机动车的停车问题。

从员工的相对偏差来看，$P_2 > X_2 > G_2$

供应 $P_2$ 的不均等是超市本身的规划建筑设计问题，一般大型超市会将员工停车独立在顾客停车线路之外的区域，一般是靠近员工入口的地下车库，而有些超市没有设置单独的员工停车位置，致使员工与顾客混停、长时停车与暂时停车混合的现象。

规范 $G_2$ 是很稳定的，规范对于员工停车只有一个值；

需求 $X_2$ 的不稳定是超市本身的问题，超市规模的大小，超市员工政策的设置，都能影响 $X_2$ 的值。

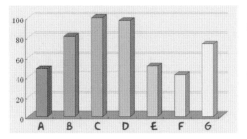

A 停车场距离入口地较偏远，到超市不方便

B 停车通道狭小，进出拥挤

C 硬件配备差（停车固定架、围合结构、雨篷）

D 没有管理，不安全

E 停放杂乱无章

F 停车场环境差

G 停车车位有时不够

注：Matlab 是矩阵实验室（Matrix Laboratory）的简称，主要包括 MATLAB 和 Simulink 两大部分，和 Mathematica、Maple 并称为三大数学软件。它在数学类科技应用软件中，在数值计算方面首屈一指。Matlab 可以进行矩阵运算、绘制函数和数据、实现算法、创建用户界面、连接其他编程语言的程序等，主要应用于工程计算、控制设计、信号处理与通信、图像处理、信号检测、金融建模设计与分析等领域。

### 2.4 模型分析

通过对实地勘探结果的分析，我们发现杭州大型超市的非机动车停放问题（主要指规范、供应和需求三者之间的不平衡问题）主要是由超市停车场硬件设施建设、软环境的建设以及超市规模（这里指面积）三方面造成，其中硬件设施以及软环境建设主要靠实地观察分析得出，内部硬件配置和超市规模主要是靠超市人员和顾客的访谈以及调查问卷得出，但是他们与需求的关系比较复杂，所以需要拟合得到权重大小，建立模型来构建停车需求关系。

#### 2.4.1 模型数据

各超市顾客停车场硬件设施数据采集一览表　　　　　　　　　　表3

| 项目　　　地点 | 停车场设计方式 | 建筑面积/m² | 出入口个数/个 | 停车场面积/m² | 自发形成停车面积 | 主出入口宽度/m | 过道宽度/m | 平均停放时间（h） | 有无停车架 | 有无围护设施 | 有无管理 | 满意度 | 需求总量 |
|---|---|---|---|---|---|---|---|---|---|---|---|---|---|
| 欧尚（大关店） | 地上 | 25000 | 10 | 792 | 665 | 6 | 1.2 | 1.20 | Y | N | Y | 5.15 | 1134 |
| 沃尔玛 | 地上 | 16000 | 4 | 350 | 136 | 2.5 | 1.8 | 1.13 | Y | Y | Y | 8.9 | 450 |
| 乐购（德胜店） | 地上 | 8600 | 6 | 157 | 300 | 2 | 1.6 | 1.11 | Y | N | Y | 5.48 | 353 |
| 世纪联华(运河店) | 地上 | 23000 | 5 | 609 | 98 | 3.5 | 1.2 | 1.17 | N | Y | N | 6.04 | 791 |
| 世纪联华(庆春店) | 地上 | 12000 | 6 | 200 | 68 | 3 | 0.9 | 1.20 | N | N | N | 3.98 | 406 |
| 物美（文一店） | 地上 | 9000 | 6 | 0 | 511 | 2.5 | 1.5 | 1.33 | N | N | N | 5.86 | 373 |
| 世纪联华(华商店) | 地上 | 24000 | 8 | 135 | 591 | 3.5 | 0.8 | 1.11 | Y | Y | N | 6.58 | 781 |
| 乐购（庆春店） | 地上 | 9800 | 9 | 622 | 91 | 3 | 1.0 | 1.19 | N | N | Y | 7.05 | 501 |
| 好又多（凤起店） | 地上 | 20000 | 7 | 840 | 135 | 2.5 | 1.5 | 1.13 | N | N | N | 7.27 | 643 |

### 2.4.2 建模目标

建立一个以确定超市非机动车停车场面积为目的的数学模型，为了使超市乃至于城市的非机动车的静态系统得以可持续运作，并且为城市超市非机动车停车规范提供一个参考方向，改变以往用数字区间来确定面积的简单做法。

### 2.4.3 需求量模型建立

因变量确定：用超市顾客自行车场实际停放量，代表"需求量"。

自变量的确定：超市的建筑面积、出入口个数、停车场面积、自发形成的停车面积、主出入口宽度、过道宽度、平均停放时间可能会对因变量的取值产生影响，定为自变量。

虚拟变量的确定：其中有无车架、有无围护设施、有无管理，在模型计算中根据"有/无"取值为"1/0"。

线性研究：应用电脑软件 Matlab 分析数值型自变量——超市建筑面积、出入口个数、停车场面积、自发形成停车面积、主出入口宽度、过道宽度、平均停放时间等与因变量的关系。

### 2.4.4 模型初步建立

笔者试用两要素的系统分析方法中的一元线性回归方程以及多元线性回归方程建立模型，如果检验满足，可以认为该模型能模拟各自变量与需求量的关系。

■ 建立适合规范编制和普及的一元线性的初步模型

$$D=k_0+k_1Ma$$

■ 建立高精确度的多元线性的扩充模型

$$D=k_0+k_1Ma+k_2S_1+k_3S_2+k_4L+k_5（We+Wa+A+B+C）$$

其中 $D=$ 需求饱和度系数

$Ma=$ 超市建筑面积（$m^2$）

$S_1=$ 停车场面积（$m^2$）

$S_2=$ 自发形成的停车面积（$m^2$）

$L=$ 出入口个数

$We=$ 主出入口宽度（m）

$Wa=$ 内部过道宽度（m）

$A=$ 内部有无围护设施（虚拟变量）

$B=$ 有无停车架（虚拟变量）

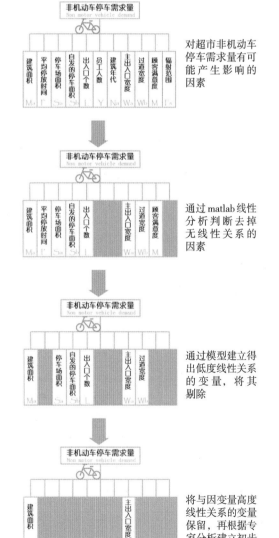

对超市非机动车停车需求量有可能产生影响的因素

通过matlab线性分析判断去掉无线性关系的因素

通过模型建立得出低度线性关系的变量，将其剔除

将与因变量高度线性关系的变量保留，再根据专家分析建立初步模型

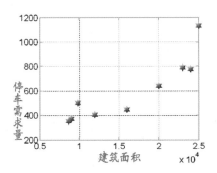

◆建筑面积与需求量呈高度线性关系，$r_1$=0.89

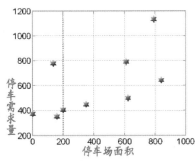

◆停车场面积与需求量呈显著线性关系，$r_2$=0.61

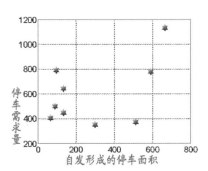

◆自发形成的停车面积与需求量呈显著线性关系，$r_3$=0.50

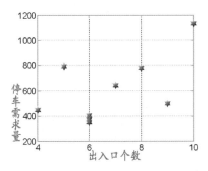

◆出入口个数与需求量呈显著线性关系，$r_4$=0.58

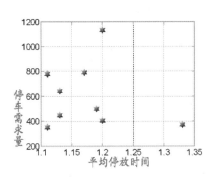

◆平均停放时间与需求量无直线相关关系，$r_5$=0.13

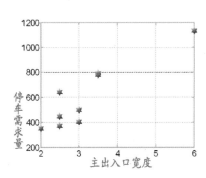

◆主出入口宽度与需求量呈高度线性关系，$r_6$=0.902

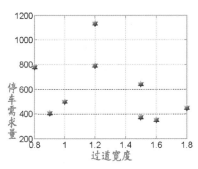

◆过道宽度与需求量呈低度线性关系，$r_7$=-0.34

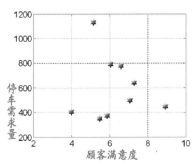

◆顾客满意度与需求量无直线相关关系，$r_8$=-0.096

▓ 通过计算 $r$ 平方得出计算机权重排序：

$$r_6^2 > r_1^2 > r_2^2 > r_4^2 > r_3^2 > r_7^2 > r_5^2 > r_8^2$$

其中 $r_6^2 > r_1^2 > 0.8$ 说明可独立形成线性模型

▓ 通过专家对各因子的权重，其中建筑面积 $r_1$ 的相关度最高，所以<u>一元线性模型</u>的自变量就是建筑面积。

$C$= 有无管理（虚拟变量）

（注：$k_0$ 是常数，$k_1$、$k_2$、$k_3$、$k_4$、$k_5$ 是各个自变量的回归系数）

计算结果：

一元线性模型：

$$D=43+0.034Ma$$

多元线性模型：

$$D=-213.52+0.02Ma+0.22S_1+0.18S_2+25.42L+24.34（We+Wa+A+B+C）$$

（注：回归系数值保留到小数点第二位）

### 2.4.5 多元线性模型验证

得到 $stats = 1.0e+003 \times 0.0010 \quad 0.0153 \quad 0.000$

$stats$ 表示的是检验回归模型的统计量，由此可以看出相关系数：

$r^2 = 1.0e+003 \times 0.0010$ 非常接近 1（$r^2 \in [0, 1]$，越接近 1 模型的精确度越高），$F = 0.0153$，$F$ 对应的概率 $p = 0 < 0.05$ 都同时说明回归方程效果显著。

表4、表5 表示回归系数与残差的数据统计，其置信区间内都包括零点，说明各自变量数据正常，回归模型建立成功。

表4

| | Regression coefficient 回归系数 | |
|---|---|---|
| 编号 | Estimated Value Of 估计值 | Confidence Interval 置信区间 |
| $k_0$ | −213.5180 | −771.5839~344.5479 |
| $k_1$ | 0.0216 | −0.0004~0.0436 |
| $k_2$ | 0.2240 | −0.3275~0.7754 |
| $k_3$ | 0.1844 | −0.5926~0.9613 |
| $k_4$ | 25.4199 | −53.6644~104.5043 |
| $k_5$ | 24.3420 | −60.7540~109.4380 |

表5

| | Residual 残差 | |
|---|---|---|
| 编号 | Vector valued 向量值 | Confidence Interval 置信区间 |
| 1 | 29.9687 | −63.0667~123.0041 |
| 2 | −64.5366 | −144.5620~15.4888 |
| 3 | 1.6514 | −260.0050~263.3078 |
| 4 | 87.9575 | −24.4856~200.4006 |
| 5 | 31.4828 | −193.3133~256.2789 |
| 6 | 23.8859 | −124.5388~172.3105 |
| 7 | −43.5595 | −122.0889~34.9698 |
| 8 | −3.5106 | −161.8972~154.8760 |
| 9 | −63.3395 | −137.2941~10.6150 |

### 2.4.6 模型分析结果表明

通过模型的建立可以看出超市的非机动车停车需求与建筑面积高度相关，其他自变量如停车场面积、出入口个数等都是为了完善提高模型的精确度而成立的附加变量，所以笔者建议规划编制人员可以参考一元线性模型进行规划数据的编写，而研究人员可以根据扩充模型进行深入研究。

此次模型也可以衍生到其他城市公共建筑的非机动车停车需求中，但是由于高峰时间段的不同，所以验证模型时要进行前期调研，得出高峰点再去搜集数据。

图 13　员工停车矛盾
（左）

图 14　顾客停车矛盾
（右）

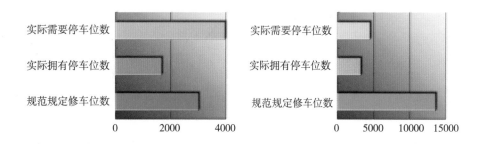

# 3　建议与展望

## 3.1　建议

### 3.1.1　规范制定编写人员

规范是设计的依据，一个好的规范是与时俱进的，随着社会的发展，各种新生事物层出不穷，为了适应时代进步带来的变化，规范必须具有前瞻性，当问题的表现形式过于严重使得对社会产生一定不利因素时，必须根据新的时代背景编制相适应的规范。

而从图中我们可以看出，现行的关于非机动车停车规范已经不能满足社会的需求，而超市相应的调整措施又不具有系统的数据、理论支撑，这些直接导致规范形同虚设，停车状况危、乱、差。

### 3.1.2　停车场设计人员

规范绝不是唯一的参考标准，根据实际情况提出最合理的设计方案才是对甲方最适合的方案，从 9 个超市的调查中，自发形成的自行车面积有 36% 之多（图 15），在国外，设计师对自己作品的服务是终身制的，在变化中调整设计内容才是最合理的。而在国内，虽然暂时无法实现这个设计体制，但设计前充分的调研是必需的，希望我们的这份数据能给广大设计工作者一定的帮助。

### 3.1.3　超市管理部门

超市以赢利为目的，这点无可厚非，但好的服务绝对可以回收、甚至远远大于所付出的成本，面对日益增长的机动车购物形式，大多数超市选择了牺牲非机动车来满足这些"大客户"，虽然规范规定的面积未必符合实际情况，但随着超市的运营，规范化、合理化重组停车位显得既现实又准确。毕竟，"用脚投票"所形成的模式才是最人性化的，也是符合商家顾客至上的服务宗旨的。

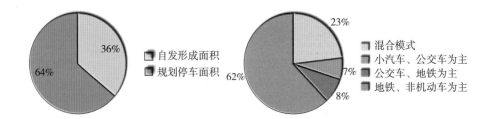

图15 自发停车位比例（左）

图16 杭州市民对未来交通模式预测（右）

### 3.1.4 政府部门

就目前情况而言，政府部门在面对机动车与非机动车的问题上，将机动车设置成了优先选项；而在非机动车的行与止的判断中，将容易产生摩擦的行为作为了研究的重点。

但事实上，非机动车所承载的市民比机动车更多，非机动车在城市内部的可达性比机动车更强。而以停车为终止手段的非机动车行为，更是矛盾最突出的地方。每年因偷窃、乱停放而造成损失绝不比在行进过程中因碰撞、拥堵而造成的伤害要少，只是高频率、低伤害类似于蚂蚁吞象的模式没有从直观视觉上给予社会最大的关注。

## 3.2 展望

通过调查我们发现，大部分市民对于因为地铁开通所带来的交通模式的改革持乐观态度，约62%的市民表示以地铁、非机动车为主的TOD模式将成为杭州未来的主要出行方式（图16），但在是否禁止电动车的问题上，仍有大量市民保留意见。

而对于杭州规划部门而言，在2008年公示的《杭州市慢行交通系统规划》中指出，至2020年，杭州将建设包括125条自行车廊道、11个重点步行区等非机动车和步行的慢性交通系统。到那时,杭州的慢行网络将形成"59横,66纵"的情况。

非机动车停车和机动车的停车系统逐渐完善，人流、车流的交通组织有条不紊，动态交通和静态交通都在朝着有利的方向发展，这就是我们乐于见到的新杭州，也是市民所向往的出行生活。

## 参考文献

[1] 同济大学 . 城市道路与交通 [M]. 北京：中国建筑工业出版社，1981.

[2] 萧铁树 . 数学实验 [M]. 北京：高等教育出版社，1999.

[3] G.Chand.MATLAB by Example[M].Elsevier，2006.

[4] 卢群，李晓龙 . 中国城市自行车交通问题浅析 [J]. 交通与运输，2004，（3）：22-23.

[5] 吴效葵，吴丽华 . 关于我国城市停车法规建设的思考 [J]. 上海城市管理，2006，20（3）：6-8.

[6] 宋传增 . "美日城市静态交通建设与管理研究" [J]. 山东建筑大学学报，2006，21（5）：455-458.

[7] 韩继涛，罗良浩，梁亚宁，建筑物配建停车指标研究路线及方法 [J]. 林业科技情报，2006，38（2）：96-97.

[8] 李自林，张丽洁 . 城市停车需求预测模型的分析 [J]. 天津城建大学学报，2007，13（3）：169-172.

[9] 李翔，潘晓东，方守恩 . 大型公共设施产生的自行车交通影响分析 [J]. 交通科技与经济，2005，（3）：58-60.

[10] J Williams，T Walsh，D Harkey.Wisconsin Bicycle Facility Design Handbook[M].Wisconsin Department of Transportation，2004.

[11] Liu Ying.Bicycle Parking Demand Predict Methods and Its Application in City Business District[M]. JOURNAL OF EAST CHINA JIAOTONG UNIVERSITY，2007.

# "我的地盘谁做主？"
## ——公众参与背景下杭州城市规划典型事件的社会调查

学生：储薇薇　颜文娅　吾娟佳　马显强
指导老师：武前波　宋绍杭　吴一洲　陈前虎

摘要

本文从利益相关者的角度出发，以公众参与为导向，展开对杭州德胜快速路（上塘河—保俶北路段）工程的邻避设施建设过程中，所产生的冲突事件进行社会调查，深入剖析公众参与在城市规划领域冲突事件中的影响作用，总结出城市规划中公众参与存在的突出问题。从而探究如何在不同的公共决策过程中引进公众参与，以达到降低或避免城市规划领域邻避设施建设过程中的冲突风险。

关键词

城市规划　公众参与　邻避设施　冲突事件　杭州


Abstract

Based on the perspective of the stakeholders and the guidance of the public participation，This paper cites an example of social research of Hangzhou Desheng Expressway（Shangtang River – Baochu Road segment）social conflict events generated by engineering the NIMB（Not In My Backyard）facilities in the construction process. Analyses the impact of public participation on conflict events in the field of city planning in-depth.And sums up some problems of public participation of urban planning.At last it explores how to introduce public participation during the public decision-making process，in order to avoid or reduce the field of city planning adjacent conflict process obstacle facilities construction of risk.

Keywords

urban planning　public participation　Not In My Backyard conflict events　Hangzhou

# 目录

1 绪论 ..................................................... 143
　1.1 调研背景与目的 ............................... 143
　　1.1.1 调研背景 ................................ 143
　　1.1.2 调研目的 ................................ 143
　1.2 调研区域及对象 ............................... 144
　　1.2.1 调研区域 ................................ 144
　　1.2.2 调研对象 ................................ 145
　1.3 概念界定与研究框架 ......................... 146
　　1.3.1 概念界定 ................................ 146
　　1.3.2 调研思路及框架 ........................ 146
2 杭州市规划网站调查 ............................. 147
　2.1 规划网站概况 ................................. 147
　　2.1.1 规划网站主体 ........................... 147
　　2.1.2 规划网站结构及内容 .................... 147
　　2.1.3 规划网站信息覆盖率 .................... 148
　2.2 网站与公众参与情况 ......................... 148
　　2.2.1 规划公示信息概况 ...................... 148
　　2.2.2 规划公示互动情况 ...................... 149
　　2.2.3 居民了解公示途径 ...................... 150
　2.3 小结 ........................................... 150
3 以德胜快速路西延工程为例的调研分析 ........... 150
　3.1 案例基本情况 ................................. 150
　　3.1.1 案例导入 ................................ 150
　　3.1.2 公众参与情况小结 ...................... 151
　3.2 冲突演化过程中的公众参与情况 ............... 151
　　3.2.1 冲突根源 ................................ 151
　　3.2.2 冲突产生 ................................ 152
　　3.2.3 冲突发展 ................................ 156
　　3.2.4 冲突处理 ................................ 158
　　3.2.5 冲突结果 ................................ 161
4 总结与建议 ....................................... 161
　4.1 总结 ........................................... 161
　4.2 建议 ........................................... 162
　　4.2.1 构建有效的信息公开和协作交流
　　　　　机制 ................................... 163
　　4.2.2 建立多元利益主体受损补偿激励
　　　　　机制 ................................... 164

参考文献 ............................................. 165

图 1-1 德胜快速路西延段效果图（左）

图 1-2 天时苑小区业主挂旗子表明态度（右）

**【德胜快速路西延工程介绍】**

德胜快速路是杭州主城区东西向的交通廊道，也是堪称全杭州最著名的"断头路"。在德胜路上塘河交叉口断头之后，快速路由东往西的车子和上塘德胜高架往城西走的车子都挤进了上德立交。

而德胜快速路（上塘河—保俶北路）工程长 2.61 公里，全线都走高架，覆盖在地面道路及上德立交上。德胜快速路往西延伸，可以有效缓解这里的交通拥堵，也解决了德胜快速路的"断头路"问题。

# 1 绪论

## 1.1 调研背景与目的

### 1.1.1 调研背景

近年来，城市规划领域冲突事件频发，有因日照问题引发的行政诉讼，有因房屋拆迁产生的矛盾，也有因邻避设施建设造成的冲突。此类大大小小的冲突事件，被很多规划工作者归因于公众的自私或是技术设计的合理性问题。自私心理不是规划能解决的，自然寄希望于通过思想教育或是规划行政来强制应对，而设计问题则期望通过增强规划的科学性予以解决。但是，思想教育并不奏效，行政强制手段往往不利于矛盾问题解决，规划设计的合理性也无法得到完全改善。

以杭州市为例，德胜快速路（上塘河—保俶北路段）工程（图 1-1）的建设中产生的冲突矛盾事件，即是该类冲突事件的典型案例。因为城市快速路的建设，因其不可避免会对两侧建筑产生如日照、噪声、空气污染等邻避影响，容易引起周边群众的反对甚至抵制（图 1-2）。

### 1.1.2 调研目的

邻避设施的冲突是否是公众的自私心理所造成的？是否与政府在处理过程存在的问题有关？本文将通过深度访谈和问卷、网络资料调研实现以下目的：

①初步了解公众对于城市规划公众参与的基本认知，以及政府在公共决策过程中与公众的互动情况。

②探究在城市邻避设施建设过程中公众参与情况存在的问题，及其与产

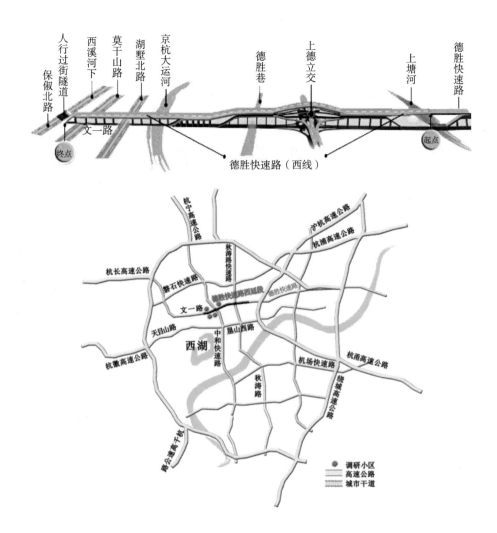

人行过街隧道　西溪河下　湖墅北路　京杭大运河　德胜巷　上德立交　上塘河　德胜快速路

保俶北路　莫干山路　文一路　德胜快速路（西线）　起点

终点

德胜快速路（西线）

杭宁高速公路　沪杭高速公路　杭浦高速公路

杭长高速公路　秋涛路快速路　德胜快速路西延段　德胜快速路

磐石快速路　文一路

天目山路　中和快速路　舒山西路　机场快速路　杭甬高速公路

杭徽高速公路　西湖　秋涛路　绕城高速公路

路公湖南干线

● 调研小区
▬ 高速公路
▨ 城市干道

图 1-3　德胜快速路西
延工程方案展示（上）

图 1-4　调研小区区位
（下）

生冲突事件的关系以及影响作用。

　　③提出城市规划实施过程中的公众参与运行框架体系以及相关政策建议，
以达到降低或避免城市规划领域邻避设施建设过程中的冲突风险。

## 1.2　调研区域及对象

### 1.2.1　调研区域

　　本次调研范围为紧邻德胜快速路西延工程（上塘河—保俶北路段）（图 1-3）
的四个小区。调研小区位于杭州城西，分别是天时苑、白荡海人家、石灰桥小
区和一清新村。东至德胜巷，西达保俶北路（图 1-4）。

　　当初在高架方案公布以后，这四个小区多多少少都曾发生过业主上访、
抵制甚至反抗的事件，主要冲突点涉及与高架的位置关系。小区概况及与高架
位置关系如图 1-5、图 1-6 所示。

图 1-5 调研小区概况

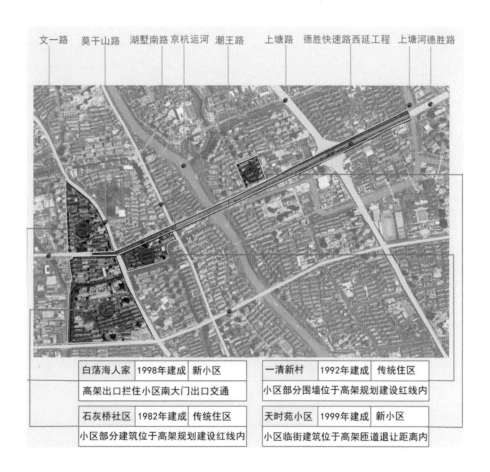

文一路　莫干山路　湖墅南路　京杭运河　潮王路　　上塘路　德胜快速路西延工程　上塘河德胜路

| 白荡海人家 | 1998年建成 | 新小区 |
| --- | --- | --- |
| 高架出口拦住小区南大门出口交通 | | |

| 一清新村 | 1992年建成 | 传统住区 |
| --- | --- | --- |
| 小区部分围墙位于高架规划建设红线内 | | |

| 石灰桥社区 | 1982年建成 | 传统住区 |
| --- | --- | --- |
| 小区部分建筑位于高架规划建设红线内 | | |

| 天时苑小区 | 1999年建成 | 新小区 |
| --- | --- | --- |
| 小区临街建筑位于高架匝道退让距离内 | | |

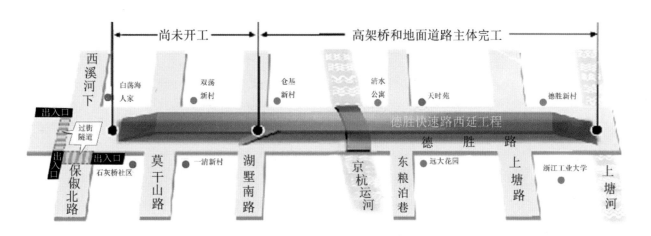

图 1-6 调研小区与德胜高架的位置关系

### 1.2.2 调研对象

本文以深度访谈为主，问卷调查为辅。其中，访谈对象包括当地居民、社区管理人员和规划部门相关人员（表1-1）；问卷对象主要是调研小区的居民。总共发放问卷总数为50份，回收率为100%。

图 1-7　城市规划的参与主体

| | 访谈对象 | 表 1-1 |
| --- | --- | --- |
| | 访谈对象 | |
| 居民 | 直接利益相关业主<br>间接利益相关业主 | |
| 社区管理人员 | 小区业主委员会<br>社区管理人员 | |
| 规划部门相关人员 | 杭州前期办工作人员 | |

## 1.3　概念界定与研究框架

### 1.3.1　概念界定

邻避：许多城市正常运行所必需的公共设施，都面临因负外部性而引发的公众抵制现象，这种现象被称为邻避。邻避设施兼有公共财产和外部性的特征。通常这些设施所产生的经济效益是为全体社会所共享，其设施产生的外部效果（如污染、房地产下跌等）却要由设施当地居民所承担。这些承担外部效果的居民称为邻避群体，也称为利益相关者。

公众参与：在城市规划领域，公众参与一般定义为：在城市规划中，城市居民能够直接而持久地接触规划，积极地参与，成为规划制定和规划实施过程中一个重要的组成部分。在城市规划实施过程中，涉及的参与主体包括四部分（图 1-7），本文的公众是指 B 部分，主要针对直接利益相关者即邻避群体的调查，并辅以间接利益相关者的调查。

### 1.3.2　调研思路及框架

#### （1）调研思路

本次调研通过现象分析、心理需求分析，综合归纳，以公众参与为导向，对杭州德胜快速路（上塘河—保俶北路段）工程的邻避设施建设过程中，所产生的冲突事件展开社会调查。调研方法以深度访谈（政府机构有关人员及小区居民）为主，辅以问卷调查、文献查阅与网站资料调查以及实地考察、拍摄多种调查方式，力求获得准确详实的一手资料。深度访谈尽量保证覆盖公众参与的各个环节的居民与相关工作人员，确保调查结果能够客观地反映现实状况。

（2）研究框架

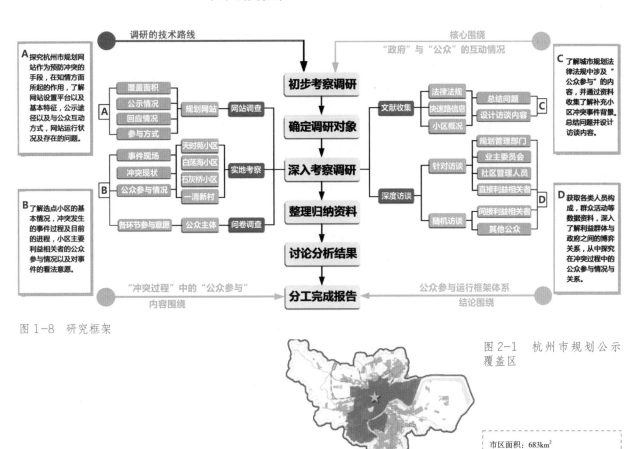

图1-8 研究框架

图2-1 杭州市规划公示覆盖区

市区面积：683km²
建成区面积：551km²
规划公示覆盖区：404.13km²
与建成区重合部分：314.32km²

■ 杭州建成区
■ 规划覆盖区
★ 调研地点

## 2 杭州市规划网站调查

### 2.1 规划网站概况

#### 2.1.1 规划网站主体

杭州市规划网站的主体由政府网站、楼市网站、新闻网站及规划论坛构成。其中，政府规划网站是市民认可的权威网站。通过网上问卷统计，各类规划查询中政府网站所占份额为62.5%，其次是楼市网站占18.6%，新闻网站占10.7%，其他的占8.2%。

#### 2.1.2 规划网站结构及内容

规划网站由规划新闻、公告栏、部门文件、规划公示、地图服务、网络问政、办事指南、办证结果、规划知识几个板块组成（表2-1）。

### 2.1.3 规划网站信息覆盖率

杭州市域面积为 683km²，如图 2-1 浅蓝色区域所示，建成区面积为 551km²，规划覆盖区面积 404.13km²，占 73.3%。其中规划覆盖区与规划建成区重叠部分为 314.32km²，占总覆盖区 77.8%。

## 2.2 网站与公众参与情况

### 2.2.1 规划公示信息概况

网上规划公示的情况，每个基本公示单元内有公示的地块大致 2 个，真正有公示过的建设用地占建成区比例低，地块少，且信息不全，公示信息与居民需求信息差别较大。如图 2-2 所示，红色框为有公示的指标，其余部分为缺失的。平台构筑良好方便查询，但信息量不足。

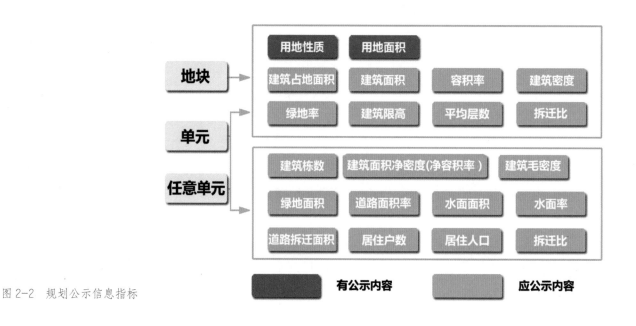

图 2-2　规划公示信息指标

| 公示途径 | 类型 | 形式 | 内容 | 指标 | 周边 | 意见栏 | 回复栏 |
|---|---|---|---|---|---|---|---|
| 阳光规划网 | 政府 | 图片、文字、地图模型 | 地块性质、地块指标 | 有 | 无 | 有 | 有 |
| 楼市网站 | 私人 | 文字、图片 | 详细规划概要 | 无 | 无 | 无 | 无 |
| 新闻网站 | 舆论 | 文字、图片 | 详细规划概要 | 无 | 无 | 无 | 无 |

### 2.2.2 规划公示互动情况

网上规划公示类型有政府为主导的规划网站，私人企业打造的楼市网站和附属于社会舆论的新闻网站三个类型，见表2-2，只有隶属于政府机构的阳光规划网是有互动栏目的，据统计，从2008年至2012年共有566份咨询疑问，并均已答复。主要问题是回复不理想，网民的后续再提问的情况基本没有。

民众知情途径 表2-3

| 民众知情途径 | 方法 | 可以得知的内容 | 查询途径 |
|---|---|---|---|
| 媒体报刊报道 | | 规划概要<br>发展策略<br>远期展望 | 报纸<br>网上新闻 |
| 规划展示厅<br>（杭州城市规划展览馆） | | 城市建设模型<br>城市变迁历史<br>城市发展策略 | 现场 |
| 红楼<br>（杭州城建陈列馆） | | 城市重大工程项目建设<br>[德胜快速路西延（上塘河—保俶北路段）] | 现场 |
| 建设现场公示牌 | | 建设用地概况及指标 | 现场 |
| 政府网站 | | 批前公示<br>批后公示<br>建设公示 | 电子地图 |

### 2.2.3 居民了解公示途径

居民了解公示途径有城乡报道、规划展厅、建设现场公示牌、网上查询这四种情况，前三种方式弊端有查阅不便、针对性不强，而最后一种弊端为现阶段建设不全、信息不够充分。

## 2.3 小结

杭州市的规划网站构建良好，规划公示覆盖区较全，但所存在的问题也较多。首先，规划信息公布不充分，如工程项目的规划事后很难在规划网站中查询得知。其次，现有的查询路径不足以让市民了解与自身利益相关建设项目的详细信息，且针对规划的批后公示部分公开度不够。另外，在互动环节政府与市民参与度均较低，信息回复的及时性及内容都有待提高。

# 3 以德胜快速路西延工程为例的调研分析

## 3.1 案例基本情况

### 3.1.1 案例导入

四个案例公众参与情况简介      表 3-1

| 调研小区 | 天时苑小区 | 白荡海人家小区 | 石灰桥小区 | 一清新村 |
|---|---|---|---|---|
| 事件时间 | 2010 年 8 月 | 2010 年 6 月 | 2011 年 | 2013 年初 |
| 小区基本情况 建筑年代 | 1999 年 | 1998 年 | 1982 年 | 1992 年 |
| 小区基本情况 平均房价 | 20854 元 /m² | 28036 元 /m² | 28893 元 /m² | 21375 元 /m² |

矛盾冲突点

> 高架出口拦住了白荡海人家小区主出口南大门的路，影响住户进出主入口，并且影响了小区居住环境。

> 一清新村小区的围墙占了高架建设项目红线，政府拆围墙，但居民认为此为小区内用地，政府需按面积补偿。

> 石灰桥小区临街一幢L型建筑及其西侧紧邻的两幢建筑位于高架规划建设红线内，需拆除。

> 天时苑小区1幢和6幢距离高架匝道最近只有 7～12m。按照《杭州市城市规划管理技术试行规定》中，高架两侧应有15m 的界限。

图 3-1 四个案例矛盾冲突点

| 发展阶段 | 已解决 | 协商中 | 已解决 | 协商完，解决中 |
|---|---|---|---|---|
| 规划公示情况 | 规划网站公示、后有小区公示 | 规划网站、社区管委会通知、小区公示 | 规划网站 | 小区公示、社区通知 |

| 调研小区 | 天时苑小区 | 白荡海人家小区 | 石灰桥小区 | 一清新村 |
|---|---|---|---|---|
| 公众得知形式 | 报纸、杭州城市建设陈列馆公示 | 社区管委会通知 | 社区管委会通知 | 小区公示、会议告知 |
| 公众参与情况 规划许可环节 | 无参与 | 无参与 | 无参与 | 无参与 |
| 公众参与情况 规划实施环节 | 参与 | 参与 | 参与 | 参与 |
| 公众参与情况 规划评估环节 | 参与 | 参与 | 参与 | 参与 |
| 公众参与形式 | 红楼抗议、通过业主委员会交涉、媒体介入 | 曾向杭州市政府有关部门领导致信 | 拱墅区政府与业主代表开座谈会 | 法律咨询、座谈会、抗议行为 |
| 解决方式 | 政府回购1幢和6幢，普通层价格为26000/m²，顶层28000/m²，少数住户留居，政府为留居住户安装隔音玻璃 | — | 政府回购，价格是每平方米35000元，楼内住户全数搬离，现楼已拆除 | 按照政府提供的设计方案，免费建造新围墙，不对单个用户进行补偿 |

从表 3-1 中可以总结以下几点：四者概况——四者地理位置较近（图 3-1），天时苑建筑年代较新，最老的是石灰桥，本身房价最高（也是最后获赔最多）的也是该小区；公众参与环节——四者较类似，而在规划公示和民众知情途径上看，各有差异。白荡海和石灰桥采取的是较和谐的参与方式，另外两个较激进；冲突结果——即使之前参与环节类似，但石灰桥较和谐解决，一清新村和天时苑则还有一部分住户对最终的解决方式并不满意。

### 3.1.2　公众参与情况小结

通过对该冲突事件调查，初步得出德胜快速路工程中的公众参与情况，比较偏向政府向公众通知的一种"自上而下"的行为（图 3-2）。

## 3.2　冲突演化过程中的公众参与情况

通过查询相关文献关于冲突演化过程的发展、冲突演化的相关理论，结合工程项目实践，将建设工程项目中冲突演化过程分为冲突根源、冲突产生、冲突发展、冲突处理和冲突结果五个阶段，结合调查的事件经过，并根据案例的自身特性，全面剖析并勾勒出建设工程项目中冲突演化的内在机理（图 3-3）。由此，按照冲突演化的顺序来分析冲突的各个过程中的公众参与情况。

### 3.2.1　冲突根源

冲突的根源影响着整个冲突的过程，那么在本次调研的案例中，究竟是什么原因引起了居民的抗议呢？

经调查我们发现以下结论：

从图 3-4 上可以发现 37% 的人表示当影响居住小区利益的时候会反

图 3-2 建设工程项目传统规划流程及其决策过程（上）

图 3-3 冲突过程（下）

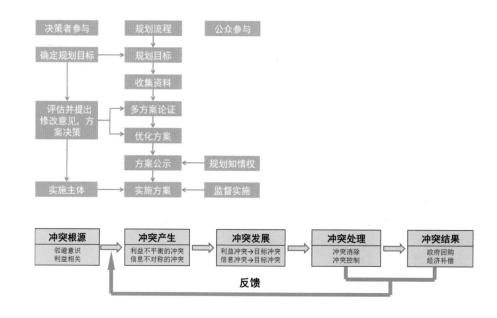

对；而 32% 的人则表示当影响自己住所利益的时候会反对；而 29% 的人则表示当影响本地区的发展时会反对。这说明人们通常对自我利益的关注度比较高，利益相关者都从维护自己利益的角度，以自己的主观意愿解决问题。

根据以上分析所得，冲突根源在于利益相关群体对于邻避设施的邻避意识。例如，高架建设是解决杭州交通的重大举措，属于公共利益，但由于高架建设的地方必定会导致房价下降、噪声污染、空气污染等负外部性问题，导致周边居民产生反对设施在"自家后院"建设的邻避情结，强烈要求维护自身利益，进而引发邻避冲突。邻避意识和利益相关是冲突根源所在（图 3-5）。

图 3-4 若您了解到规划方案，什么情况下会向规划部门提出您的反对意见和建议？（多选）（左）

图 3-5 "邻避意识"与"利益相关"的产生关系（右）

### 3.2.2 冲突产生

在冲突产生过程中，主要有两个原因造成冲突的产生——利益不平衡和

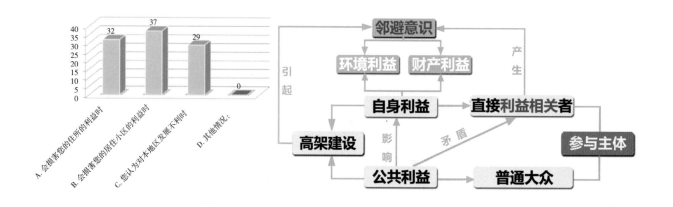

图 3-6　问卷发放、深度访谈现场

信息不平衡。利益不平衡是邻避设施的特点，难以避免。但由于信息不对称引起的冲突却可以通过公众参与来改善。从规划角度分析，有效的公众参与是化解规划冲突的重要途径。

通过我们对四个案例的调查，在冲突形成之前都有其共同的特点，公众参与并未得到真正实施。主要体现在公众参与层较少，公众参与环节有限。

【知情环节】

（1）深度访谈分析

1）居民方面：我们知情度不高（可能存在夸大成分）

> "你说，高架这么大的方案，影响我们小区整体环境，至少得在我们小区贴出公示让我们老百姓知道吧，我们后来才知道红楼那边可以看方案，我们才有代表跑过去看的。"
>
> （天时苑小区业主委员会访谈）

【公示方式】从以上访谈和网站调查中得出，居民认为德胜快速路方案公示方式不够透明化，选择在居民不熟悉的网站上发布，不利于更多的公众参与其中。居民向天时苑提出应该至少在居民区贴出公示，而不是自己被动迟滞地通过报纸媒体知道这个消息，并且政府应该派人向他们告知并征询意见。

> "德胜快速路西延方案有在小区公示张贴过，但是三天的公示时间太短，很多相关小区和居民根本不知道咋回事，也不知道如何维护自己的权益，至少公示期半个月吧！"
>
> （白荡海小区的某居民访谈）

【公示期限】公示期限也是一个让居民诟病的问题，他们表示公示的期限都只有短短的三天，不利于更多的居民知悉并参与讨论，强烈要求将公示期延长。

2）政府方面：我们做到了信息公开

> "昨天《德胜快速路（上塘河——保俶北路）工程方案》的公示现场，来参观的市民络绎不绝。一天下来，市民的意见表收集了整整一箱。市民们有的问高架要怎么造，有的问家门口道路以后怎么走。我们把市民的一些问题和意见，转交给设计方，请他们予以回应。方案公示到今天下午4点半结束，对方案感兴趣的市民，可以到位于延安路和庆春路交叉口的红楼看看。"
>
> （浙江在线2010年08月06日讯）
>
> "城市规划是为了整个城市的发展，我们的城市在不断进步，而这些变化使大多数人得到利益的同时必定会使少部分人利益受到损失，这种牺牲是必然的也是必要的，一些工作者认为在做某些规划时没必要都征求公众意见，并且相信不久以后，那些利益受损的人会发现他们所做的规划的正确性。"
>
> （杭州市前期办某工作人员）

政府方面认为已经按照正常程序走向将方案进行公示，特别于现场展示并收集市民意见，对于信息公开做到了透明化。但这在公众参与的知情环节只是做到了一个告知的义务，还相对缺少双方的互动环节。

（2）规划信息了解方式评价

我们筛选了深度访谈中的十个典型居民样本，按照政府给居民提供信息能力和居民接受信息能力的强度差异，以及与公众交往效果，把不同的规划信息的了解方式按优（5分）、非常好（4分）、好（3分）、一般（2分）和差（1分）分5个层次，然后根据提供信息能力、接受信息能力和与公众交往效果求

| 规划信息的了解方式 | 提供信息能力 | 接受信息能力 | 与公众交往效果 | 总体评价 | 公众使用频率（图 3-9） |
|---|---|---|---|---|---|
| 政务信息公开栏 | 一般（2） | 一般（2） | 一般（2） | 一般（6） | 2% |
| 电视报纸杂志 | 好（3） | 一般（2） | 一般（2） | 一般（7） | 32% |
| 信件征求意见 | 非常好（4） | 差（1） | 一般（2） | 一般（7） | 1% |
| 网络 | 非常好（4） | 好（3） | 好 | 好（10） | 18% |
| 房产广告 | 一般（2） | 差（1） | 差 | 差（4） | 0% |
| 规划局查询 | 优（5） | 一般（2） | 差 | 好（8） | 1% |
| 规划问卷调查 | 差或者一般（1.5） | 非常好（4） | 差 | 一般（6.5） | 0% |
| 现场展览 | 优 | 好（3） | 好 | 非常好（11） | 2% |
| 听别人说 | 好或者一般（2.5） | 好（3） | 一般（2） | 好（7.5） | 27% |
| 街道或居委会 | 非常好（4） | 非常好（4） | 好 | 非常好（11） | 14% |
| 工地告示牌 | 好（3） | 一般（2） | 差 | 一般（6） | 3% |

每位居民的打分分别为 $d_1$、$d_2$、$d_3$……$d_{10}$

则总得分为 $D=(d_1+d_2+d_3+……+d_{10})/10$

平均值，进行了总体评价打分（表 3-2）。

**小结**

从表 3-2 和图 3-7 可以看出以下几点：

1）不管从使用率还是总体评价来说，"听别人说"都是最高分，这从侧面反映了居民在知情环节中处于被动的情况。"听别人说"容易接受一些不准确或错误的概念，在主观上缩小邻避设施的正面效应，夸大其负面后果。

2）电视报纸杂志和网络虽然在知情环节的总体评价一般，但使用率很高，说明媒体在公众参与过程中起到一个关键性的作用，因此，我们可以利用这一现象，将媒体的角色作用发挥好（图 3-8）。

图 3-7 居民了解规划信息的方式（左）

图 3-8 媒体在公众参与中的角色（右）

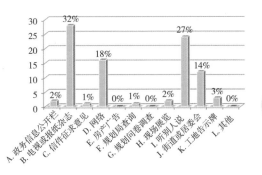

3）现场展览方案交流的方式可以将知情环节做到最好，但并不代表政府开展这种方式的次数少，却体现了杭州城市规划管理中还没有形成一套完善的现场交流体系。

### 3.2.3 冲突发展

建设工程项目中冲突动态性的一个重要表现就是，它会随着项目的进展不断发展和变化。冲突的发展到最后由最初的知情环节到参与环节一整个过程都与冲突的发展息息相关。

**【参与环节】**

（1）深度访谈分析

1）居民方面：参与意识不高

> "高架建设可以解决整个杭州的交通问题，我们应该拥护，至于能不能让我们参与到方案的过程中没什么大关系啦，总之方案如果能够解决问题的都行。"
>
> （一路人的访谈）
>
> "公众参与这个权利？没啥用吧，有些事情我们改变不了的。"
>
> （天时苑某居民的访谈）
>
> "高架方案中道路的走向没征询过我们老百姓也就算了，我们也没专业知识，但是至少在方案出台以后，我们有了异议之后能让我们参与方案的了解吧，至少这是民意。"
>
> （天时苑某居民访谈）

尽管公众享有参与的权利，但事实上可能并不会运用这种权利，而表现出一种参与的冷漠，这在很大程度上是由公众的参与意识相对淡薄而导致的。有相当一部分公众参与意识偏低，往往只是为了保护自己的利益而进行一些问题性参与，或者即便参与了也是由于从众心理的影响，而非真正的参与（表3-3）。

关于公众参与的访谈归纳　　　　　　　　　　　　　　　　　表3-3

| | 参加访谈的人员对于公众参与的说法 |
| --- | --- |
| 说法一 | 大部分人认为项目规划中公众参与有必要，但他们却从来没有参与过规划。 |
| 说法二 | 有一部分人则认为即便参与，自己的意见也不可能被采纳，所以没有参与的必要。 |
| 说法三 | 一部分人觉得关乎自己切身利益的时候会去主动参与规划。 |
| 说法四 | 小部分人说城市规划与我有什么关系，没必要。 |

2）政府方面：反馈滞后

**【消极方面】**

> "在几次与政府相关部门沟通协调会中，15m 红线范围规定被当作解释说明。但我们查遍相关资料，始终未找到能支持这 15m 距离的法律法规。相反，根据《杭州市城市规划管理技术规定》第六章，明确指出：新建建筑物距离高架和匝道的距离，高层居住建筑距离高架应为 40m，匝道应为 20m。"
>
> （德胜快速路西延工程沿线天时苑小区居民致相关主管机构的信）

而有关部门对天时苑居民提出的高架红线不达标的情况，也未作积极解释和及时回应。

**【积极方面】**

2010 年 5 月杭州市文一路居民收到一份《德胜快速路（莫干山路—保俶北路工程）环境评价公众调查表》，主要针对文一路居民对工程进行一个民意调查。公众可以在项目环评报告书报批前发表意见。

> "德胜路方案将在 6 月进行公示，居民可以通过以下途径反映意见：1. 建委信访热线。2. 传真给我。"
>
> （2010 年 5 月建委宣传处处长在媒体采访中称）
>
> "今明两天收到 200 多份建议，一定会得到重视，优化方案会报有关部门审查批复，根据程序，需要的话还会公示，最快半个月出台方案。"
>
> （2011 年方案在红楼公示期间杭州建设前期办公室发言人在媒体采访中称）

可以看出，尽管政府方面对于方案开展了相应的环评工作。但是为什么好多人表示仍不知道项目的情况甚至导致后来矛盾的产生呢？原因如下：

①公众参与整体环节缺乏互动使居民开始怀疑环评的公正性。而环评过程中意见交流和沟通渠道的单向传递状态，更导致居民对建设单位和环评单位产生不信任感，对立情绪严重。

②随着事态进一步发展，居民矛头开始指向政府，而政府采取的一些措施，诸如对天时苑居民实行抗议的一些看似不友好的强制性措施等，使居民确信政府想尽快绕过公众参与，这样使得二者的沟通显得更加困难。

以上几个事件环节使得事件冲突发展，事件表面看似平静实则暗涌波动。

在这方面一清新村做得还是比较好的，一清新村由于小区围墙与高架

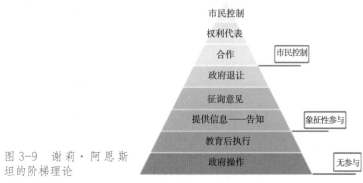

图 3-9　谢莉·阿恩斯坦的阶梯理论

红线范围冲突，因而需要拆除围墙，但是小区业主认为这是小区财产，不能被侵犯因而抗议要求经济补偿。但是政府方面不同意补偿，称不符合补偿条例。

> "拱墅区、米市社区派代表与一清新村业主开过好几次会议，抗议的业主集体参加，会议解释不补偿原因，因为高架建设并不影响小区，多次会议的结果最终拆了违章的围墙，政府出面重新给小区修围墙。"
>
> （一清新村保安的访谈）

在本案例中，一清新村之所以和谐解决了纠纷，是因为政府在公众出现反对时及时召开相关会议，解释补偿条例，和居民有一个良性的互动。而居民觉得会议的制度很好，觉得自我利益得到保障并且信息及时被反馈，从而积极地投身于支持这个工程的建设中来。

**小结**

居民与政府的这种参与互动方式定位更侧重于政府提供信息层次，主要是履行告知义务。结合知情环节，这种形式的公众参与，不但导致信息交流呈现单向流动，缺乏有效的反馈系统进行意见沟通，也难免给居民留下走过场和形式主义的印象。根据谢莉·阿恩斯坦在《市民参与的阶梯》（图 3-9）一文中提出的阶梯理论，这属于提供信息和意见征询的层次，是象征性参与。

（2）居民参与意愿调查（表 3-4）

### 3.2.4　冲突处理

对冲突及时有效地处理，可以避免冲突进一步发展和转变，减少冲突对项目实施的影响。冲突不是单纯地依靠一方的努力就可以解决的，它需要多方利益主体的共同努力。而在冲突处理中，信息的对称也起着关键性作用。

居民参与意愿调查表 表3-4

| 规划许可环节 | 规划实施环节 | 规划评估环节 | |
|---|---|---|---|
| 14% 30% 56%<br>■A.非常希望,这是关乎自身利益<br>■B.无所谓,那是政府的事情<br>图3-10 | 6% 2% 92%<br>■A 很有必要 ■B 无所谓 ■C 不需要<br>图3-12 | 48% 52%<br>■A 会 ■B 不会<br>图3-14 | 从问卷调查的数据得知,利益群体对于参与规划各个环节的渴望度很高,尤其是与他们自身接触最多、利益冲突最明显的规划实施环节。<br>另外,居民更能接受的规划交流方式是贴近生活的小区内公示,并且更多的是希望通过拨打市长热线来直接反馈意见,人数都是占了一半左右。可见目前的规划关注渠道还是相对比较单一,公众的参与度也随之偏低 |
| 在规划之前您希望在高架桥规划方案制定过程中参与吗 | 您觉得在项目规划过程中需要开听证会让居民参与进来吗 | 反应后,如果意见没被采纳或者问题没得到答复,你会去相应部门抗议吗 | |
| 20% 26% 8% 46%<br>■A.小区以及社区以上管理人员通知<br>■B.小区公示<br>■C.网络、广播电视、报刊杂志等媒体宣传<br>■D.规划人员介绍或者调研<br>图3-11 | 20% 26% 2% 52%<br>■A 去规划方案展示相应部门反映情况<br>■B 打12345市长热线<br>■C 去规划网站上反映<br>■D 找媒体<br>图3-13 | 24% 12% 64%<br>■A 很有必要 ■B 没什么必要 ■C 无所谓<br>图3-15 | |
| 在规划之前您最希望从哪些途径了解到规划的内容 | 规划公示之后,如果规划内容与您的利益和意愿相悖,那您希望通过以下什么方式表达意见 | 您觉得规划项目结束后,需要增设规划评估环节吗 | |

"我家在一楼,离桥面本身有1m落差,这样的话家里阳光噪声很大。城市化进程我们也同意,但应该考虑沿线居民,如果你补偿到位了,那么我们也无话可说,可是我们对于补偿提出异议,有关部门又三缄其口顾左右而言他。"

（天时苑一居民的访谈）

从以上访谈得知当信息与利益两方面都不能满足公众时,冲突容易发生。

而从图3-16中可以看出48%的人是同意建设高架的,但是会根据赔偿条件而定,而只有12%的人认为这不能影响私人利益,这说明更多人在乎的是自身利益受到损伤之后所能得到的补偿是否能够弥补这种损伤。

从图3-17中可以看出,在居民眼中,放在第一位的是补偿条件,接着是房价贬值,这都是居民的自身利益,而公众参与的知情权和参与权在他们看来都比较无所谓。

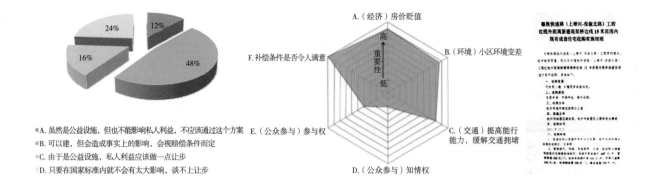

24%
12%
16%
48%
A. 虽然是公益设施，但也不能影响私人利益，不应该通过这个方案
B. 可以建，但会造成事实上的影响，会视赔偿条件而定
C. 由于是公益设施，私人利益应该做一点让步
D. 只要在国家标准内就不会有太大影响，谈不上让步

A.（经济）房价贬值
B.（环境）小区环境变差
C.（交通）提高能行能力，缓解交通拥堵
D.（公众参与）知情权
E.（公众参与）参与权
F. 补偿条件是否令人满意
高
重要性
低

德胜快速路（上塘河-保俶北路）工程
红线外距离新建高架桥边线15米范围内
现有成套住宅收购实施细则

图 3-16 假设你们小区前要建高架，您的房子恰好在规划红线内并有影响，您会支持吗？（左）

图 3-17 民众在意选项雷达图（中）

图 3-18 天时苑住宅收购细则（右）

## 小结

冲突的发生往往最关键源于邻避群体对补偿不满意

"我们十分支持政府改善交通的德胜西延工程，但是市政府未出台任何相关安置补偿措施，向市信访办信访也没有回应，相关媒体也不敢做相应报道。请政府将心比心为我们沿线居民的未来生活仔细斟酌，借助网络的力量，希望领导们能听到民众的呼声！"

（天涯论坛上有天时苑小区的楼主关于该事件的帖子）

相关政策措施高架工程施工，在一定时间内肯定会对沿线居民和单位带来影响，为此，我们采取了"三政策、两措施"。三政策即：对红线之内的住宅，按有关拆迁政策给予拆迁；在红线之外距新建高架边线15m之内的，按照住户自愿申请、市场评估、政府货币等价收购的原则进行处理，对不愿被收购的住户，给其住宅免费进行隔声窗改造；在红线之外距新建高架边线15m之外的……

（市建委关于回复网友在某论坛上询问政府回购的措施如何申请时的答复）

当居民的邻避意识越强，对经济性补偿方案的各方面要求也就会越高。上述案例分析中冲突事件的发生，很大部分源于补偿条件与居民心理预期的落差。公众希望能参与到补偿措施制定的过程中，希望通过听证会等方式了解并参与到自身利益相关的补偿条款的讨论与制定，而不是单纯地接受政府所安排的一切条款。

邻避意识是一种社会心理，而经济性补偿可以使经济性补偿和社会心理性补偿之间产生转化，从而共同解决问题。所以在冲突处理过程中，完善公众参与中的补偿机制也是更好解决冲突的一个途径。

| | 天时苑 | 白荡海人家小区 | 石灰桥小区 | 一清新村 |
|---|---|---|---|---|
| 参与层面 | 单向信息通知,公众信息覆盖层面小,信息知情度差 | 社区工作完善,传达项目信息,对公众解释并商讨补偿条件 | 公示到位,双向沟通好,参与层面较广 | 拱墅区米市巷社区多次开会同利益群体商讨冲突点,提出适当补偿条件 |
| 参与程度对比 | 白荡海人家小区>石灰桥社区>一清新村>天时苑 | | | |
| 直接利益相关群体补偿条件 | 同意搬迁的政府回购;不同意的则由政府安装隔声玻璃 | | 拆迁补助 | 政府出资重建围墙,无经济补偿 |
| 补偿条件优渥程度 | 石灰桥社区>一清新村>天时苑 | | | |
| 事件结果 | 1号和6号楼回购,部分居民留居不同意搬迁 | 拟回购,仍在洽谈协商中 | 所有业主同意高额拆迁补助 | 业主答应由政府出资重建小区围墙 |
| 事件结果和谐程度 | 石灰桥社区>白荡海人家小区>一清新村>天时苑 | | | |

### 3.2.5 冲突结果

    建设工程项目中冲突的结果也会间接或直接地影响冲突主体,并反馈而形成新的冲突前提条件,造成新一轮潜在的冲突。冲突的演化正是经历这样一个动态反复的过程,直至项目完全结束。根据我们的调查成果,对四个案例中的参与程度、补偿条件以及事件结果和谐度进行了判断排序,并得出表3-5。

    从以上的表格分析来看,公众参与和补偿的优劣程度共同影响着冲突事件最后的结果,这也给我们一个启示,只有不断完善公众参与,将公众参与落实到每个环节,包括到完善补偿机制,这对于解决邻避冲突事件有着重要的作用。

## 4   总结与建议

### 4.1   总结

    通过本文调研发现,公众参与的缺失主要体现于两大部分,一是公众参与中的知情环节和参与环节,主要发生于冲突产生和冲突发展过程中;二是补偿措施中公众的参与,补偿措施能否让公众满意直接关系到冲突处理和冲突结果,也会反馈整个冲突事件的进行。其关系如图4-1所示。在五个过程中做好群体交流可以更好地预防冲突发生以及更好地解决冲突。

图4-1 各冲突过程与公众参与关系图

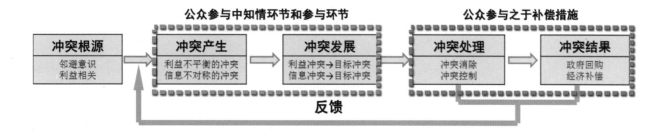

图 4-2  冲突过程群体
运营模式图

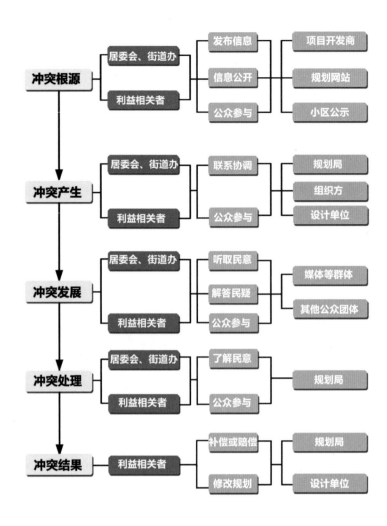

在邻避设施建设过程中，虽然规定了需要征求利害关系人的意见，但究竟如何征求利害关系人的意见及其如何处理，都没有明确的规定。制度的缺失使得居民只能"自力"摸索着寻求参与的途径。例如，当前实践中的参与途径主要有：向政府反映情况、向规划部门提出意见、寻求媒体介入以及其他建议、投诉、信访的方式，而这些方式由于缺乏制度的支撑，在实践中一般收效甚微，而且由于规范性的缺失，有时还可能导致表达的非理性化，容易造成冲突的发生。可见，公众参与丧失了其作为矛盾冲突化解渠道的重要作用。

## 4.2  建议

根据网站调查和事件调研，我们绘制出适用于冲突过程中的群体运营模式图（图 4-2）。该模式图详细描绘了每个公众主体以及公众主体的具体行为。

图 4-3　规划网站组织流程图

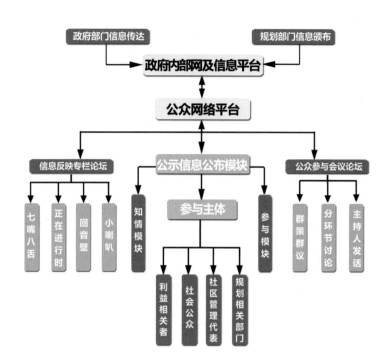

在邻避设施设置程序中，由于公众参与的重要性容易被忽略，导致公众无法以理性程序表达意见，最后就会跳出程序之外，以抗争这种运作方式来进行他们的诉求。

### 4.2.1　构建有效的信息公开和协作交流机制

对于邻避群体我们要保障有效的信息公开和交流，倾听其内心真实的呐喊声并保障其公众参与的权利。

（1）杭州市规划网站建设建议

首先，提高政府网站公众参与的比例。调查发现，这些政府的门户网站仅仅被看作是城市的精美的"宣传册"，政府网站中公众参与比例较低，虽然有专门的规划网站，但是上政府网站的多，上规划网站的则相应减少，而政府网站主要是以城市概况、政务公开、百姓市场、旅游天堂、交通运输等内容为主。所以，我们的初步设想可以将规划网站与政府网站有机融合，或者提高规划网站在政府网站中的标示地位。

其次，从杭州市信息技术管理系统中的城市规划公众参与情况来看，公众参与存在很大的不公平性。所以，网站要满足各阶层、各个群体、不同年龄、不同性别等各利益相关者的需求，尽可能使他们的参与机会均等。例如，通过设置人性化平台，调动民众参与的积极性。

最后，适时更新网站内容，同时保留一些长期工程项目的信息，以便于居民后续查询了解。

图 4-3 为根据初步构想所绘制的网站组织流程图。

（2）在知情环节和参与环节中公众参与的模式建构

根据上述调研分析归纳出在冲突产生和冲突发展时的公众参与的知情环

图4-4 公众参与组织结构关系模式图

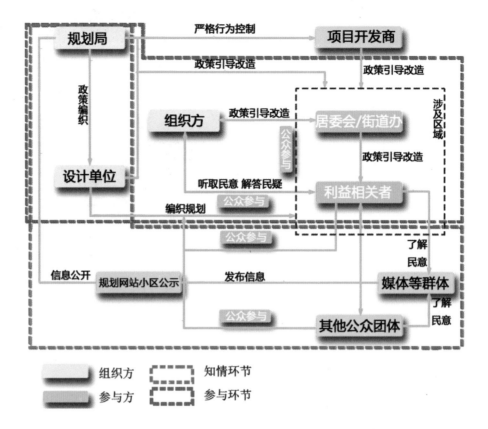

节，以及参与环节中各个群体的流程组织和相互关系（图4-4），提出公众参与过程中各主体之间的信息传递模式。

### 4.2.2 建立多元利益主体受损补偿激励机制

邻避冲突的本质是公共政策过程中的不同主体利益博弈问题，利益才是邻避冲突治理的核心。邻避冲突中的核心利益相关者主要包括政府、企业及设施周边社区和居民，根据在邻避冲突治理中的实际利益地位和利益关系的不同，建立多重利益补偿和回馈机制，对利益受损主体进行利益激励，同时使得公众参与渗透于该层面，是有效治理邻避冲突的必要条件。

## 参考文献

[1] 桑义明 . 城市规划的公众参与的两个层面——以深圳市龙岗区两个研究课题为例 [C]. 生态文明视角下的城乡规划——2008 中国城市规划年会论文集，大连：大连出版社，2008.

[2] 王鹏飞，王桢 . 城市规划管理实施过程中的矛盾与协调初探——以一起规划管理行政诉讼为例 [J]. 现代城市研究，2009，（8）：45-49.

[3] 殷辉礼 . 城市规划实施过程中的公众参与研究 [D]. 苏州科技学院，2007.

[4] 张向和 . 垃圾处理设施的邻避特征及其社会冲突的解决机制 [J]. 改革与发展，2010，（S2）：182-185.

[5] 朱立国 . 关于公众参与在公共政策过程中的途径思考 [J]. 邢台学院学报，2010，（2）：22-24.

[6] 丁杰 . 建设工程项目冲突管理机制的研究 [J]. 建设监理，2011，（9）：41-45.

[7] 郑卫 . 邻避设施规划之困境 ——上海磁悬浮事件的个案分析 [J]. 城市规划，2011，（2）：74-81.

[8] 郑卫 . 我国城市规划冲突管理机制的缺陷——以上海市春申高压线事件为例 [J]. 城市问题，2011，（1）：83-88.

# 失而复得的"粮票"
## ——杭州边缘区土地利用变迁中的社区留用地调研

学生：陈家琦　胡芝娣　曾成　朱力颖
指导老师：武前波　吴一洲

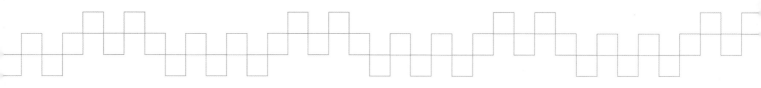

**摘要**

以杭州拱墅区祥符街道为例，基于街道 10 个社区的访谈调研数据，分析其土地利用、规划融合度和经济特征，深入剖析社区"农转居"的留用地开发情况。通过研究留用地的现状分布、发展潜力、存在问题以及开发机制等，探讨杭州留用地开发的不足和特点，提出留用地开发的相关建议。

**关键词**

留用地　土地利用　功能业态　布点选址　开发强度　开发机制

失而复得的"粮票"

杭州边缘区土地利用变迁中的社区留用地调研

# 目录

1 绪论 ......................................... 169
　1.1 调研背景与目的 .......................... 169
　　1.1.1 调研背景 ............................ 169
　　1.1.2 调研目的 ............................ 169
　1.2 概念界定和对象选取 ...................... 169
　　1.2.1 概念界定 ............................ 169
　　1.2.2 对象选取 ............................ 169
　1.3 调研方法和技术路线 ...................... 170
2 祥符街道土地利用与问题总结 ................... 171
　2.1 土地利用的演变格局 ...................... 171
　　2.1.1 土地开发演变特征 .................... 171
　　2.1.2 土地开发演变分析 .................... 172
　2.2 土地利用规划融合度 ...................... 172
　　2.2.1 地区规划导控效果分析 ................ 172
　　2.2.2 政府规划引导策略分析 ................ 172
　2.3 小结：问题特征 ......................... 173
3 祥符街道集体经济与留用地开发 ................. 174
　3.1 集体经济特征 ........................... 174
　　3.1.1 街道经济现状 ........................ 174
　　3.1.2 个体经济特征 ........................ 174
　3.2 留用地的现状分布 ........................ 175
　　3.2.1 开发流程 ............................ 175
　　3.2.2 现状分布 ............................ 175
　　3.2.3 开发进程 ............................ 176
　　3.2.4 小结：发展潜力评估 .................. 176
　3.3 留用地开发的运营机制 .................... 177
　　3.3.1 合作开发机制 ........................ 177
　　3.3.2 自主开发机制 ........................ 177
　　3.3.3 联合开发机制 ........................ 177
　3.4 留用地开发的问题剖析 .................... 178
　　3.4.1 功能业态 ............................ 178
　　3.4.2 布点选址问题 ........................ 178
　　3.4.3 开发强度问题 ........................ 179
4 建议 ........................................ 180
　4.1 社区建议 ............................... 180
　　4.1.1 成立独立部门，专业人员督导 .......... 180
　　4.1.2 社区加强合作，共促项目开发 .......... 181
　　4.1.3 迎合市场需求，降低投资风险 .......... 181
　4.2 规划部门建议 ........................... 181
　　4.2.1 规划工作者的专业性和前瞻性 .......... 181
　　4.2.2 主动引导，加强社区之间沟通 .......... 181
　4.3 政府部门建议 ........................... 181
　　4.3.1 规划布点和指标批拨双优先 ............ 181
　　4.3.2 融资投入和补偿奖励双扶持 ............ 181
　　4.3.3 用地指标和容积率双倾斜 .............. 181
参考文献 ...................................... 181

从左至右
图1-1 拆迁的社区农
居房
图1-2 孔家埭村的农
居房
图1-3 留用地项目待
建中
图1-4 花园岗社区仍
然闲置的留用地

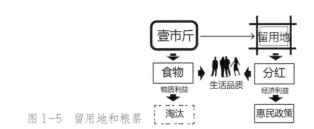

图1-5 留用地和粮票

# 1 绪论

## 1.1 调研背景与目的

### 1.1.1 调研背景

随着杭州城市的快速发展和土地的日趋紧张,城市边缘区的土地利用逐渐受到重视。但边缘区的用地结构、产业布局模式相对落后,土地开发迫切需要转型升级。祥符街道属于杭州城市边缘区,其留用地的合理开发是土地整体转型的重要部分。

留用地是杭州实行撤村建居和征地政策时对失地农民的补偿。但留用地存在布点分散、开发无序、效益较低等问题。如何合理开发、保证失地农民的实际利益,成为留用地开发的关键内容。

### 1.1.2 调研目的

通过对留用地的调研,分析其现状问题并梳理留用地开发过程,探究现状机制中存在的问题,针对性提出相关建议,确保留用地政策更好实施以及加速边缘区土地升级。

## 1.2 概念界定和对象选取

### 1.2.1 概念界定

留用地制度:

政府在征地过程中,按征地面积的一定比例补偿土地给被征地集体,用于集体组织发展二三产业,壮大集体经济、安置失地农民的制度。

### 1.2.2 对象选取

祥符街道位于杭城西北部的京杭大运河畔,距市中心6km,东依运河,南邻翠苑,西连三墩,北接勾庄,面积18.7km²。目前,祥符街道下辖13个撤村建居社区、15个股份经济合作社及6个城市社区,户籍人口约3.2万,总人口逾15万。

图 1-6 调研区域的区
位分析

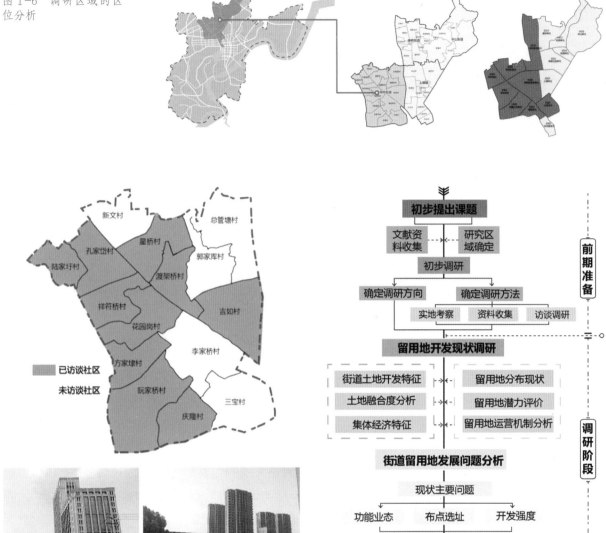

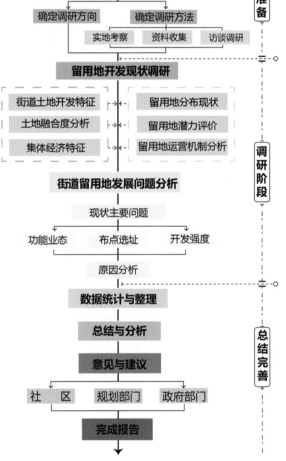

图 1-7 访谈的合作社
分布（左上）

图 1-8 部分留用地现
状（左下）

图 1-9 技术路线（右）

## 1.3 调研方法和技术路线

本次调研主要采用了实地调研、案例研究和访谈等方法，实地调查了祥符街道留用地现状以及典型项目案例，并访谈了 10 个合作社，获取大量一手数据。

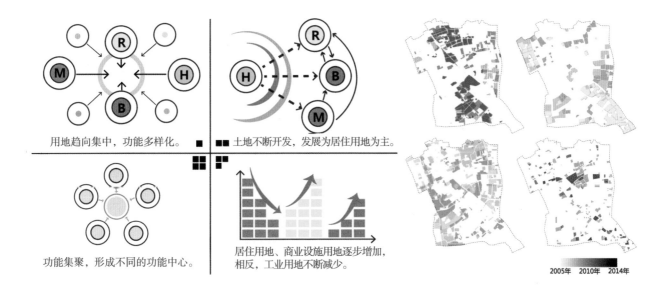

用地趋向集中，功能多样化。■ ■■ 土地不断开发，发展为居住用地为主。

功能集聚，形成不同的功能中心。

居住用地、商业设施用地逐步增加，相反，工业用地不断减少。

2005年　2010年　2014年

图 2-1　土地开发演变特征示意图（左）

图 2-2　历年各类用地演变情况（右）

## 2　祥符街道土地利用与问题总结

### 2.1　土地利用的演变格局

#### 2.1.1　土地开发演变特征

通过收集资料，绘制 2005 年、2010 年、2014 年祥符街道土地利用图，可以研究了解街道土地利用演变的情况（图 2-1、图 2-2、图 2-3）：

（1）用地趋向集中有序，功能多样化。2005 年，祥符街道用地零散，土地浪费严重，各类用地分散无序。随着城镇化推进，土地开发趋向用地集中、功能整合、土地类型完善的方向发展。

（2）由工业为主、居住次之转为居住为主、工商业并重的格局。2005 年之前，祥符街道土地主要为工业用地，居住、商业、市政设施等用地发展缓慢。至 2014 年，商业比重才显著增加，并开始集中化发展。从 2005 年至 2014 年，居住用地增长迅速，现占比重约为 46%。

（3）工业用地比重逐渐下降，在北部和南部形成两个中心。2010 年之前，工业用地减少较慢。2010 年至 2014 年，祥符街道工业用地大幅减少，工业产业比重下降显著。

（4）祥符街道土地开发不断加速。从 2005 年开始，祥符街道的农用地快速减少，由 43% 减少至 2014 年的 14%。

图 2-3　历年土地利用图（左）

图 2-4　各项用地比例演变（右）

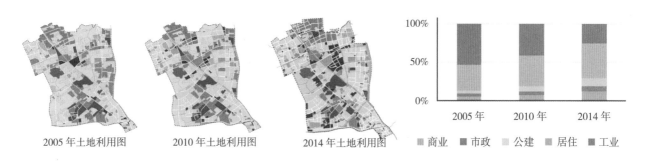

2005 年土地利用图　　2010 年土地利用图　　2014 年土地利用图

■ 商业　■ 市政　□ 公建　■ 居住　■ 工业

图 2-5　2005 年街道土地利用规划图（左）

图 2-6　2014 年街道土地利用现状图（右）

### 2.1.2　土地开发演变分析

（1）价值观由经济主导转向可持续发展。发展初期，污染性企业大量迁入，形成大片工业用地。随着土地集约发展和环境保护观念加强，工业用地集中并迁往边缘地带。

（2）居民需求层次提升，用地功能多样化。居民生活品质不断提升，对相应基础设施和商业办公等功能需求增加，用地功能逐渐丰富。

（3）人口增长带来居住用地和基础设施的需求。城市快速发展和人口大量增长使居住用地不断扩张，各类设施功能的需求也不断增加。

## 2.2　土地利用规划融合度

### 2.2.1　地区规划导控效果分析

规划实施总结：

通过比较分析 2-5 规划图与 2-6 现状图可知，2008 年控规的实施总体情况一般，约有 2/3 的街道面积符合规划发展。规划导控的主要问题是工业用地未按要求转变为居住用地，同时商业、文化用地等的土地更新也进展缓慢。

### 2.2.2　政府规划引导策略分析

比较分析 10 年现状图与 14 年规划图可知，原来的祥符街道工业与农居混杂，总体居住环境较差，商业氛围不够浓厚。政府引导细化用地类型，提升商业服务功能，打造宜居新城。

①控制工业发展。考虑环境因素，大量污染性企业被强制迁出街道，向居住用地转变。但仍然保留难以搬迁的祥符水厂、杭州民生药业等。

②产业升级。对科技含量较高的产业进行集中布置，引导北部产业园的建设，发展科学发展实验区、高端产业集聚区。

③扩大商业。考虑祥符街道商业的规划定位和发展目标，多布置规模较大、分布均匀的商业商务用地，打造城北新商圈和城市次中心。

| 规划单元 | 2008规划图—2014规划图 | 融合度分区 | 融合度变化特征 | 融合度评价 |
|---|---|---|---|---|
| 申花单元 | | | 单元西部规划新建居住用地并未开始建设，集中的公共设施用地及部分工业用地，也未完成向居住用地的转变 | ★★★☆ |
| 庆隆单元 | | | 有2/3规划中的工业并没有完成向居住用地和商业用地的转变，大部分维持工业现状 | ★★★☆ |
| 祥符单元 | | | 各类功能用地的更新尚未完成，其中教育用地的建设并未落实，原规划商业并未开始建设 | ★★★☆ |
| 桥西单元 | | | 规划中部分商业并未更新，小学等教育用地并未落实 | ★★★☆ |
| 祥符东单元 | | | 存在部分工业未按规划向商业转化 | ★★★★ |
| 湖墅单元 | | | 大型工业并未搬迁，向居住用地转型，其他基本一致 | ★★★★ |

④升级居住用地。持续升级发展居住和基础设施用地，使各功能地块有机融合，布置足够的市政用地、教育用地等，吸引居民入住，打造宜居生态新城区，缩小与主城的差距。

## 2.3 小结：问题特征

祥符街道所在区位是将来城市次中心，在城市扩张中土地进行了转型，具有一些城市边缘区的典型问题但也拥有很大的潜力。留用地在其中也受到诸多限制和影响。

大量的工业要向居住或商业转型，但整体居住环境和人文氛围这些条件还不足。

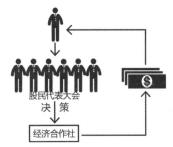

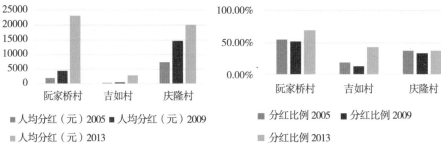

图 3-1 居民与经合社
的利益关系（左）

图 3-2 留用地社区人
均分红情况（中）

图 3-3 留用地社区分
红比例分布（右）

尽管政府已经引导了土地转型的方向，受各种现实因素牵制，很多工业依然未搬迁。

一味地增加居住和商务用地，存在过度开发得不到相应回报的风险。

城市公共空间和基础设施在城市化的进程中得不到有力的保障。

## 3 祥符街道集体经济与留用地开发

### 3.1 集体经济特征

#### 3.1.1 街道经济现状

祥符街道集体经济收入主要以土地租金收入和股份制收入为主，有以下两个特征：

①村集体建立股份经济合作社，将资产股份量化，采用股份制。决策由股民代表大会产生，股民的身份与股份的持有受"生不增，死不减"原则保护，并有继承机制。

②各个社区农村股份制改革的进度不一，街道南部已完成改革，其中最成功的有阮家桥。

（1）特殊的合作股份制收入：10% 留用地项目

留用地是集体经济中重要的一部分。被征地集体经济组织将留用地用于发展集体经济、安置失地农民，是重要的货币安置政策。项目资产由村级经济合作社统一租赁管理，获得资产租赁收益，确定分配比例，并按股进行年度分红。

（2）社区自主收益或按约定份额每年收取效益回报

在 2005 年到 2013 年之间，祥符街道的集体收入呈现总体递增的趋势，增长速度也在加快。在以商务办公和综合商业为主要业态的背景下，祥符街道以打造商业商圈中心大平台为目标开建了村级留用地项目，并已形成了浓厚的商业开发氛围。

#### 3.1.2 个体经济特征

根据获取的经济数据，以阮家桥村、吉如村和庆隆村为对象进行分析。

以 2005、2009、2013 年为例（如图 3-2、图 3-3 所示），社区居民的收入持续增长，"撤村建居"和"10% 留用地政策"改变居民收入结构。拆迁居民

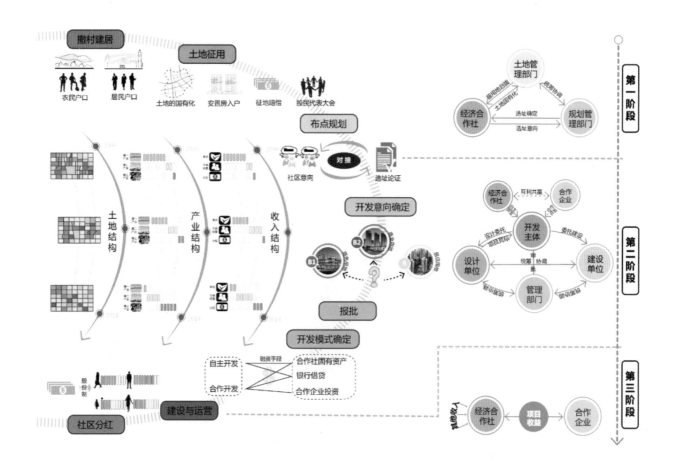

图 3-4　留用地开发流程

分配到多套住宅，并将闲置房屋出租获取收益，房屋出租成为居民新的收入来源。同时部分社区 10% 留用地项目投入运营，固定分红也成为居民收入的新增长点。

## 3.2　留用地的现状分布

### 3.2.1　开发流程

详细了解留用地开发流程及各环节的多边关系、利益分配等，对我们提出关于留用地开发甚至边缘区土地转型升级的建议具有指导意义。留用地开发的具体流程如图 3-4 所示。

### 3.2.2　现状分布

（1）留用地基数大

祥符街道辖区内共有 15 个村，各村都有留用地，一部分村留用地数量可达 2~4 块，整体基数大。街道的留用地总数约为 24 块。

（2）留用地分布广且散

街道下属各村或社区及居民出于观念和对土地权属认可的原因，希望保留村界内的土地作为留用地。这导致留用地分布散乱、资源分散浪费、规模效益无法发挥。

图 3-5　留用地开发进
程（右）

图 3-6　留用地分布情
况（下）

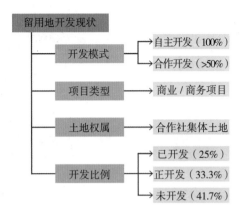

### 3.2.3　开发进程

留用地开发受多方面因素的共同影响，如：合作社的制度安排和集体决策能力；周边环境、设施建设水平；留用地项目的规划审批等。本文从开发模式、项目分类、土地权属、开发比例方面分析留用地的开发进程，主要内容如图 3-4 所示。

### 3.2.4　小结：发展潜力评估

为定量分析祥符街道各留用地的发展潜力，本文选择重要的客观影响因子，根据留用地的实际情况进行打分，其中"优"为 4 分、"良"为 3 分、"中"为 2 分、"差"为 1 分。其评估结果如图 3-8 所示。

评估分类见表 3-1。

留用地打分结果评价表　　　　　　　　　　　　　　表 3-1

| 留用地分类 | 评分 | 数量 | 概况 | 开发建议 |
| --- | --- | --- | --- | --- |
| 一类留用地 | 25~28 | 3 | 设施成熟、交通便捷、对留用地开发有带动作用 | 适合项目建设 |
| 二类留用地 | 20~24 | 14 | 周边发展不成熟但基础设施较好 | 改善建设环境 |
| 三类留用地 | 15~19 | 7 | 交通环境较差、周边建设不完善 | 暂缓项目建设 |

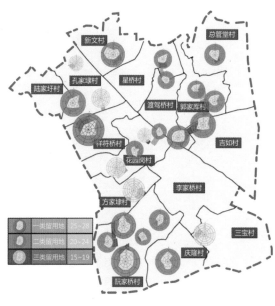

| | ①区位条件 | ④整体环境 | ⑦服务设施配套 |
|---|---|---|---|
| | ②留用地规模 | ⑤公共交通环境 | ⑧产业丰富度 |
| | ③商住混合度 | ⑥公交站点密度 | ⑨产业关联度 |

我们和陆家圩一起，地块大一点，方案很好，规划局也很满意。
——孔家埭社区书记

| | 一类留用地 | 25~28 |
|---|---|---|
| | 二类留用地 | 20~24 |
| | 三类留用地 | 15~19 |

图3-7　评估因子（左上）

图3-8　发展潜力评估图（右）

## 3.3　留用地开发的运营机制

### 3.3.1　合作开发机制

合作开发机制，即社区与大型企业合作开发，由社区与集团合作成立单独的管理机构进行管理。同时，社区主要负责居民的安置、用地的审批、指标的调整等部分，项目则主要由商家自主经营。村集体经济组织可以以土地或土地指标折价入股，并按约定份额获得收益。

访谈中发现，祥符桥的华润、阮家桥的银泰是成功的典例，社区较为满意。这种模式的优点在于能降低开发风险，在政府保障下与企业达成相对公平的合作，以较小的付出拿到较多且稳定的回报。缺点是，过于依赖合作方而变得被动且与项目联系不紧密，易遭突来的危机。比如庆隆大厦的开发因合作方问题而一直存在资金漏洞。

### 3.3.2　自主开发机制

自主开发机制相对不成熟，是招商困难的合作社选择的开发方式。访谈发现花园岗、郭家库、星桥等村合作社选择了自主开发，该机制由合作社成立运营机构，通过贷款、融资和使用集体资产等形式募集资金，推动留用地开发。

自主开发的优点为：合作社起主导作用，如项目定位、业态选择等，同时社区和项目联系加强，项目收益都回馈给居民，发挥留用地"粮票"作用。不过，合作社存在经验不足、市场定位不准确等问题，可能导致收益减少、风险加大。

### 3.3.3　联合开发机制

联合开发机制是资金有限、无法承担过多风险的合作社提出的开发机制，即多个合作社联合，将留用地集中，同时合作社按合同比例承担资金、分配收益。联合开发的典例较少，通过访谈发现，仅有陆家圩和孔家埭选择了该机制。

联合开发的优势在于：可以发挥留用地规模效益并降低项目的建设成本以及配套设施费用，同时也可减低项目风险。但合作社之间需要加强联系，明确分配比例等。

### 3.4 留用地开发的问题剖析

#### 3.4.1 功能业态

（1）现状问题

对祥符街道各合作社的留用地项目功能业态进行访谈和调查发现，留用地功能业态的选择主要有两种分类依据：

①空间分布上以石祥路为界，石祥路以南主要是商业综合业态，石祥路以北则以商务写字楼为主。

②时间分布上，开发时间早的项目主要是商业综合业态，开发时间晚的项目以写字楼为主。

功能业态的主要问题为：因为街道内的大型商业综合业态的辐射和业态重复的影响，商业综合业态的开发风险相对较高。

（2）原因分析

通过多次访谈和深入研究，留用地业态选择的原因总结为：

①发展政策的限制作用。留用地的土地产权和"退二进三"等政策，限制了商品房和工业业态的选择。

②区位环境的综合影响。街道东南区块相对北侧区块靠近城市中心区，其周边楼盘密度、人流量以及基础建设水平等条件较好，适合发展商业综合业态。而北侧区块开发时间较晚，大型商业业态的开发风险较大。

③合作企业的影响。石祥路以南的留用地项目较多选择合作开发模式，合作企业更多选择商业综合业态以实现利益最大化，如阮家桥的银泰和祥符桥的华润万家项目。北侧的留用地项目招商困难多为自主开发，其项目风险和股民的分红诉求使业态偏向商务写字楼。

④大型业态的相互作用。银泰城、北城天地和华润购物中心等留用地项目以及星桥村的万达广场（图3-11）都是大型商业项目，使合作社选择商业业态风险增加，影响留用地的合理开发。

#### 3.4.2 布点选址问题

（1）现状问题

现在地块较为分散，且指标达标难，落地难，开发有困难，存在南北差异。祥符街道留用地在分布上具有总体小而散、区域相对集中的特点。目前留用地大多停留在各区独立发展、摸索的状态，较少合作开发，缺乏交流和资源共享。

图 3-9 留用地业态分布（上左）

图 3-10 土地产权双轨制示意（下左）

图 3-11 业态辐射作用影响（上右）

图 3-12 业态辐射的距离变化（下右）

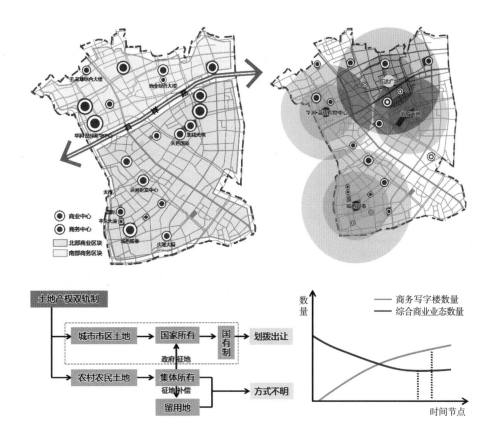

大部分留用地项目没有影响力和规模效应。

（2）原因分析

①经验匮乏。留用地的招商引资缺乏整体指导和整合包装，投资者对留用地的招商条件和合作方式并不了解，很难展开进一步的合作。

②资金匮乏。祥符街道的村集体经济基础有限，无法自主进行大规模的一次性开发。大项目若分期实施建设则容易对已建成项目产生不利影响。

③政策带来的复杂性。政策规定的留用地面积指标核发、转让、调剂和申请、审批等的过程复杂，往往不能一次性拿到大面积的留用地指标，这也抑制了大型留用地的形成。

④ 规划不科学。部分村集体在土地征用时没有进行村级留用地选址的优先规划布点，规划不合理导致后期指标难以集中落地。

### 3.4.3 开发强度问题

（1）现状问题

祥符街道留用地的开发强度等指标存在较多不合理，如：星桥村集体认为留用地容积率偏低，规定的建筑高度和容积率等指标与适宜开发的业态需求不符，导致留用地项目投入大收益小，增加开发风险和居民集体负担。花园岗村集体则希望适当降低容积率指标，但由于程序的复杂，无法较快投入建设，开发成本增加。图 3-14 为祥符街道留用地项目及周边商业办公项目的容积率

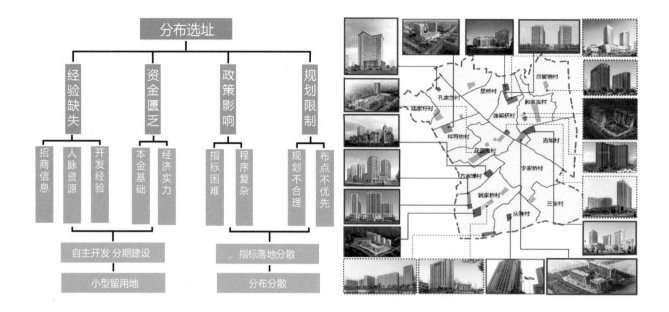

图 3-13 布点选址原因分析（左）

图 3-14 留用地开发强度分布（右）

分布图。

（2）原因分析

①留用地规划与实际不协调。留用地开发多为商业办公项目，规划确定的指标与该类项目的实际需求不符，两者不协调，项目的整体效益较差，如星桥村留用地的容积率以周边工业用地为参考，脱离实际。

②政府及政策支持力度不够。政府在留用地开发中所起的引导职能不足，留用地项目规划过程缓慢，手续复杂，开发效率较低。

③留用地项目的统筹管理尚不完备。各社区留用地项目的开发缺乏专业化人员或者职能部门，不能系统有效的解决问题，导致项目规划调整难度大，开发时间长，集体资源浪费严重。

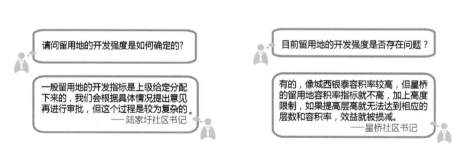

请问留用地的开发强度是如何确定的？

一般留用地的开发指标是上级给定分配下来的，我们会根据具体情况提出意见再进行审批，但这个过程是较为复杂的。
——陆家圩社区书记

目前留用地的开发强度是否存在问题？

有的，像城西银泰容积率较高，但星桥的留用地容积率指标就不高，加上高度限制，如果提高层高就无法达到相应的层数和容积率，效益就被损减。
——星桥社区书记

## 4 建议

### 4.1 社区建议

#### 4.1.1 成立独立部门，专业人员督导

社区人员对留用地报批等事宜了解程度有限、信息的不对称等造成不必要的问题，由专业人员负责留用地各事项能够较大提升工作效率，争取社区的最大利益。

### 4.1.2 社区加强合作，共促项目开发

留用地分散，招商资源难以共享，难以形成规模效应，造成项目品质、规模等方面受限制。社区之间通过合作能够共享资源，扬长避短，大大提升投资者的信心，并最终达到双赢的局面。

### 4.1.3 迎合市场需求，降低投资风险

在选择开发项目前，针对每一块留用地做好市场调研，提出最适合的项目定位和发展策略。避免投资成本与回报的不等值，真正实现对失地农民的经济补助。

## 4.2 规划部门建议

### 4.2.1 规划工作者的专业性和前瞻性

规划工作者应在对留用地进行充分调研之后，针对现状问题和区域资源，提出合理的解决方案，为社区把握正确的发展方向，提升区域整体实力。

### 4.2.2 主动引导，加强社区之间沟通

规划人员应定期走进社区了解留用地项目开发情况，并主动将社区存在的问题向上级部门反映，增强上下级之间的沟通与联系，缩短开发日程，早日实现地块经济价值。

## 4.3 政府部门建议

### 4.3.1 规划布点和指标批拨双优先

在征用土地时要对村级留用地的选址优先规划布点，同时，征地时要优先安排留用地指标，实现留用地和征地同一时间申请报批，保证村级留用地随征地的推进同时落实到位。

### 4.3.2 融资投入和补偿奖励双扶持

积极指导社区留用地进行融资工作，并帮助社区利用外资合作开发留用地，建立留用地项目建设成效激励机制，保障村级留用地及时有效开发建设。

### 4.3.3 用地指标和容积率双倾斜

留用地作为失地农民的最后保障，政府应对留用地的用地指标额度进行适当增加，对容积率指标的规划审批也应尽量向上限倾斜。

**参考文献**

[1] 高二平. 被征地农民留用地开发模式及收益分配研究 [D]. 西北农林科技大学，2012.

[2] 李广梅. 城市边缘区土地利用管理机制研究 [D]. 安徽农业大学，2007.

[3] 杜茂华，汤鹏主. 农村征地留用地模式分析及政策建议 [J]. 西南农业大学学报，2012，（1）：01-05.

[4] 黄亚云，金晓斌，魏西云，陈大丽，李学瑞. 征地留用地安置模式适用范围的定量评价与实证研究 [J]. 城市发展研究，2009，（3）：68-72.

[5] 何红霞. 留用地制度的地方实践及其改进 _ 以杭州市为例 [J]. 南京工业大学学报，2011，（3）：27-31.

# 谷城，孤城？
## ——杭州小和山高教园区居民日常出行特征调查

学生：郑晓虹　丁凤仪　高天野　周玲玲

指导老师：武前波　吴一洲

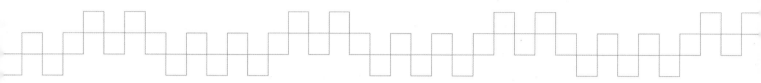

**摘要**

小和山高教园区是一个地理位置独特、产业发展薄弱、居住组团分区明显的城市郊区大型居住组团。本文对该园区交通状况进行了基本调研，并且统计了园区居民出行活动的时间分布、距离分布、出行习惯以及居民的基本属性。通过划分5种类型人群，以出行网络来解释园区交通现状，并且运用线性回归分析检验其相关性。结果发现：园区居民的出行行为与其身份属性明显相关，并对人群的出行行为机制进行了解释。

**关键词**

出行行为　交通出行　高教园区　杭州

杭州小和山高教园区居民日常出行特征调查

In this paper, we have carried out the basic research on the traffic situation of the park, and the time distribution, the distance distribution, the travel habits and the basic attributes of the residents of the park.

2015.6

# 目录

1 小和山高教园区现状...................................185

　1.1 园区概况............................................185

　1.2 地理位置............................................185

　1.3 人群聚集点分布....................................185

2 小和山高教园区交通现状..........................186

　2.1 小和山高教园区居民出行基本特征..........186

　　2.1.1 出行次数与出行目的.........................186

　　2.1.2 出行方式........................................187

　　2.1.3 出行距离与出行时耗.........................187

　　2.1.4 出行时间与回家时间.........................188

　2.2 相互关系特征......................................188

　　2.2.1 出行距离与出行方式的相互关系.........188

　　2.2.2 出行时耗与出行方式的相互关系.........189

　　2.2.3 出行时间与出行方式的联系...............189

　2.3 交通现状特征总结................................190

　　2.3.1 活动距离呈双峰形............................190

　　2.3.2 刚性需求出行活动有明显峰值............190

　　2.3.3 出行效率低下.................................190

　　2.3.4 出行成本高....................................190

3 居民出行网络..........................................191

　3.1 居民出行空间分布................................191

　3.2 居民人群属性与出行空间分布关系..........191

　　3.2.1 个体属性汇总.................................191

　　3.2.2 出行人群分类及其出行网络..............191

　3.3 出行网络对交通现状的结果解释..............194

4 总结及策略.............................................196

参考文献..................................................197

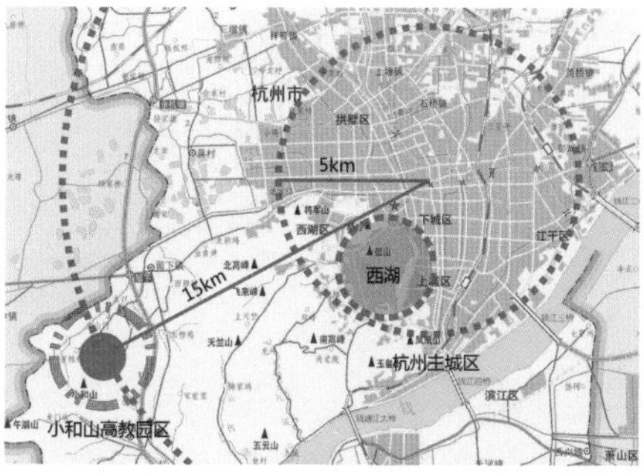

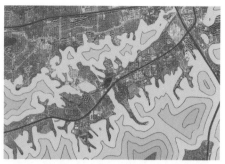

图 1-1　区位图（左）

图 1-2　地貌图（右）

图 1-3　用地布局图
（左）

图 1-4　人群聚集点分
布图（右）

# 1　小和山高教园区现状

## 1.1　园区概况

小和山高教园区位于杭州市西湖区留下镇，是杭州大型郊区居住组团，总占地 7200 亩，总人口约 10 万人。园区内除大学与科研院所以外，还包括大量居民住宅，其中居民住宅以商品房和农民自建房为主。园区原以生产茶为主要产业，现产业基础薄弱，无主要非农产业。

## 1.2　地理位置

园区位于杭州市西部城市近郊地带，距市中心约 15km，地理位置偏僻（图1-1）。园区地处东西向分布的平坦狭长谷地（图1-2），北临小和山森林公园，南靠午潮山森林公园，仅有一条留和路进出园区。留和路全长约 8km，双向四车道，东接主城区，西通郊区县市，是园区的交通动脉。

地形的狭长使园区的用地受到限制，各类用地沿道路两侧呈带状分布。园区用地以教育科研用地为主，穿插医疗用地、居住用地、商业用地、市政设施用地等( 图1-3 )。基本明确了小和山园高教园区以教育科研为主的发展方向。

## 1.3　人群聚集点分布

园区内人群聚集点可分为三类，包括商品房与经济适用房区域、自建房区域、学校（图1-4）。其中商品房与经济适用房主要分布在浙江科技大

图 2-1　出行目的百分
比分布图

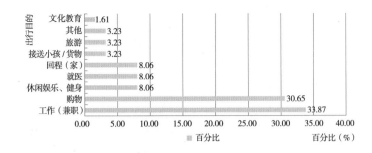

学西侧，居住者为外来务工人员和园区教师；自建房属于传统农居点，在
园区中呈散点分布，当地原住民将其租给外来务工人员、周边大学生来增
加收入；学校包括本科院校组团与专科院校组团，以学生群体、教职工群
体为主。

## 2　小和山高教园区交通现状

### 2.1　小和山高教园区居民出行基本特征

为了探究小和山交通根本内因，本文对居民出行进行了深度调研。本次
调研共发放 223 份有效问卷,涵盖小和山各社区类型,以下数据皆以此为根据。

#### 2.1.1　出行次数与出行目的

（1）出行次数

人均出行次数 2.13（次 / 日），与主城区 2.29（次 / 日）接近。前往市区
的周出行频率为 1.74 次（加权平均），远低于杭州市平均值，出行频率受小和
山地理位置与交通限制（表 2-1）。

| 周出行频率分布表 | | | 表 2-1 |
|---|---|---|---|
| 周出行频率（前往市区） | | | |
| 出行次数 | 0-1 次 | 2-3 次 | 4-5 次 | 6 次以上 |
| 小和山 | 60% | 24% | 8% | 8% |

（2）出行目的

出行目的中工作百分比（33.87%），其次购物百分比（30.65%），远超其
他出行目的。小和山地区的购物和工作并没有被地理位置完全限制。购物可通
过园区出口的大型商业设施（如西溪印象城）得到满足，从而减少前往市区的
频率（图 2-1）。

图 2-2 交通方式现状图

图 2-3 出行距离百分比分布图（左）

图 2-4 出行时耗百分比分布图（右）

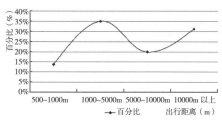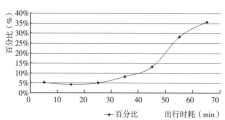

### 2.1.2 出行方式

公交车、校车、私家车、出租车是主要出行方式，公交车所占比例远超其他方式。受自行车、步行的本身特质影响，两者百分比低于其余出行方式（图 2-2）。

出行方式中，公交车、校车、私家车占据主要比重。杭州交通服务水平较高，园区中设有公交末端枢纽站，大量的学生以及外来人群更倾向于公交出行。而自行车和步行受体力影响较大，且小和山园区地形狭长、设施分布零散，并不适宜作为出行交通工具（表 2-2）。

出行方式百分比分布图 表 2-2

| 小和山高教园区出行方式百分比构成 | | | | | | | | |
|---|---|---|---|---|---|---|---|---|
| 公交车 | 校车 | 私家车 | 出租车 | 自行车 | 黑车 | 电瓶车 | 步行 | 其他 | 地铁 |
| 32.42% | 15.91% | 14.73% | 11.20% | 8.45% | 5.11% | 4.32% | 3.93% | 2.95% | 0.98% |

### 2.1.3 出行距离与出行时耗

（1）出行距离

出行距离以 1000~5000m、10000m 以上为主，主要活动在 1000~5000m（小和山范围）内，出行较封闭（图 2-3），以 1000~5000m 涵盖人数最多。通常人们希望在近处活动，因此出行距离呈现"近多远少"的格局。但是小和山松散的用地布局、贫乏的设施分布导致出行距离长。

（2）出行时耗

出行时耗普遍超过 50min（图 2-4），由于小和山距离主城区较远，且交通、设施呈带状分布。出行时耗既反映了距离因素，又表示了出行交通工具速度因素（图 2-5），城市规模的扩大必须伴随着更快速度交通工具的出现，才能控制出行时耗在可接受的范围之内。园区发展迅速，近年来人口有持续扩张的趋

图 2-5　工作日、周末出行时间百分比分布图

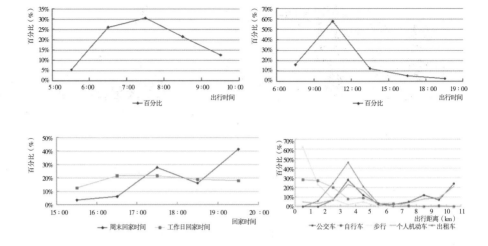

图 2-6　工作日、周末回家时间百分比分布图（左）

图 2-7　各种出行方式出行距离百分比分布图（右）

势，但交通工具速度不升反降，出行时耗过长的问题逐渐凸显。

### 2.1.4　出行时间与回家时间

（1）出行时间

工作日出行主要集中在 6：00~8：00，周末出行时间延迟至 9：00~12：00（图 2-5）。

（2）回家时间

日回家时间分布较为稳定，所占比重稳定在 20% 附近，周末回家时间分布有明显峰值，主要集中在 17：00~18：00，和第二个高峰期 19：00 后（图 2-6）。

由上可得居民出行时辰分布有以下规律：①早高峰比晚高峰时间集中，出行频率高。②晚高峰的时间持续时间长，无明显峰值。

园区早高峰现象明显，主要出行人群包括上班、上学的人群，晚高峰期间由于园区距离城区过远，人们下班以后并不赶时间，回家路上会在城区进行购物、娱乐等活动。而在小和山还存在大量的教职工群体，没有固定的下班时间，因此在园区中没有明显晚高峰现象。

## 2.2　相互关系特征

### 2.2.1　出行距离与出行方式的相互关系

出行距离小于 2km 时，以步行和自行车为主。随着出行距离增加，所占百分比急剧下降。公交车、个人机动车与出租车使用频率随距离的改变呈明显峰值，3~4km 范围内达到顶峰。出行距离超过 5km 后，自行车、步行、出租车的使用受人力的限制，逐渐趋近 0%；公交车与个人机动车则呈增长趋势（图 2-7）。

图 2-8 各种出行方式
出行时耗百分比分布图
（下）

图 2-9 工作日不同出
行时间选择各出行方式
人数图（上左）

图 2-10 工作日不同回
家时间选择各出行方式
人数图（上右）

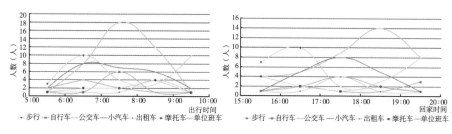

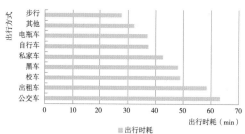

出行距离是影响出行交通方式选择的重要因素。随着距离的增加，人们会更倾向于选择公交车、私家车，而在近处的出行则以方便省力的步行、自行车为主。

### 2.2.2 出行时耗与出行方式的相互关系

非机动化出行方式（步行、自行车、电瓶车）主要集中在 40min 内，40min 后，受其本身特性限制，比例大幅度降低。机动车出行（公交车、出租车、校车、私家车、黑车）主要在 40min 以上。私家车时耗最少，其次校车，出租车与公交车出行时耗最长，公交车甚至达到 60min 以上。

出行方式的出行时耗可以反映交通工具的出行效率。公交车适用于远距离出行但是其出行时耗过久，出行效率明显低于其余出行方式；私家车在远距离出行上出行效率高；自行车、摩托车适用于 5km 以下出行。

### 2.2.3 出行时间与出行方式的联系

出行时间与出行方式的特点表现为以下四点：

（1）工作日 7 点前出行方式多样，7~9 点公交车远超其他出行方式，9 点后步行人数逐渐增加（图 2-9）。

（2）周末出行主要集中在 9 点后。7 点前以自行车为主；7~8 点大部分采用公交车、小汽车；9 点后所有出行方式的比率大幅度增加，公交车与自行车数量最多（见图 2-11）。

（3）工作日 17 点前主要采用步行，17~18 点为晚高峰，18 点后以公交车为主（见图 2-10）。

（4）周末回家时间峰值主要集中在 17~18 点与 19 点之后，公交车与小汽车承担主要比重。相较于工作日，峰值时间有所延迟（图 2-12）。

从出行时间与出行方式的比较来看，可得出以下结论：

图 2-11 周末不同出行时间选择各出行方式人数图（左）

图 2-12 周末不同回家时间选择各出行方式人数图（右）

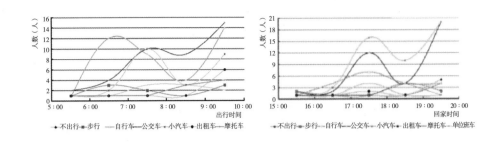

1）公交车与小汽车在通行时间分布中有明显的峰值，特有时间段刚性需求呈现明显峰值。

2）工作日时间段峰值较节假日更为明显。节假日人群出行并无紧迫感，工作日出行拥堵现象严重。

3）除公交车、小汽车刚性需求交通工具以外，其余弹性交通工具没有明显峰值。

## 2.3 交通现状特征总结

### 2.3.1 活动距离呈双峰形

个体活动距离主要集中在 4km 处与 10km 以上。小和山与主城区"隔离"，距园区 4km 处分布西溪印象城、留下集市，是园区居民购物娱乐的重要场所，主城区距离园区 10km 以外，是居民工作的主要场所。

### 2.3.2 刚性需求出行活动有明显峰值

刚性需求出行活动包括上班和上学，通常使用交通工具包括公交车和私家车，该类型活动与该类型交通工具在出行时间分布上有明显的峰值，小和山高教园区在特定时间段出现拥堵现象。

### 2.3.3 出行效率低下

园区居民远距离出行时耗过长，其出行效率低下，导致园区居民不愿意前往主城区进行活动。出行效率低下既有出行交通工具出行效率不高的原因，也与用地布局相关联。

### 2.3.4 出行成本高

出行成本包括时间成本、经济成本、体力成本。园区居民远距离出行均需耗费大量的时间成本。其中，公共交通出行体力成本消耗过大，私家车出行消耗经济成本。居民有远距离出行的需求，但出行成本过高导致其远距离出行的频率减少。

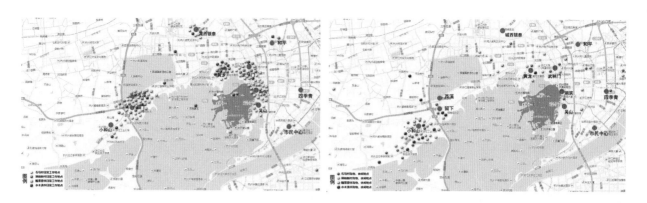

图3-1 居民出行活动
分布图（左）

图3-2 居民工作分布
图（右）

## 3 居民出行网络

### 3.1 居民出行空间分布

小和山高教园区居民出行活动主要包括：工作、购物、休闲旅游。居民的工作地点主要分布在小和山、黄龙、湖滨、武林商圈以及城西区域（图3-1）。节假日出游地点主要分布在小和山区域和湖滨区域，其余区域呈散点分布（图3-2）。除了小和山附近能够满足日常生活需求外，购物地点主要以西溪印象商场、留下集市为主。

居民出行空间分布有以下特点：

（1）封闭性。部分居民活动空间局限在小和山范围内，节假日也较少出游。

（2）依托性。工作主要依托于城区。大部分工作者需要进行远距离通勤。

（3）单一性。购物和娱乐场所较少，休闲娱乐方式较为单一，并没有享受到主城大型公共设施的辐射，如游乐园、博物馆等。

### 3.2 居民人群属性与出行空间分布关系

#### 3.2.1 个体属性汇总

社区根据个人属性可分为四类：高收入人群社区、高学历人群社区、中等收入人群社区以及原住民及租户人群社区，职业包括自由职业、私营业主、教师及医生、公司职员、公务员、学生、退休及其他共九类，社区内职业分布整理见表3-1。

按照个体职业分类研究居民属性与出行空间分布关系时，无明显关系。因此将人群属性重新分类（表3-2）。

#### 3.2.2 出行人群分类及其出行网络

基于采集因子分析，重新将人群分类。将人群分为以下五类，见表3-2。

根据以上分类，可解释小和山高教园区的封闭性，其封闭性与人群属性

各社区职业分布　　　　　　　　　　　　　　　　　　　　　表 3-1

| 中能浪漫和山 | 自由职业，私营业主 |
|---|---|
| 九月森林别墅 | 自由职业，私营业主 |
| 云山秀水 | 自由职业，私营业主 |
| 水木清华 | 教师，医生，退休 |
| 绿野春天家园 | 教师，医生，退休 |
| 屏风新村 | 教师，医生，退休 |
| 柏林漫谷 | 教师，医生，退休 |
| 海陆 UN 公社 | 教师，医生，退休 |
| 小和山林野山居 | 公司职员，公务员 |
| 翰墨香林苑 | 公司职员，公务员 |
| 小和山新苑 | 学生，外来租户，家庭 |
| 屏峰新村 | 学生，外来租户，家庭 |
| 小和山新苑 | 学生，外来租户，家庭 |
| 石马村 | 学生，外来租户，家庭 |
| 顶家畈村 | 学生，外来租户，家庭 |
| 里山桥村 | 学生，外来租户，家庭 |

出行人群分类　　　　　　　　　　　　　　　　　　　　　表 3-2

| | | |
|---|---|---|
| | A 类：以家庭为中心的人。多为妇女，从事家务劳动为主；或工作地点在小和山，多为当地私营业主以及务工人员 | 该类人群活动范围狭小，通过步行、自行车即可到达目的地，主要的活动路径为小和山至留下购物的路径 |
| | B 类：自由活动者，以退休老人为主 | 该类人群活动范围有两个层次。第一层次的老人为失能老人或是经济能力较薄弱的老人。该类老人活动范围小，局限在小和山范围内。第二层次老人为有活动能力以及经济条件较好的老人，该类老人有较多机会出行，活动范围较大 |
| | C 类：城市穿行者，以公司职员为主 | 该类人群需要通过多次换乘到达目的地。活动距离较长、活动范围较大，且只有一条明显的轨迹，即公司至家。该类人群购物及多种活动大部分在城区内完成 |
| | D 类：普通出行者 | 该类人群需要一种交通工具进行出行。人群通过公交车或其他交通工具进入主城区，在主城区进行工作等活动 |
| | E 类：高收入者或高学历者 | 该类人群将小汽车作为主要的交通工具并且较少使用其他的交通工具。通勤距离较远，并且没有明显的边界，小汽车远远扩大其活动范围 |

有着较大的关联。人群活动范围限制状况可概括为三类：

ⅰ活动受到极大限制的人群：从事家务劳动的人群（以妇女为主）、失能老人、经济条件受到限制的老人。该类人群在小和山生活居住，极少出行，通过留下市场即能满足其日常需求。

ⅱ活动受到限制的人群：城市穿行者。该类人群通过多次换乘到达目的地。需要体力消耗以及时间消耗。该类人群活动受到限制，不能因为体力及时间消耗不换算成本。

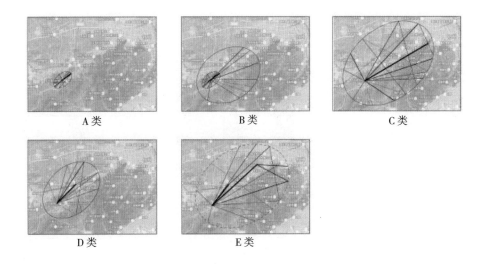

图 3-3　人群出行现状图

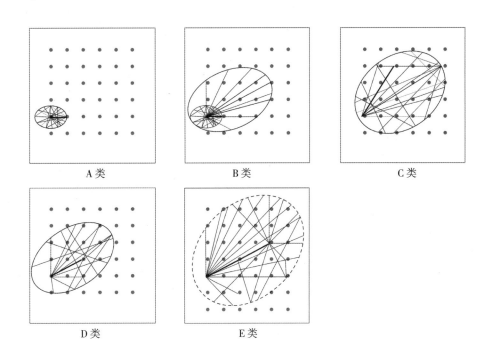

图 3-4　人群出行现状图

　　iii 活动未受到限制的人群：高收入者或高学历者以及普通通行者。高收入者或高学历者有经济收入能力或是时间支配权，活动范围最大，没有受到限制。普通通行者基于目前的交通设施运营情况已能够满足其基本通行，活动未受到限制。

　　各类人群出行网络可概括为图 3-3、图 3-4。

　　图中表示居民典型个体出行网络。边界代表活动范围，其活动范围有明显差异，E 类人群活动边界呈虚线，该类人群活动范围无明显界定；直线表示活动频率，E 类人群活动频率较高，B 类人群较低；但所有类型人群出行网络均有一条明显粗线，代表其两点之间活动频率明显高于其他地点。

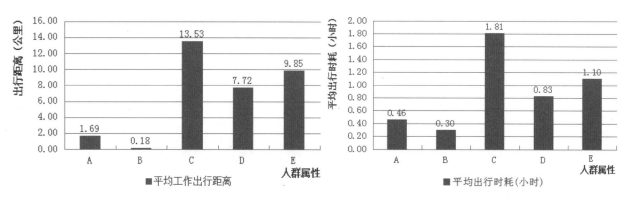

图 3-5 各类人群平均
工作出行距离图（左）

图 3-6 各类人群平均工
作出行时耗图（右）

### 3.3 出行网络对交通现状的结果解释

将变量纳入模型，对居民分类及各要素进行线性回归（表 3-3）。

元素相关性 表 3-3

| 模型 | | 非标准化系数 | | 标准系数 | t | Sig. |
| --- | --- | --- | --- | --- | --- | --- |
| | | B | 标准误差 | 试用版 | | |
| 1 | （常量） | 510 | .583 | | .875 | .384 |
| | 通勤距离 | .145 | .082 | .221 | 1.771 | .080 |
| | 休闲目的地 | −.055 | .022 | −.224 | −2.500 | .014 |
| | 上班时间 | 389 | .144 | .305 | 2.696 | .008 |
| | 通勤交通工具 | 273 | .106 | .284 | 2.564 | .012 |
| | 节假日交通工具 | .020 | .117 | .018 | .171 | .865 |
| | 工作日出门时间 | .113 | .110 | .093 | 1.027 | .307 |
| | 工作日回家时间 | −.099 | .088 | −.098 | −1.126 | .263 |
| | 节假日出门时间 | .018 | .150 | .011 | .120 | .905 |
| | 节假日回家时间 | .077 | .105 | .065 | .726 | .470 |

a. 因变量：分类

（1）人群属性与其通勤距离（图 3-5）以及通勤时耗（图 3-6）明显相关。如表所示，C 类人群——城市穿行者的平均通勤距离以及平均通勤时耗明显高于其他人群。低效的大众交通工具以及远距离的城市穿行导致该类人群出行效率低下、所耗费时间成本较高。

（2）人群属性与工作日通勤交通工具明显相关（图 3-7），与节假日出行交通工具无相关性（图 3-8）。C 类人群以及 D 类人群皆以公交车为主要交通工具，E 类人群——高收入者以及高学历者主要以小汽车为主要交通工具。

（3）人群属性与出门 / 回家时间相关性较弱，在出行时间分布上无明显相关性。但在 C 类人群中，发现其出行时间明显早于其他人群。作为城市穿行者

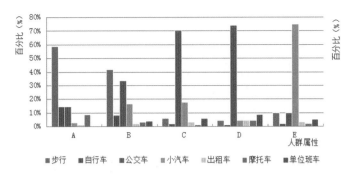

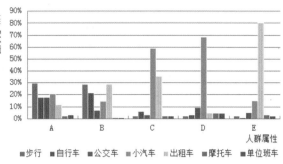

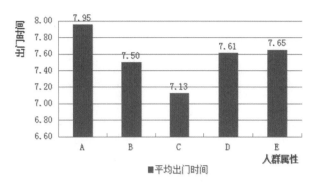

图 3-7　各类人群工作日出行方式百分比分布图（上左）

图 3-8　各类人群周末出行方式百分比分布图（上右）

图 3-9　各类人群平均出门时间分布图（下）

却缺少私人的交通工具，只能依托城市公共交通出行，耗费时间长，出门时间远早于其他人群。同时，A 类人群——以家庭为中心类人群出门时间最晚，该类人群无工作或工作地点在小和山附近，由于距离较近，在出行耗费时间较少。

（4）通过访谈可得，A 类人群以及 B 类老人人群出行次数最少，生活较封闭枯燥；其他人群无明显差异。

即人群出行属性各异，出行方式有明显差异。尤其是通勤距离、通勤时耗与人群属性有明显的相关性。工作性质决定其通勤主要交通工具，人群属性出门时间有一定关系。

通过以上数据，可发现高教园区人群工作主要在园区外，出行成本较高。通勤交通工具主要为公交车与小汽车，节假日通勤交通工具多样，出门时间较早，这五类人群具体有以下特征：

1）以家庭为中心的人群出行范围被限制，他们大多较少出行。其原因一是高教园区内部活力较高，酒店、娱乐、餐饮等业态丰富，居民可以通过低廉的价格获取，能够满足的日常基本需求，二是园区属于杭州近郊区，交通不便利，居民更倾向于在内部解决。

2）老人的活动范围既取决于自身的健康程度，也取决于家庭的富裕程度。家庭较为富裕的老人依托家庭条件可经常出游满足其休闲的需求；

3）城市穿行者以及普通出行者需要通过公共交通出行，前者的出行时间以及出行距离大于后者，是所有人群中出门时间最早，并且是出行舒适度最低的人群。他们通过远距离出行在城市中获取工作以及较高的收入。

4）高收入以及高学历者平均出行距离较大以及出行时间较长，他们通过小汽车出行，出行距离较远。一是有部分小和山高教园老师的配偶在其他高教园区任职，他们出行需要跨越整个杭州城区通勤；二是高收入从商人员在城区中从事各类活动，通行距离超过 20km。

由上可得高教园人群属性与其交通行为明显相关。

## 4 总结及策略

在本文中，试图建立一个机制解释小和山高教园区的交通出行现象。文章首先阐述了高教园区的地理位置、居住组团现状、经济发展条件，发现其独一无二的出行环境；其次，通过调研高教园区交通基本面确定其交通出行现状存在的问题；最后以居民出行网络为分析方法，解释小和山高教园独特的出行行为，并通过回归分析进行验证。本文研究发现园区中五类人群包括以家庭为中心的人、自由活动者、城市穿行者、普通出行者和高收入者或高学历者，其交通出行方式各异。

（1）地理位置限制人群出行状况。园区人群通行距离大、通行时耗较长。出行相对困难，造成部分人群的生活空间被局限在园区之中。通勤人群通行时耗基本大于 1h，出门时间早。

（2）用地属性所引起的潮汐现象。工作日有明显的出行高峰，公交车出行拥挤现象严重，私家车出行有明显的拥堵现象；节假日出行无明显峰值，西溪留下是园区居民主要的活动场所。

（3）园区中人群属性与出行行为息息相关。园区中高学历人群比重极大，可支配时间满足交通需求；高收入者通过小汽车满足出行需求；城市穿行者交通出行被限制最大，出行成本最高。

针对小和山高教园区交通问题，可以考虑从以下方面着手：

（1）大力发展公共交通，提高交通效率

大量的学生群体以及园区中等收入无车群体，需要城市公共交通解决其交通出行困难问题。可考虑引入地铁交通，园区中大量人群可承受地铁交通成本；改善公交线路，减少乘客的换乘次数。

（2）转换公共交通体制，提高交通舒适度

公交车拥挤是目前小和山交通最明显的问题，可通过提高公交车部分班次价格，满足部分需求人群的舒适度；或通过政府补贴增加公交车班次，可明显提高交通舒适程度。

（3）产业规划相结合

园区中文化传播氛围极高，智力效益溢出，可结合创意产业城，发展大学生以及居民的智力效益。产住结合，可为当地居民提供工作岗位，减少通勤距离。

## 参考文献

[1]　申悦，柴彦威 . 基于 GPS 数据的北京市郊区巨型社区居民日常活动空间 [J]. 地理学报，2013，（4）：506-516.

[2]　闫小勇 . 人类个体出行行为的统计实证 [J]. 电子科技大学学报，2011，40（2）：168-173.

[3]　林宏志 . 基于活动的郊区交通需求建模体系 [D]. 中国科学技术大学，2009.

[4]　肖作鹏，柴彦威 . 从个人出行规划到个人行为规划 [J]. 规划师，2012，28（1）：5-11.

# 第三篇　城市群体

阅读导言

　　城市群体是近年来社会学、城乡规划学等学科领域开展社会调查的重要对象，并以弱势群体为主，如老年人、少年儿童、女性、外来流动人口、低收入工作者等，他们在城市日常生活中都有着自身的独特空间需求，如休憩空间、安全路径、公共设施等，并由此构成了一个相对丰富的多元化城市空间。

　　浙江工业大学城乡规划专业就流动摊贩、外来务工人员、环卫工人、社区流动人口、老年人、儿童等城市群体开展过深入的调查研究，注重其日常活动、行为规律及设施需求的探索分析，取得了较为有意义的结论与观点。本篇章选取了部分全国获奖作品，意在揭示出当前杭州城区内特定社会群体的日常生活需求与矛盾问题，并提出相应的优化策略与建议。

**幼吾幼以及人之幼——杭州外来务工人员子女幼儿园就读情况调研**

（佳作奖，2010 年）

（学生：周狄卿，张蓉蓉，徐思艺，徐樑；指导老师：陈前虎，武前波，孟海宁，徐鑫）


**"绿绿"有为，老有所依——杭州市老龄化社区绿地公园使用情况调研**

（佳作奖，2011 年）

（学生：范琪，叶恺妮，叶成，周子懿；指导老师：武前波，陈前虎，黄初冬，张善峰）


**一路上有你——杭州市环卫工人工作环境与设施布局调研**

（佳作奖，2011 年）

（学生：徐烨婷，汪帆，任燕，鲍志成；指导老师：武前波，陈前虎，黄初冬，宋绍杭）

# 幼吾幼以及人之幼
## ——杭州外来务工人员子女幼儿园就读情况调研

学生：周狄卿　张蓉蓉　徐思艺　徐樑

指导老师：陈前虎　武前波　孟海宁　徐鑫

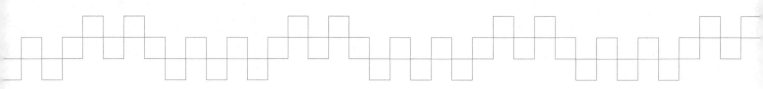

**摘要**

外来务工人员作为城市中的弱势群体，其子女就读幼儿园的问题日益严峻。针对城市不同地段的专门服务于外来务工人员子女的幼儿园，对比在正规与非正规就读的幼儿父母的家庭社会背景、经济状况及其对现状供求的满意度，分析学前教育供需结构矛盾，剖析其产生的深层次原因，并通过对幼儿园家长的意愿调查，探索以满足外来务工人员子女需求为导向的幼儿园规划模式。

**关键词**

幼儿园　外来务工人员　供求关系　比较　理想模式

**Abstract**

As the city's vulnerable groups, the problem that children of migrant workers attend kindergarten is increasingly grim.The research focuses on the kindergartens serving children of migrant workers in different districts.Compare formal kindergartens with informal kindergartens on social background, the satisfaction to supply, economic conditions of parents.Analyse the contradiction between the supply and demand, and dissect the underlying reasons. Through investigating the desire of the parents, design a ideal model meeting the desire of those children.

**Keywords**

Kindergarten　Migrant workers　Supply and demand Comparison　Ideal model

目录

引言 .................................................... 203
1 绪论 .................................................. 203
　1.1 研究意义与背景 ................................... 203
　　1.1.1 学前教育呈现不均衡性 ..................... 203
　　1.1.2 幼儿园供不应求 ........................... 203
　　1.1.3 外来务工人员子女读幼儿园难 ........... 204
　1.2 杭州市幼儿园现状整体描述 .................... 204
　　1.2.1 杭州市区幼儿园数量和分布 ............. 204
　　1.2.2 杭州市区幼儿园等级标准和收费 ........ 204
　　1.2.3 杭州市区幼儿园现状及问题 ............. 205
　1.3 概念界定 ....................................... 205
　　1.3.1 外来务工人员 ............................. 205
　　1.3.2 研究区域 ................................. 205
　　1.3.3 调研幼儿园的选择 ....................... 206
　1.4 调研思路及流程 ................................. 208
2 幼儿园供需现状及其矛盾 ......................... 209
　2.1 不同圈层幼儿园服务对象的家庭背景 ......... 209
　　2.1.1 职业情况 ................................. 209
　　2.1.2 教育程度 ................................. 209
　　2.1.3 经济收入 ................................. 210
　2.2 不同圈层幼儿园的服务满意度 ................. 210
　　2.2.1 教师专业素质 ............................. 210
　　2.2.2 幼儿园容量 ............................... 211
　　2.2.3 硬件设施质量 ............................. 212
　　2.2.4 幼儿园门前接送时间秩序 ................. 213
　2.3 不同圈层幼儿园的选择因素 .................... 214
　　2.3.1 交通因素 ................................. 214
　　2.3.2 教育质量因素 ............................. 215
　　2.3.3 价格因素 ................................. 215
　　2.3.4 其他 ..................................... 216
　2.4 第一轮调研结论 ................................. 216
3 幼儿园空间布局的意愿模式及其对策 ............. 216
　3.1 幼儿园辐射范围的理想模式调研 ............... 216
　3.2 幼儿园区位的意愿模式 ......................... 218
　　3.2.1 幼儿园所在的位置 ....................... 218
　　3.2.2 幼儿园周边公建设置 ..................... 218
　　3.2.3 幼儿园区位与城市主干道关系 ........... 219
　3.3 幼儿园等级规模的意愿模式 .................... 220
　　3.3.1 各圈层家长对幼儿园规模的需求 ........ 220
　　3.3.2 对幼儿园师资力量的需求 ................. 221
　　3.3.3 家长对幼儿园价格的需求 ................. 221
　3.4 幼儿园门前接送空间的意愿模式 ............... 222
　　3.4.1 幼儿园门前停车空间的设计 ............. 222
　　3.4.2 幼儿园门前等候空间的设置 ............. 224
4 结论与建议 ......................................... 225
　4.1 结论 ............................................ 225
　4.2 建议 ............................................ 225
参考文献 .............................................. 225

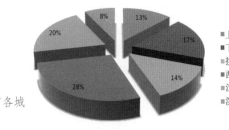

图1-1 杭州市各城区幼儿园数量

## 引言

曾经一个小故事广为流传：1988年，75位历年的诺贝尔奖获得者相聚在巴黎。席问，记者问到其中的一位诺贝尔奖获得者："您在哪所大学哪个实验室学到了您认为最重要的东西？"这位白发苍苍的学者沉思片刻后答道："在幼儿园。"在众人吃惊的目光中，老人平静地回答："学到把自己的东西分一半给小伙伴，不是自己的东西不要拿，用过的东西要放回原处，吃饭前要洗手，做错事要表示歉意，午饭后要休息，要仔细观察大自然。从根本上说，我学到的最重要的东西就是这些。"这位学者的话从一个侧面揭示了学前教育对一个人的一生有多么重要，我们可以坚定的说，学前教育在国民教育中是不可缺失的一环。

外来务工人员作为中国社会城市化过程中的特殊人群，数量极为庞大，其子女的学前教育的质量好坏对中国的国民教育影响巨大。

## 1 绪论

### 1.1 研究意义与背景

#### 1.1.1 学前教育呈现不均衡性

我国的学前教育发展水平低，且存在严重的城乡差异。即使是在全国幼儿园数排名第一的浙江，这种差异依然随处可见。保证学前教育的均衡性发展，让农村的孩子、外来务工人员子女的孩子能和城里的孩子一样接受良好的学前教育，是促进教育和社会之公正和公平的基础。

#### 1.1.2 幼儿园供不应求

每年五六月份，到了幼儿园报名时间，总能看到公办幼儿园门前排起条条长龙。优质的公办幼儿园成为家长角逐的对象，家长们纷纷抱怨"上幼儿园比上大学"还难。随着今年一个新的生育高峰的来临，幼儿园供不应求，已成为一个越来越突出的现状。

### 1.1.3 外来务工人员子女读幼儿园难

外来务工人员是城市的建设者，但却是城市中的弱势群体，他们子女的幼儿园就读问题就成为了一个难上加难的问题。按照杭州的相关规定，对于外来务工人员子女一视同仁，但因为收费、户籍等原因，其就读幼儿园仍十分困难。于是，许多教学质量、卫生条件不符合标准的地下幼儿园、民工幼儿园应运而生。低廉的价格和宽松的入学条件的确解决了不少民工家长的烦恼，但也为孩子的健康成长留下了不可小视的隐患。

## 1.2 杭州市幼儿园现状整体描述

截止到 2008 年底，杭州市共有幼儿园 1037 所，在园幼儿 235867 人，幼儿园入园率达到 96.6%。

### 1.2.1 杭州市区幼儿园数量和分布

表 1-1

| 城区 | 幼儿园总数 | 在园儿童数 | 甲级幼儿园个数 | 甲级幼儿园比例 |
|---|---|---|---|---|
| 上城区 | 32 | 6869 | 11 | 34% |
| 下城区 | 44 | 12700 | 17 | 39% |
| 拱墅区 | 35 | 13746 | 7 | 20% |
| 西湖区 | 70 | 18178 | 23 | 33% |
| 江干区 | 50 | 11650 | 7 | 14% |
| 滨江区 | 20 | 3206 | 0 | 0 |
| 总计 | 251 | 66349 | 65 | 25.9% |

注：数据来源，杭州教育城域网。

上城区、下城区和西湖区甲级幼儿园比例明显高于三个区，其作为中心城区，承担着杭州市很大一部分政治经济文化功能。

### 1.2.2 杭州市区幼儿园等级标准和收费

杭州市的幼儿园等级标准由高到低共分为特级、甲级、乙级、丙级和丁级五类。除此之外，还有许多没有营业资格的地下幼儿园，他们多生存在城中村、城市近郊区内，他们都没有营业资格证。杭州市的幼儿园收费标准见表 1-2。

杭州市幼儿园收费标准      表 1-2

| 幼儿园等级 | 每月收费 | 浮动标准 |
|---|---|---|
| 特级 | 520 元 / 月 | 最高上浮 50% |
| 甲级 | 400 元 / 月 | 最高上浮 50% |
| 乙级 | 280 元 / 月 | 最高上浮 50% |
| 丙级 | 200 元 / 月 | 最高上浮 50% |
| 丁级 | 100 元 / 月 | 不能上浮 |

注：数据来源，杭州教育城域网。

### 1.2.3 杭州市区幼儿园现状及问题

> 访谈一："……我们也想给小孩读好一点的幼儿园，但是我们没有杭州户口，一般的幼儿园都报不进，所以只好来读这些专门为外地人的小孩开办的幼儿园了……"
>
> ——某外来务工人员子女的家长
>
> 访谈二："……我们的幼儿园都是符合政策招生的，对于外来务工人员的子女并不拒收，而且也不收赞助费，但前提是必须等社区里的本地居民的招生结束了之后，如果还有空余名额，再考虑他们……本地居民每年有 200 多适龄儿童等候就读幼儿园，但我们的名额只有 60 多个……"
>
> ——某甲级幼儿园负责人

（1）数量和质量分布不均。大量正规幼儿园都分布在城市中心区或较为成熟的社区内，入学门槛较高，让许多没有背景的家长望而却步。而城市边缘区则缺少幼儿园，住在城郊的一部分高薪阶层和外来民工，都将面临着周边无幼儿园可供孩子就读的现状。

（2）收费缺少监管。幼儿园收费虽有标准，但政府监管力度历来不大，实际情况具有较大的随意性。此外在某些幼儿园中还存在着名目繁多的收费项目，大大超出了政府确立的收费标准。

（3）缺少服务于低收入人群、外来务工人员子女的幼儿园。由于甲级的幼儿园收费较高，又有户籍、来杭年数限制等不利条件，不少外来务工人员的子女无法进入此类幼儿园就读，而丙级、乙级的幼儿园又极为缺乏，虽然价格较为便宜，但办学质量普遍不高。在这种情况下，外来务工人员家长只好把目光投向众多地下幼儿园，勉强满足他们对于幼儿园的需要。

## 1.3 概念界定

### 1.3.1 外来务工人员

外来务工人员的概念与城镇居民相对应，是指以就业为目的进入城市，与城市用人单位建立劳动关系但不具有城市常住户口的劳动者。一般泛指建筑行业、搬运行业等技术含量低、体力劳动为主的、收入较低的从业人员。

### 1.3.2 研究区域

我们收集了位于杭州城北的拱墅区的 10 个街道（镇）的本地人口数和外来人口数，通过一定的统计计算，得出了本地人口和流动人口的比值。见表 1-3 和图 1-2。

图 1-2 拱墅区各街道
（镇）流动人口与本地
人口之比

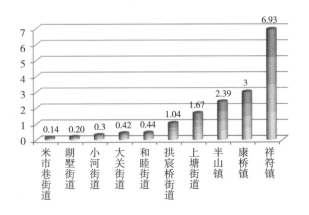

<table>
<tbody>
</tbody>
</table>

杭州拱墅区 10 街道（镇）流动人口和本地人口比值      表 1-3

| 街道名称 | 本地常住人口（万） | 外来人口（万） | 外来人口和本地人口的比例 |
| --- | --- | --- | --- |
| 米市巷街道 | 5.65 | 0.78 | 0.14 |
| 湖墅街道 | 3.86 | 0.77 | 0.20 |
| 小河街道 | 6.3 | 1.9 | 0.30 |
| 大关街道 | 3.41 | 1.43 | 0.42 |
| 和睦街道 | 2.36 | 1.03 | 0.44 |
| 拱宸桥街道 | 3.85 | 4 | 1.04 |
| 上塘街道 | 3.6 | 6 | 1.67 |
| 半山镇 | 2.8 | 6.7 | 2.39 |
| 康桥镇 | 1.5 | 4.5 | 3 |
| 祥符镇 | 2.7 | 18.7 | 6.93 |

注：数据来源，各街道政府网站。

从上表可以看出，随着选取地块不断远离市中心，流动人口和本地人口的比值也不断下降，流动人口的分布在逐渐向外升高。我们选取此比值中两个特殊的临界点，即 1 和 2，将杭州拱墅区划分为三个圈层，并分别命名，如下：

设 R= 外来人口数 / 本地常住居民：

（1）城市中心区（内圈层）：R ≤ 1（米市巷街道、湖墅街道、小河街道、大关街道、和睦街道）

（2）城市过渡区（中圈层）：1 < R ≤ 2（拱宸桥街道、上塘街道）

（3）城市边缘区（外圈层）：R > 2（半山镇、康桥镇、祥符镇）

如图 1-3 所示。

### 1.3.3 调研幼儿园的选择

在三个划定的圈层中，分别选择一组正规和非正规幼儿园进行比较研究。详见表 1-4 和图 1-4。

图 1-3 拱墅区圈层划定（左）

图 1-4 调研幼儿园具体位置（右）

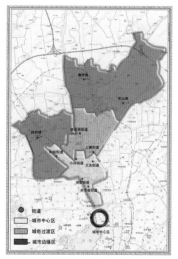
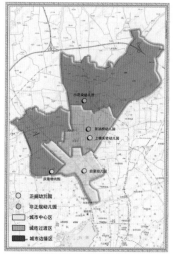

调研幼儿园状况　　　　　　　　　　　　　　　　表 1-4

| 所处圈层 | | 具体位置 | 幼儿园名称 | 等级 | 性质 |
|---|---|---|---|---|---|
| 城市中心区 | 正规 | 大关街道八丈井社区 | 启蒙幼儿园 | 丙级 | 民办 |
| | 非正规 | 无此类幼儿园（注） | | | |
| 城市过渡区 | 正规 | 上塘街道七古登社区 | 上塘实验幼儿园 | 丁级 | 公办 |
| | 非正规 | 上塘街道蔡马社区 | 蔡家桥幼儿园 | 无等级 | 民办 |
| 城市边缘区 | 正规 | 祥符镇庆隆社区 | 庆隆幼儿园 | 丁级 | 民办 |
| | 非正规 | 康桥镇谢村社区 | 小花朵幼儿园 | 无等级 | 民办 |

注：根据我们对从拱墅区教育局采集到的资料研究发现，城市中心区内没有经过教育局备案的非正规幼儿园，在我们自己的实地踏勘中，确实也未发现此类幼儿园。这是由城市中心区教育质量好、教育意识强、地价高决定的。

各点具体情况见表 1-5。

各点具体情况表　　　　　　　　　　　　　　　　表 1-5

| 区域性质 | 城市中心区 | 城市过渡区 | 城市边缘区 |
|---|---|---|---|
| | 启蒙幼儿园 | 上塘实验幼儿园 | 庆隆幼儿园 |
| 正规幼儿园 | 道路：上塘路、香积寺路<br>周边社区：大关南一苑、大关南八苑<br>学校：育才实验学校、杭州第十一中学、红缨幼儿园大关园区<br>专业市场：钱江小商品市场、通信用品市场 | 道路：上塘路、舟山东路<br>周边社区：拱宸社区、陆家坞社区、七古登社区<br>学校：浙江树人大学、浙江大学城市学院、浙江传媒学院继续教育学院、杭州源清中学、浙江电力职业技术学院<br>专业市场：杭州灯具市场 | 道路：登云路、隐秀路<br>周边社区：庆隆村、庆隆苑<br>学校：浙江广播电视大学翠苑校区<br>专业市场：时代电子市场、浙江文化商城<br>企业：杭州油漆有限公司、杭州中法化学有限公司、杭州山宇电气电动化有限公司、杭州恒力通印务有限公司、杭州彩风印务有限公司、华泰电气、阳丽印刷 |

| 区域\性质 | 城市中心区 | 城市过渡区 | 城市边缘区 |
|---|---|---|---|
| 非正规幼儿园 | 无此类幼儿园 | 茶汤桥幼儿园 | 小花朵幼儿园 |
| | 无 | 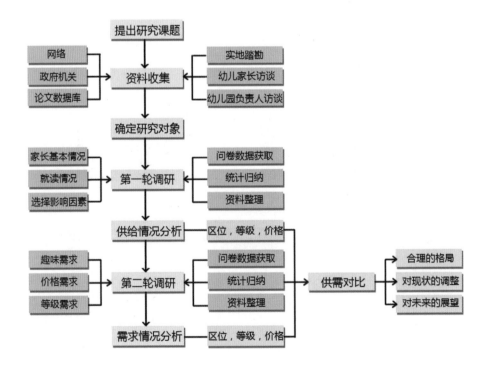 | |
| | 无 | 道路：上塘路、湖州街<br>周边社区：蚕花园社区、蔡马社区、瓜山南苑、拱宸社区<br>学校：拱宸桥中学、拱宸桥小学、杭州源清中学、浙江大学城市学院 | 道路：拱康路<br>周边社区：马家桥村、谢村、郭家塘村<br>学校：康桥镇中心幼儿园谢村园区 |

## 1.4 调研思路及流程

本次调研将分为资料收集、第一轮调研、第二轮调研和结论对比等四个阶段。在资料收集阶段，我们将通过网络、文献和政府机关收集关于外来务工人员子女就读幼儿园的相关信息，然后进行初步现场踏勘，选择有代表性的幼儿园，同时通过对幼儿家长和幼儿园负责人的访谈，形成此课题的初步见解。

图 2-1 三圈层家长教育程度统计（左）

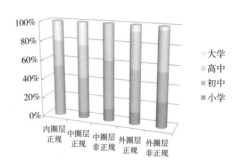

在第一轮调研中，我们将通过访谈和问卷发放的形式，了解家长的社会特征和对所读幼儿园的满意度，寻找现有幼儿园设施的供需关系。

在第二轮调研中，我们将探寻家长认可的幼儿园的特征，得出家长所需求的幼儿园在区位、等级、价格等方面的条件。

最后，以第二轮调研结果为基础，得出我们认为合理的服务于外来民工子女幼儿园的模式，然后提出我们对于现状的调整和对未来的展望。

## 2 幼儿园供需现状及其矛盾

### 2.1 不同圈层幼儿园服务对象的家庭背景

#### 2.1.1 职业情况

问题 1. 您的职业：□专业技术；□商业服务业；□工农生产；□医疗教育；□机关办事；□其他

家长的职业基本包括在专业技术，商业服务业和工农生产三大类内，可细分为个体零售，公司职员，体力劳动工人，保安，家政，司机，销售等职业；除此之外还有极少数从事教育，机关办公等职业。

调研分析：

外来务工人员在杭州基本上都是底层劳动者，社会地位不高。受诸多成文与不成文规则的限制，使得他们对于幼儿园的选择余地狭窄，要想进入相对高质量的幼儿园比较困难。

#### 2.1.2 教育程度

问题 2. 您的教育程度：□小学；□初中；□高中；□大学；□本科及以上（图2-1）

各圈层中，选择正规幼儿园的家长教育程度总体上要比选择非正规幼儿园的高。圈层向外辐射，幼儿园的家长教育程度总体上呈下降趋势。

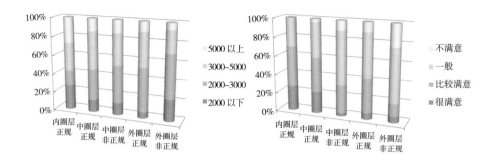

图 2-2 三圈层家长经济收入统计（左）

图 2-3 三圈层家长对教师素质满意度分析（右）

调研分析：

高学历的外来务工人员向城市中心区集中，越接近城市中心的圈层，家长对于学前教育的要求更高，结合内圈层相对严格的管理和满足要求的幼儿园数量的充足，致使出现内圈层无非正规幼儿园的情况。

### 2.1.3 经济收入

问题 3. 您家庭的月收入情况：□ 2000 元以下；□ 2000~3000 元；□ 3000~5000 元；□ 5000 元以上（图 2-2）

正规幼儿园家庭收入总体上要比非正规的高，随着圈层向外辐射，幼儿园家长的收入总体上呈下降趋势。根据调研和加权平均得出，内圈层家长的家庭平均月收入为 4200 元，中圈层为 3750 元，外圈层为 3350 元。

调研分析：

在本次调研的内圈层丙级幼儿园家长中，虽然家庭平均收入最高，但中低收入家庭（月收入 3000 元以下）也占 43.3%，这让我们对于"内圈层是否需要存在非正规幼儿园"的问题产生了质疑，低收入家庭也呼吁，在内圈层中设置更多的服务于该人群的幼儿园。

## 2.2 不同圈层幼儿园的服务满意度

### 2.2.1 教师专业素质

问题 4：请问您对这个幼儿园教师的专业素质是否满意？□很满意 □比较满意 □一般 □不满意

内圈层家长对幼师素质的满意率为 70%，中圈层正规幼儿园与非正规幼儿园的满意率为 60% 和 33.3%，而外圈层这一数据则下降到 43.3% 和 20%（图 2-3）。

调研分析：

正规与非正规的两类幼儿园教师素质差异较大，调研发现，正规幼儿园

图 2-4　三圈层正规幼
儿园教师待遇（左）

图 2-5　三圈层家长对
幼儿园容量评价（右）

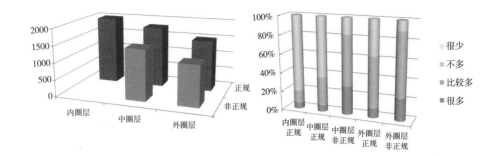

只招聘具有大专学历拥有幼儿教师资格证的幼师，而非正规幼儿园只需要中专学历，且不需要幼师资格证。

首先，教师的工资待遇直接影响到教师对幼儿园的选择。访谈得知，正规幼儿园三圈层的教师待遇分别为 2000~3000 元 / 月、1800~2500 元 / 月、1500~2200 元 / 月，而中、外圈层的非正规幼儿园则为 1500~2000 元 / 月和 1200~1800 元 / 月（见图 2-4 和图 2-5）。

其次，非正规幼儿园的教学环境较正规幼儿园差，教学设备低端，卫生状况较差，周边环境秩序较为混乱。同时，非正规幼儿园的课程开设不够全面，具有幼师资格证的老师认为无法学以致用。且非正规幼儿园学生太多，对教师来说负担太大。

### 2.2.2　幼儿园容量

教育部 1996 年发布的中华人民共和国国家教育委员会令第 25 号《幼儿园工作规程》中规定：

第十一条　幼儿园规模以有利于幼儿身心健康，便于管理为原则，不宜过大。

幼儿园每班幼儿人数一般为小班（3 至 4 周岁）25 人，中班（4 至 5 周岁）30 人，大班（5 周岁至 6 或 7 周岁）35 人，混合班 30 人。学前幼儿班不超过 40 人。

由于每个幼儿园每个班人数较难获得，我们转而采用与院方和家长访谈的形式大致进行了解。

问题 5：您觉得该幼儿园的一个班级的幼儿数量怎样？□很多；□比较多；□不多；□很少

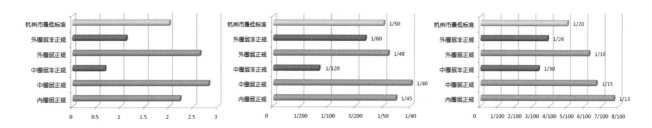

图2-6 活动场地生均面积图（左）

图2-7 大型玩具与幼儿人数之比（中）

图2-8 专业教师与幼儿数量之比（右）

由数据可知，内圈层正规幼儿园家长认为每班人数过多的为20%，中圈层正规和非正规幼儿园为36.7%和83.3%，外圈层正规和非正规为63.3%和90%。（图2-5）

调研分析：

正规幼儿园对于每班幼儿数量的控制相对比较严格，内圈层幼儿园严格控制在标准以内，中圈层与外圈层由于人员流动性较大，一般每班会超出标准1至5人。

非正规幼儿园由于人员流动性更大，管理相对混乱，大班与中班一般超出标准3至10人，小班由于正规幼儿园招收数量更加有限，一般超出标准10至25人，超员严重。

幼儿园超员带来诸多问题，从物质层面上看，非正规幼儿园中幼儿硬件资源占有量较低，与杭州市最低标准存在较大差距。（以户外活动场地生均面积和大型玩具与幼儿人数之比为例）（图2-6和图2-7）

在精神层面上，我们提出以教师对于每个幼儿的关注度来大致评价。如图2-8所示，非正规幼儿园的专业教师与幼儿数量之比较低，造成非正规幼儿园幼儿得到的教师关注度偏低，从长远来看，严重影响非正规幼儿园的教学质量和幼儿的心理与生理的成长。

### 2.2.3 硬件设施质量

问题6：请问您是否对这个幼儿园的硬件设施是否满意？□很好 □比较好 □一般 □差

由图表可知，内圈层家长认为幼儿园硬件设施较差的比例为3.3%，中圈层正规与非正规比例分别为3.3%和13.3%，外圈层为10%和23.3%。（图2-9）

调研分析：

硬件设施包括硬件设施的数量、质量和项目。硬件设施的数量在上节中已经提到，非正规幼儿园存在较大不足，同时缺乏许多必要的硬件设施，

图 2-9　三圈层家长对
硬件设施的满意度（左）

图 2-10　各圈层家长对
幼儿园门前秩序的满意
度（右）

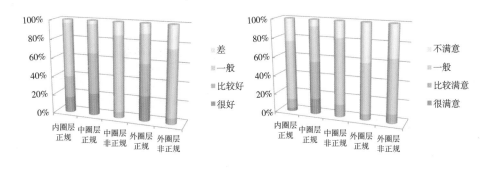

图 2-11　幼儿园门前
等候空间活动示意图

比如户外活动场地的软质铺地，各种硬质物的安全防护设施，家长等候区等。非正规幼儿园由于缺少有力监督，硬件设施的质量堪忧，存在较大的安全隐患。

### 2.2.4　幼儿园门前接送时间秩序

问题 7：您对接送孩子时幼儿园门口的秩序满意吗？□很满意；□比较满意；□一般；□不满意

从图中可知，各圈层的家长对于幼儿园门口的接送秩序都以一般和不满意居多。唯有中圈层正规的上塘镇实验幼儿园，比较满意和很满意的比例总和为 56.7%，超过半数。（图 2-10）

调研发现，在幼儿园未放学时，家长聚集在大门等候，附近既堵塞了幼儿园的疏散通道，也妨碍了幼儿园前道路的正常通行；放学时，聚集的大量人群迅速的向大门涌入，即混乱又存在安全隐患；许多幼儿园对接送人员只设一个出入口，进出的人都从这里经过，使得开园后，幼儿园入口处更加拥挤。（图 2-11）

可以与大部分普通幼儿园对比的是中圈层正规的上塘镇实验幼儿园，我们可以将这两种幼儿园门前空间的布置形式做一对比。（图 2-12）

如图所示，其他幼儿园直接面向支路开口，缺少家长的等候空间，因此造成接送时间拥堵，秩序混乱，而上塘镇实验幼儿园在院门口一块约 $30 \times 15m$ 的空地，这块空地给了接送孩子的家长一个等候、停车的空间，既不至于在支路上造成拥堵，也使得家长不至于拥挤在园门前，不但解决了秩序问题，也更有安全保障。上塘镇实验幼儿园接送时间秩序的家长满意度远高于其他四所幼儿园，这是最重要的因素。

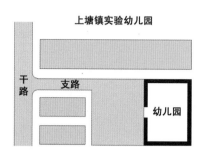

图 2-12 上塘镇实验幼儿园与其他幼儿园门前空间的对比

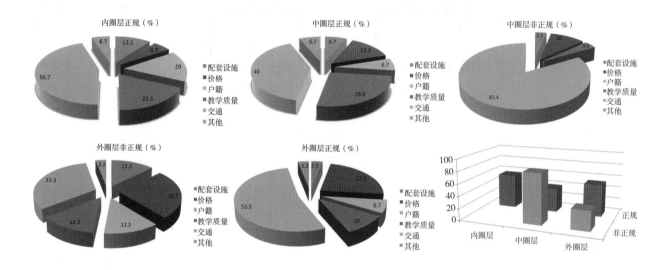

图 2-13 内圈层正规幼儿园选择因素图表（上左）

图 2-14 中圈层正规幼儿园选择因素图表（上中）

图 2-15 中圈层非正规幼儿园选择因素图表（上右）

图 2-16 外圈层非正规幼儿园选择因素图表（下左）

图 2-17 外圈层正规幼儿园选择因素图表（下中）

图 2-18 交通因素图（下右）

## 2.3 不同圈层幼儿园的选择因素

问题 8：为孩子选择现在的幼儿园，最主要因素是什么：□幼儿园的配套设施；□价格；□户籍；□教学质量；□交通；□其他 _____（图 2-13~图 2-17）

在针对三个圈层共 5 所幼儿园家长对幼儿园的选择因素分析中，我们发现，家长在选择幼儿园时，最看重交通因素，平均有 50% 的家长会因为交通因素选择幼儿园；其次价格为 16%，教学质量为 15.3%。

### 2.3.1 交通因素

外来务工人员在为子女选择幼儿园时，首先考虑的是从幼儿园到家的交通是否便捷。在内圈层正规幼儿园的调查中，56.7% 的父母先考虑的是交通；中圈层的正规与非正规幼儿园里，交通选项的比例分别为 40% 和 83.4%；而外圈层则为 53.3% 和 33.3%。（图 2-18）

调研分析：

首先，外来务工人员的收入较低，无法负担每天远距离出行带来的交通费用。这限定了家和幼儿园之间的距离应该在合适的范围内。

图 2-19 教育质量因素
图（左）

图 2-20 价格因素图
（右）

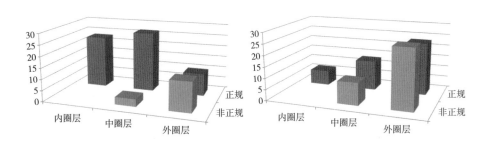

其次，外来务工人员工作时间并不固定，常需要超时超负荷工作。在这种情况下，大部分家长并没有精力花太长时间在孩子的接送上。

再次，若两者的距离太远，接送途中势必会穿越较多的城市道路，这大大地提高了接送途中的安全隐患。

### 2.3.2 教育质量因素

教育质量因素是家长选择幼儿园考虑的第二因素之一。根据调查，内圈层的家长对教学质量的关注度最高，占总量的 23.3%，中圈层的两类幼儿园分别为 26.6% 与 3.3%，两者差距较大。而外圈层则仅为 10% 与 13.3%。（图 2-19）

调研分析：

正规幼儿园与非正规幼儿园教育质量就着较大的差距，且外圈层的幼儿园质量普遍比中、内圈层的要下降许多，家长对幼儿园质量的关注程度也远远不及内、中圈层的家长。尽管如此，教学质量仍然是家长关心的重要因素。

### 2.3.3 价格因素

虽然外来务工人员的收入不高，但与我们的预期相反，他们对价格的关注度并不高，价格并不是他们进行选择的第一决定因素。数据显示，内圈层家长以价格为选择要素的仅占 6.7%，在中圈层里正规与非正规幼儿园分别为 13.3% 和 10%，而在外圈层中，则提高到了 23.3% 和 26.7%。（见图 2-20）

调研分析：

与多从事商贸服务业的内、中圈层家长不同，外圈层家长多从事工厂工人等高体力的劳动行业，平均受教育程度降低，家长对孩子的学前教育的重视程度并不高，所愿意花费的金钱也低。另外在实地调研中我们发现，内、中圈层的父母基本都只有一个孩子；而外圈层家庭中，一户多子的情况则非常普遍。从这一点出发，虽然为一个孩子选择更好的幼儿园每月只会多花费 100 到 200元，但若同时有 2~3 个孩子需要负担，对于原本经济就不宽裕的民工家庭来说就会成为一笔较大的开销。

#### 2.3.4 其他

除了上述三点之外，家长在为子女选择幼儿园时还受到许多方面的牵制。

（1）户籍问题。非正规幼儿园没有任何户籍上的限制，而正规幼儿园则普遍受到潜规则的影响。虽然并无明文规定可以拒绝外来人员子女就读，但园方仍会以各种理由来阻止他们的报名，这一切都加大了外来务工人员子女就读正规幼儿园的困难。

（2）服务区的限制。正规幼儿园有所谓服务区的这个说法，在服务区外的孩子是无法就读的。即使如此，在服务区内，也以杭州本地适龄儿童的入学为优先。以上两点在甲、乙两级的幼儿园中较为普遍，而丙、丁级幼儿园定位比较低，原本就是以低收入家庭及民工子女为主要服务对象，在我们的走访中，还未发现他们存在这样的情况。

（3）容量问题。非正规幼儿园在价格上较之较低等级的正规幼儿园并没有太多优势，但即使如此，它的市场依然存在。这是因为与正规幼儿园相比，它的学生容量大约是后者的1.5倍。国内的学前教育资源原本就十分缺乏，在没有户籍等制约因素的影响下，两个距离接近，价格接近的幼儿园，容量较大的自然更受众多无法安置孩子的家长的青睐。

### 2.4 第一轮调研结论

在第一轮调研中我们发现：

1. 随着圈层向外扩展，居民的职业由服务型向重体力型过渡，教育程度、家庭收入普遍降低，存在明显的社会空间分异现象。

2. 在同一圈层中，非正规幼儿园和正规幼儿园相比，家长满意度较低，教学质量较差。在不同圈层中，外圈层的幼儿园与内圈层相比，家长满意度较低，教学质量较差。可见公共设施的分布也存在空间分异现象。

3. 不论哪一圈层，家长对于幼儿园选择的因素均以交通为主，其次是教学质量和价格。

## 3 幼儿园空间布局的意愿模式及其对策

### 3.1 幼儿园辐射范围的理想模式调研

幼儿园服务半径估算

问题1：您愿意花多少时间接送孩子去幼儿园？□ 5分钟；□ 5~10分钟；□ 10~20分钟；□ 20分钟以上；交通方式 _____

为推算幼儿园的服务半径，我们对各交通方式的速度进行了推算，考虑

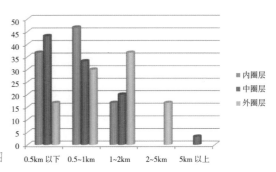

图 3-1 接送距离比例示意图

到圈层不同，相同交通方式的速度也会有所差距，查阅相关资料并讨论后，列表见表 3-1（单位：km/h）。

各圈层交通速度 表 3-1

|  | 内圈层 | 中圈层 | 外圈层 |
| --- | --- | --- | --- |
| 步行 | 4 | 4 | 4 |
| 自行车 | 6 | 8 | 10 |
| 电瓶车 | 10 | 12 | 14 |

然后，我们对每一份问卷采用时间（接送孩子的时间）乘以速度（交通工具平均速度）的方式得出每位家长能够接受的最大距离，进行统计，得出表 3-2。

各圈层家长能够接受的接送距离 表 3-2

|  | 0.5km 以下 | 0.5~1km | 1~2km | 2~5km | 5km 以上 |
| --- | --- | --- | --- | --- | --- |
| 内圈层 | 11 | 14 | 5 | 0 | 0 |
| 中圈层 | 13 | 10 | 6 | 0 | 1 |
| 外圈层 | 5 | 9 | 11 | 2 | 0 |

由图 3-1 可以看出，内圈层幼儿园的服务半径较小，平均值为 691m，一般不大于 2km，中圈层幼儿园服务半径平均值为 742m，忽略特例，其服务半径一般不大于 2km，外圈层幼儿园服务半径平均值为 1.4km，一般不大于 5km。

> 结论：我们建议，内圈层幼儿园的服务半径一般为 600~800m，中圈层幼儿园的服务半径一般为 700~900m，外圈层幼儿园的服务半径一般为 1~3km。

图 3-2  各圈层家长对
幼儿园区位的需求(左)

图 3-3  幼儿园区位示
意图（右）

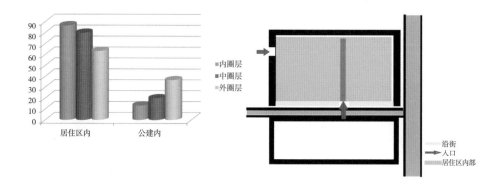

### 3.2  幼儿园区位的意愿模式

#### 3.2.1  幼儿园所在的位置

问题 2：你认为设置幼儿园的合理位置为？□居住区内；□公建区块内

问卷发现，超过 60% 的人希望幼儿园设置在居住区块内，其中内圈层为 86.7%，中圈层为 80%，外圈层降到了 63.3%。（图 3-2）

从安全因素分析，居住区块内的人群性质单纯，人群活动稳定。而公建区块内出入人群数量多，人员性质复杂，同时公建内有众多机动车来往，商业活动较多，影响了幼儿活动的安全。

在选择居住区块的人群中，我们又询问了具体的设置：

问题 3：选择居住区内，则具体位置为？□居住区沿街；□居住区内部 ；□居住区入口处（具体位置如图 3-3 所示）

调研分析：

选择居住区块的人中，共有 65.5% 的人选择了居住区内部这一选项，在三圈层中分别为 73.1%、70.8%、52.6%。而在外圈层中，另有 47.4% 的人希望在沿街和入口设置幼儿园。

由此我们可以看出，对于家长来说，幼儿园区位的安全性是非常重要的，而在外圈层，幼儿园的可达性是否合适也是家长会关注的问题之一。

#### 3.2.2  幼儿园周边公建设置

问题 4：你希望幼儿园周边设置有以下哪些配套设施？ □菜场；□超市；□餐饮设施；□中小学；□杂货店；□公共厕所；□娱乐设施；□行政设施；□公共绿地；□社区活动中心；□文体用品店；□其他 _____

调研分析：

我们从三方面来分析家长对于以上各类设施设置的意愿（图 3-4）：

对生活便利程度的影响：三圈层里，在影响到这一因素的选项中菜场和超

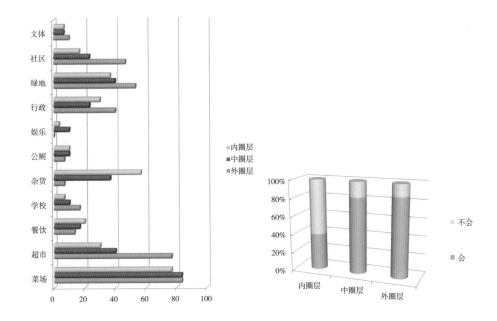

图 3-4　周边配套设置
（左）

图 3-5　接送孩子过程
中是否穿越主干道（右）

市的需求量都是最大的，在外圈层中，超市的需求量略有降低，取而代之的是
杂货店的需求量上升到了 56.7%。此外，社区活动中心也是需求量较大的一项。

对安全因素的影响：对安全因素有积极影响的设施如行政设施（包括社
区办公室、治安岗亭、派出所等）有较大的需求量。而会产生消极影响的如娱
乐设施，需求量不超过 10%。

对环境因素的影响：对环境因素有积极影响的设施如公共绿地需求量较
大，而会产生消极影响的公共厕所，需求量则非常低。

### 3.2.3　幼儿园区位与城市主干道关系

问题 5：如果在接送孩子的途中穿越城市交通干道，是否会影响你对幼儿
园的选择？ □会 ；□不会

经调研统计，内圈层有 40% 家长认为接送孩子的途中穿越城市干道影响
其对幼儿园的选择，中圈层为 83.3%，外圈层为 86.7%（图 3-5）。

调研分析：

究其原因，内圈层交通干道车速相对较低，道路交叉口较多，斑马线、
人行天桥等道路人行设施齐全，行人穿越马路安全系数较高。中圈层和外圈层
城市交通干道货运车辆较多，车速较快，且人行设施不够齐全，安全系数较内
圈层明显要低。

　　我们建议：在幼儿园服务区应以城市干道为界限，幼儿园设置在居
住区内部，在周边布置菜场、超市、绿地、治安岗亭等提高生活便利性、
舒适性和安全性的配套设施。

图 3-6　幼儿园每班人数（左）

图 3-7　幼儿园班级数的需求（右）

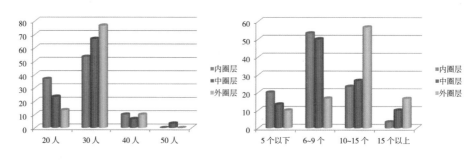

### 3.3　幼儿园等级规模的意愿模式

#### 3.3.1　各圈层家长对幼儿园规模的需求

问题 6：您能接受的幼儿园一个班最多的学生数为多少？□ 20 人；□ 30 人；□ 40 人；□ 50 人

各圈层家长对幼儿园每班学生的最多数量意愿大多集中在 30 人左右，内圈层、中圈层、外圈层分别约占了 53.3%、66.7%、76.7%，另有一小部分家长选择了 20 人，这类人群多集中在内圈层。此外只有少数人选择了 40 人和 50 人这两个选项（图 3-6）。

作为幼儿家长，不论居住在那个圈层，对于每班幼儿数的需求基本上都是一致的，为 30 人左右，这是因为每班学生数过高，就会引起班级教学质量的下降和硬件设施分配不均。根据《托儿所、幼儿园建筑设计规范》，对幼儿园每班班级数主要控制在 20~35 人左右，可见家长的需求和规范基本吻合。

问题 7：您希望一个幼儿园的班级数量为多少？□ 5 个以下；□ 6~9 个；□ 10~15 个；□ 15 个以上

家长对幼儿园班级数的需求呈现两个不同的趋势。内圈层和中圈层的大多数家长希望班级数在 6~9 个，比例约占 53.3%、50%，而外圈层的大多数家长则希望班级数在 10~15 个，比例为 76.7%（图 3-7）。

《托儿所、幼儿园建筑设计规范》规定，大型幼儿园为 10~12 个班，中型幼儿园为 6~9 个班，小型幼儿园为 5 个班以下。

内圈层和中圈层的家长大部分接受中小型的幼儿园，而外圈层家长则接受大型幼儿园。这是因为内圈层、中圈层的外来民工大多居住得较为集中，在

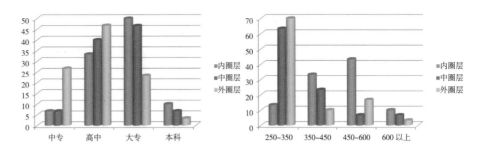

图 3-8 教师素质的需求（左）

图 3-9 对幼儿园价格的需求（右）

各个相邻的社区内可以形成相对独立的小幼儿园来满足本社区内的幼儿就读，而外圈层幅员广阔，外来民工居住较为分散，且师资力量、硬件设施等都较内、中圈层弱，因此更需要资源的集约化布置，将周围分散的小型幼儿园撤并为大型幼儿园设置于镇区的中心地带，并提供较好的资源配置，使之能够满足较多的民工子女就读幼儿园。

### 3.3.2 对幼儿园师资力量的需求

问题 8：你认为幼儿教师至少具有的学历是？□中专；□高中；□大专；□本科

从图中可知，大部分民工子女的家长希望幼师的学历在高中和大专，其中内圈层和中圈层有一半左右认同大专学历，比例为 50% 和 46.6%，而在外圈层则有 46.7% 的家长选择了高中学历（图 3-8）。

由于外圈层家长的个人素质、学历等较低，对孩子的学前教育不如内、中圈层看重，因此对所需的幼师学历也相对低于外圈层。但家长对于具有大专、高中学历的幼师的需求，仍高于各圈层现状，这说明对幼师学历和素质的培养仍有十分重要的意义。

### 3.3.3 家长对幼儿园价格的需求

问题 9：你能接受的幼儿园的最高价格是多少？□ 250~350 元；□ 350~450 元；□ 450~600 元；□ 600 元以上

从图中可知，由于各圈层外来务工人员普遍收入不高，教育程度不高，所以对于可以接受的最高价格集中在 200~600 元之间。内圈层幼儿园家长可接受的最高价格较其他两圈层高，平均值为 475 元，中圈层集中于 250~450 元之间，平均值为 368 元，外圈层对于低价的幼儿园需求最为强烈，但对于中间价位收费 450~600 元之间的幼儿园也有一定需求，平均值为 362 元。（图 3-9）

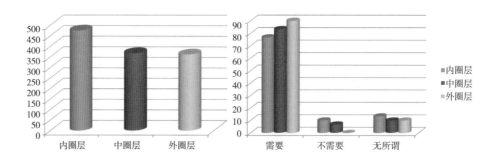

图 3-10 各圈层幼儿园
适宜平均价格（左）

图 3-11 幼儿园门前
停车空间的需求（右）

> 　　我们建议：在内圈层、中圈层建设较多的小型幼儿园，班级数在 6~9 个，在外圈层各镇区的中心地带建设一两个大型幼儿园，班级数在 10~15 个，幼儿园每班的幼儿数均控制在 20~30 个。加强对幼师素质的培养，尤其需要提高外圈层幼师的普遍素质，尽可能达到高中或大专学历。三圈层幼儿园的平均价格分别控制在 400~500 元、350~400 元、300~350 元左右。

## 3.4　幼儿园门前接送空间的意愿模式

　　幼儿园的入口空间是幼儿园内部空间向城市外部空间过渡的地带，幼儿园大门将幼儿园与城市完全隔离，也将接送人员与幼儿园分开。事实上在接送时间段内，幼儿园主入口附近的区域，几乎全部都被接送行为所侵占，接送人员觉得不方便，幼儿安全无法得到保障，地块其他功能也受到了影响。

　　我们将幼儿园门前的接送空间分为停车空间和等候空间，并对两者的需求做出了具体分析。

### 3.4.1　幼儿园门前停车空间的设计

　　问题 10：您认为幼儿园门口是否需要设置独立的停车空间？□需要；□不需要；□无所谓

　　根据上图所示，三圈层的幼儿家长绝大部分都认为需要在幼儿园门口设置独立的停车空间，比例高达 76.7%、83.3%、90%，只有极少部分人选择了不需要或无所谓，他们多是步行接送孩子的家长（图 3-11）。

　　经过现场调研和考察，我们计算了三圈层中五所幼儿园下午接送时间（16：00~17：00）内门口停留的家长和车辆数目，并和幼儿园学生数做出对比（表 3-3）。

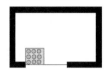

开园前家长拥挤对策

开园时家长接送对策

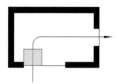

家长接送流线对策

图 3-12 对幼儿园门前
接送空间秩序混乱的对策

各圈层幼儿园门前等待人数和非机动车数与幼儿人数的比例　　　表 3-3

|  | 内圈层正规 | 内圈层正规 | 中圈层非正规 | 外圈层正规 | 外圈层非正规 |
|---|---|---|---|---|---|
|  | 启蒙幼儿园 | 上塘镇实验幼儿园 | 蔡家桥幼儿园 | 蔡家桥幼儿园 | 小花朵幼儿园 |
| 幼儿人数 | 200 | 300 | 150 | 200 | 100 |
| 等待人数 | 28 | 35 | 22 | 34 | 16 |
| 等待人数 / 幼儿人数 | 14% | 11.7% | 14.7% | 17% | 16% |
| 非机动车数 | 23 | 32 | 19 | 29 | 13 |
| 非机动车数 / 幼儿人数 | 11.5% | 10.7% | 12.7% | 14.5% | 13% |

　　根据上表统计数据显示，三圈层五所幼儿园下午接送时间内门口停留的等候家长人数与幼儿人数比例和非机动车数量与幼儿人数比例均非常接近，设幼儿园幼儿总数为 N，则等候家长的人数为 0.12N~0.17N，幼儿园需要的非机动车车位应为 0.11N~0.15N。

　　设每个家长需要的等候空间为 1.5m² 的等候空间，每辆自行车需要 1.71m² 的停放面积，则可以计算出幼儿园门前停车空间的面积与车位数（表 3-4）。

幼儿园门前停车空间的面积与车位数　　　表 3-4

| 规模 | 参考值 | | | |
|---|---|---|---|---|
|  | 非机动车停车位（个） | 等候家长数（位） | 非机动车停车空间（m²） | 等候家长空间（m²） |
| 小型（5 班，150 人） | 17 | 18 | 29 | 27 |
| 中型（9 班，270 人） | 25 | 40 | 60 | 60 |
| 中型（9 班，270 人） | 54 | 61 | 92 | 92 |

　　此外，对于幼儿园接送时间内园门前秩序混乱的情况，我们也提出了自己的设想（图 3-12）。

图 3-13　幼儿园门前
等候空间设施的需求

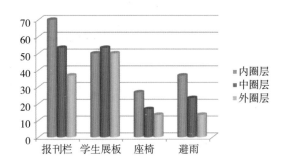

### 3.4.2　幼儿园门前等候空间的设置

考虑到接送人员在等待时间段的行为，我们认为需要在入口空间设置一定的设施来配合他们的行为、限制他们的行为空间。

> 根据《交往与空间》指出，如果某个人停下来等着干某件事或见某个人，或者欣赏周围的景致和各种活动时，就存在着找一个好地方站一会儿的问题。如果站的时间长了，他们会站在有东西可以依靠的地方。

问题 11：您希望幼儿园入口有哪些设置？　□报刊栏；□学生作品展板；□座椅；□避雨设施

调研分析结果：

通过调研我们了解到，随着圈层变化、接送人员结构、接送等候时间也在变化。从外圈层到内圈层，祖父母辈的接送比例呈增长趋势，等候时间也随之增长。外圈层多由家长自己接送孩子，能花在等待上的时间也不多，一般都随到、随接、随走。这也影响到了入口设施的选择。

三圈层中报刊栏和展板在三圈层的需求量最大。内圈层家长的平均年龄是三圈层中最高的，等候时间也是最长的，他们对于座椅和避雨设施还有报刊栏的需求量也是三圈层中最高的（图 3-13）。

> 我们建议：在幼儿园门前设定一定的过渡空间，以幼儿园人数为基础，设置相应的等候空间和非机动车停车空间，并在等候空间内设置报刊栏、学生展板等设施，供家长使用。

## 4 结论与建议

### 4.1 结论

（1）圈层的差异体现出社会阶层的差异，就外来务工人员的分布而言，其内部存在明显的空间分异现象，越靠近城市边缘，外来务工人员所处的阶层越低，相应的教育程度、收入和生活质量也就越低。

（2）公共设施分布的差异性和圈层的空间分异相一致，圈层越靠外，公共设施的质量、数量与外来务工人员的需求差距越大。

（3）外来务工人员对于子女就读幼儿园的需求也体现了空间圈层的差异，由于各圈层外来务工人员所处的社会地位不同，他们对于幼儿园的需求也不同。

### 4.2 建议

（1）在设置为外来民工子女服务的幼儿园时，不能简单地一概而论，而要根据不同空间圈层、不同家长所处的社会阶层，因需而供。

（2）在外圈层和中圈层加大建设中等级的幼儿园，保证生活水平较低的外来务工人员子女也能拥有公平就读优质幼儿园的机会。

（3）对已建成的幼儿园，加强对其教育质量、卫生环境、安全保障等方面的监管力度，提高整体素质。

## 参考文献

[1] （丹麦）扬·盖尔. 交往与空间 [M]. 何人可译. 北京: 中国建筑工业出版社，1992.

[2] 中华人民共和国住房和城乡建设部.JGJ 39-2016.托儿所、幼儿园建筑设计规范 [S]. 北京: 中国建筑工业出版社，2016.

[3] 陈静. 我国民办幼儿园的现状、对策与问题研究 [J]. 早期教育 .2010，（1）：15-17.

[4] 陈闽光. 解析中国民办学前教育发展现状 [J]. 黑龙江教育学院学报 .2009，（1）：60-63.

# "绿绿"有为，老有所依
## ——杭州市老龄化社区绿地公园使用情况调研

学生：范琪　叶恺妮　叶成　周子懿
指导老师：武前波　陈前虎　黄初冬　张善峰

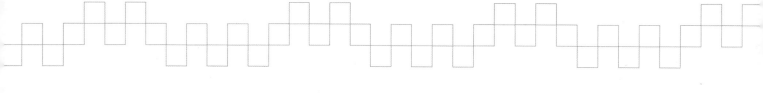

**摘要**

老龄化是当前我国城市发展所面临的重大现实问题。以杭州市四个典型老龄化社区——沈塘桥社区、稻香园社区、大塘巷社区和红石板社区为例，对老年人的城市公园绿地使用情况进行实地调研。通过分析社区绿地公园的使用现状、老年人的需求特征和活动行为规律，尝试性提出老龄化社区绿地公园布局与设计的方案与策略。

**关键词**

老龄化社区　绿地公园　使用情况　行为特征　杭州市

**Abstract**

Ageing has become one of the most serious problems in the process of urban development. This research topics to Hangzhou Shentangqiao community, Tao Heung Park community, Datangxiang Community and Hongshiban community, trying to find a suitable solusion for the construction of urban parks for the elderly. While exploring method and solusion of how to carry out urban planning and design of parks, new construction, renovation in an aging scientific community.

**Keywords**

Aging community　Green park　Use condition Behavior Hangzhou

# 目录

1 调研背景与思路 ............................................ 229
　1.1 老龄化社会的到来 ................................. 229
　1.2 老年人的基本特征及其需求 ...................... 229
　　1.2.1 老年人的生理特征 ......................... 229
　　1.2.2 老年人的心理特征 ......................... 229
　　1.2.3 老年人对公园绿地的需求 ................. 229
　1.3 老年人公园绿地活动及其行为特征 ........... 230
　　1.3.1 老年人公园绿地活动内容 ................ 230
　　1.3.2 老年人活动行为空间特征 ................. 231
　1.4 调研思路与步骤 .................................... 231
2 调研内容与分析 ........................................ 233
　2.1 调研区域 ........................................... 233
　　2.1.1 地块范围 .................................... 233
　　2.1.2 调研对象 .................................... 233
　2.2 绿地公园的空间分布 ............................. 233
　2.3 绿地公园的使用情况 ............................. 233
　　2.3.1 公园绿地的空间环境因素评价 ........... 233
　　2.3.2 公园绿地不同时段的使用情况 ........... 235
　　2.3.3 公园绿地使用情况与评分对比 ........... 235
　2.4 老年人活动行为与绿地公园使用 .............. 235
　　2.4.1 老年人日常活动路径 ...................... 235
　　2.4.2 分时段老年人活动线径 ................... 235
　　2.4.3 必要性行为与公园绿地的结合 ........... 236
3 总结与建议 ............................................. 241
　3.1 总结 ................................................ 241
　3.2 建议 ................................................ 242
　3.3 规划模型 .......................................... 242

参考文献 .................................................... 243

# 1 调研背景与思路

## 1.1 老龄化社会的到来

20世纪末我国正式迈入老龄化国家行列，是世界上拥有老年人口最多的国家。其中，60岁以上老年人口为全球的1/5，为亚洲的1/2。当前，杭州市区老龄化程度相对突出，60岁以上的老年人占城市人口的14.4%，65岁以上老年人占9.9%，分别高出全国水平的10.44%和70.9%。所以，针对老年人的城市活动空间及其设施配置是开展城市规划行动应该重视的内容。

城市公园绿地是老年人最喜欢去的室外活动场所。本次调研以杭州市四个代表性老龄化社区——沈塘桥社区、稻香园社区、大塘巷社区和红石板社区为例，通过现场观察、访问和问卷调查，分析其绿地公园使用现状和老年人活动行为特征，综合评价出老龄化社区公园绿地的优缺点，提出社区内适宜老年人活动的改造构想，以期为老年人构建理想的公园环境提供规划依据。

## 1.2 老年人的基本特征及其需求

随着年龄的不断增长，老年人的生理、心理、行为以及生活方式上的改变，将会使往日环境中的某些方面变成老年人生活中的不利因素与障碍，导致适应能力逐渐减退，并对新的活动环境需求越来越强烈。

### 1.2.1 老年人的生理特征

步入老年阶段，老年人的生理机能就会退化，会出现思维敏捷度降低的情况，行、看、昕、说、记忆、书写、阅读等方面的能力也会随着年龄的增长而逐渐衰退。语言表达能力变差，免疫功能降低，臂握力不从心，欲至而不达，常会出现无意碰撞、碰倒器物现象，甚至需要借助扶手、拐杖或轮椅出行，自身安全维护能力较弱。

### 1.2.2 老年人的心理特征

退出工作岗位的老年人，其社会角色、价值和作用发生了根本的变化，生活重心随之也发生了重大变化。突然从以往社会活动的积极参与者，变成了"旁观者"，一时不知所为，有的老年人体闲在家，逐步与社会疏远，加上家中子女忙于工作，没有时间陪伴他们，生活节奏由过去的有规律的紧张变得松弛，失落感、空虚感和孤独感与日俱增，极易产生心理问题。

### 1.2.3 老年人对公园绿地的需求

由于老年人的生理机能退化、社会地位改变、生活节奏松弛等，促使他们必须走出家门，走向户外，走进公共空间，寻找并打造全新的老年生活。公园绿地是老年人外出交往、健身、娱乐的理想场所，也是获得友谊、慰藉与互助的最佳平台，必须按老年人的特殊需求进行专门设计，满足老年人的特殊需求。

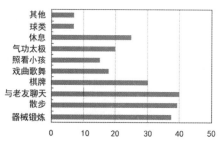

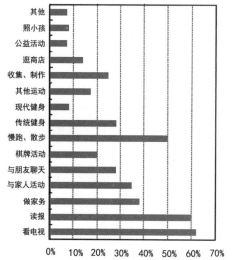

图 1　老年人主要日常活动内容（左）

图 2　老年人绿地公园内活动内容（右）

### 1.3　老年人公园绿地活动及其行为特征

在扬·盖尔的《交往与空间》中，把人的户外活动分为必要性活动、自发性活动和社会性活动三类。其中，必要性活动较少受物质环境的影响，如购物、就医等，在绝大多数情况下社会性活动是由必要性与自发性两类活动发展而来的。以绿地公园为例，当公园环境好，自发性活动频繁，如散步、休息等，社会性活动会随之增长，如打招呼、交谈等。老年人在公园绿地通常进行大量自发性活动，并产生人与人的交流，进而发展成为有一定规模和组织纪律的社会性活动。

#### 1.3.1　老年人公园绿地活动内容

有关研究表明，老年人的主要休闲活动有看电视、读报、慢跑散步等（图1）。看电视和读报是老年人获得社会信息的主要渠道，选择此三项休闲活动内容的老年人分别占总调查人数的62%、60%和50%。以上各种休闲活动除了看电视、做家务、收集制作、逛商店等外，棋牌活动、健身、与老友聊天等大部分都与公园绿地密切相关。

在老年人公园绿地的活动内容中（图2）。聊天是老年人公园绿地活动的第一大选择。在进行锻炼方面，选择较多的锻炼方式依次是散步、器械锻炼、打太极拳等。棋牌、戏曲等益智类与艺术类活动也深受老年人欢迎，而对于球类等耗费体力较大的运动项目则选择较少。同时，当前老年携幼的现象大为减少，老年人就拥有更多可自我支配的时间，活动内容向多元化发展，晚年生活日趋丰富多彩。

以上分析表明，老年人的大量休闲活动发生在公园绿地，为此建设适宜

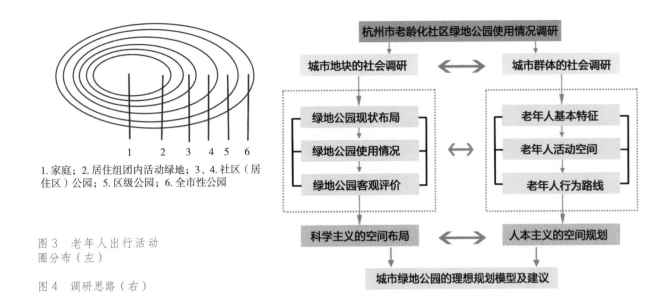

1.家庭；2.居住组团内活动绿地；3、4.社区（居住区）公园；5.区级公园；6.全市性公园

图 3　老年人出行活动圈分布（左）

图 4　调研思路（右）

老年人的城市公园绿地，使老年人安度晚年是全社会的责任，也是构建和谐社会的重要内容。所以，为给老年人创造一个安逸、舒适、充满乐趣的活动场所，有必要充分了解老年人行为活动特征，并了解环境、行为与老年人需要之间的关系。

#### 1.3.2　老年人活动行为空间特征

（1）基本生活圈

它是指在老年人日常生活中，使用频率最高和停留时间最长的场所。根据调查，主要局限于老年人家庭及其周围领域，以家庭为出行中心，一般到自家院内或附近院落、宅间绿地、居住单元入口以及老年活动站等处，其活动半径小，约在 180~200m，符合老年人 5 分钟的出行距离。

（2）扩大邻里活动圈

它是以小区为出行规模的老年人活动范围，这是老年人长期生活和熟悉的空间，由于老年人对这里的人文、地理环境有着很强的依恋性和怀旧感，因此很乐于在这类场所活动。根据调查，在此圈中，老年活动者以步行为主，其活动半径不大于 450m，适合老年人 10 分钟的疲劳极限距离。

### 1.4　调研思路与步骤

基于科学主义和人本主义的社会调研思路(图 4)，本次调研包括三个步骤：首先，通过调研、观察、访谈等方式，了解绿地公园的使用状况。其次，通过对绿地公园的综合性评价，找出规划绿地与使用情况之间的矛盾。最后，通过分析绿地公园布点与老年人的日常路径的关系，探索出符合老年人需求特征的绿地公园规划方案。

调研过程中，我们先后进行了两次问卷调查，分别了解当地老年人的基本情况及老年人对于公共活动设施环境因素的评价，两种问卷均采取随机抽样发放的形式。针对当地老年人基本情况的问卷发放 90 份，针对老年人对于环境的评价发放 90 份。有效回收率为：前者问卷 87%，后者问卷 97%。

以下为主要调研步骤及框架：

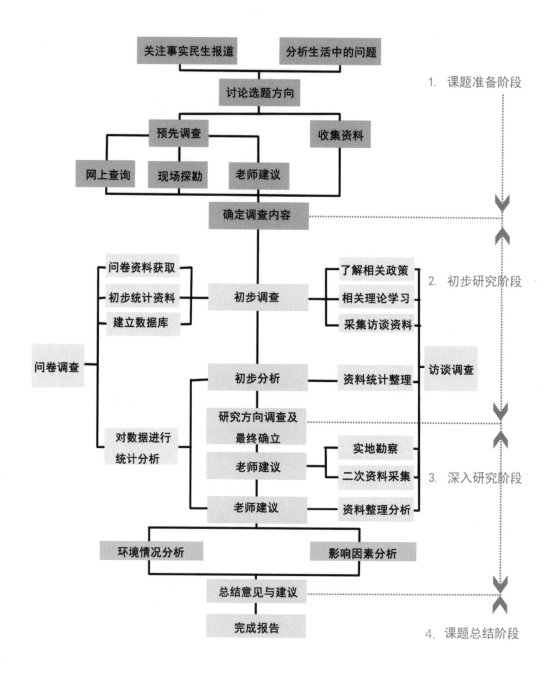

图 5　调研步骤

图6 调研地块（左）

图7 绿地公园分布（右）

## 2 调研内容与分析

### 2.1 调研区域

#### 2.1.1 地块范围

调研地块位于杭州市主城区北部，潮王路与文晖路、湖墅路与京杭大运河之间，包括沈塘桥社区、红石板沈塘苑社区、稻香园社区及大塘巷社区（图6）。

#### 2.1.2 调研对象

调研对象主要包括两类人群：

社区老年人：在该区长期居住的老年人；

社区管理者：该地区的居委会成员、街道办事处人员和管委会成员。

### 2.2 绿地公园的空间分布

根据调研地块的绿地分布情况，我们对绿地公园进行了汇总统计（图7），并按照绿地公园的不同等级规模进行归纳分类（表1）。

通过调研可知，调研地块内的绿地以社区级绿地为主，形成以区级公园、社区公园、小区游园、带状绿地和街旁绿地5个等级的社区绿地系统。其中，公园设施分布以区级公园比较齐全，环境较好。

### 2.3 绿地公园的使用情况

经过多次的实地考察、走访，我们基本确定了调查社区的室外公共活动空间，并根据必要性活动、自发性活动和社会性活动对空间进行分类。

#### 2.3.1 公园绿地的空间环境因素评价

为了对各绿地公园的设施情况能有一个客观、直观的判断，我们从其规模大小、绿化环境、设施配备和管理情况对各个公园进行评价，然后根据评价结果，将各等级定为不同的分数进行统计，即"优"为4分，"良"为3分，"中"为2分，"差"为1分。每项的满分为全优即4分（表2）。

绿地公园分级　　表1

| 等级 | 地点 | 描述 |
|---|---|---|
| 街旁绿地 | A | 潮王路和运河交叉口处的停留节点绿地，以座椅小品为主 |
| | C | 街边绿地，沿运河布置，有少量健身设施，使用率高 |
| 带状绿地 | F | 河边绿地，布置座椅作为休息处 |
| | I | 小区内绿地，少量座椅，位置偏僻，使用者少 |
| | J | 沿运河绿地，设施齐全，环境较好 |
| | K | 沿运河绿地，设施齐全，环境较好 |
| | L | 河边节点绿地，座椅、健身设施等完全，环境较好 |
| 小区游园 | D | 小区内绿地，有少量绿化和座椅 |
| | E | 小区内绿地，有少量绿化和座椅 |
| | G | 小区内绿地，有少量绿化和座椅 |
| | H | 小区内绿地，有少量座椅，健身设施，使用者较少 |
| | M | 小区内绿地，有少量绿化和健身设施，使用率一半 |
| 社区公园 | B | 河边节点绿地，座椅、健身设施等完全，环境较好 |
| 区级公园 | N | 河边节点绿地，座椅、健身设施等完全，环境较好 |
| | O | 运河与小区道路节点绿地，座椅、健身设施等完全，环境较好 |

绿地公园评分　　表2

| 地点 | 等级 | 规模 | 绿化环境 | | | | | | | 设施 | | | | | | 管理情况 | | | 总分 |
|---|---|---|---|---|---|---|---|---|---|---|---|---|---|---|---|---|---|---|---|
| | | | 植被绿化 | 噪声 | 空气质量 | 卫生状况 | 日照条件 | 遮挡 | 通风情况 | 座椅 | 健身设施 | 园林建筑 | 公厕 | 垃圾桶 | 照明 | 治安 | 设施维护 | 不文明行为 | |
| A | 街旁绿地 | 1 | 2 | 1 | 1 | 3 | 2 | 1 | 3 | 4 | 1 | 1 | 1 | 4 | 4 | 4 | 2 | 4 | 39 |
| C | 街旁绿地 | 1 | 2 | 2 | 2 | 3 | 3 | 2 | 3 | 3 | 3 | 1 | 4 | 4 | 1 | 4 | 2 | 4 | 44 |
| F | 带状绿地 | 4 | 3 | 3 | 3 | 3 | 3 | 2 | 3 | 4 | 1 | 3 | 1 | 1 | 1 | 4 | 2 | 4 | 45 |
| I | 带状绿地 | 4 | 2 | 2 | 2 | 4 | 2 | 2 | 2 | 1 | 1 | 1 | 1 | 1 | 2 | 4 | 2 | 3 | 37 |
| J | 带状绿地 | 4 | 4 | 2 | 4 | 4 | 4 | 1 | 4 | 2 | 1 | 2 | 1 | 2 | 4 | 4 | 2 | 3 | 48 |
| K | 带状绿地 | 4 | 4 | 2 | 4 | 4 | 4 | 1 | 1 | 1 | 1 | 1 | 2 | 2 | 4 | 8 | 4 | 4 | 52 |
| L | 带状绿地 | 2 | 2 | 3 | 4 | 2 | 2 | 4 | 3 | 4 | 1 | 3 | 1 | 2 | 4 | 4 | 2 | 3 | 44 |
| D | 小区游园 | 4 | 2 | 3 | 3 | 3 | 3 | 2 | 3 | 4 | 1 | 1 | 1 | 1 | 4 | 4 | 2 | 4 | 42 |
| E | 小区游园 | 4 | 2 | 3 | 3 | 3 | 3 | 2 | 3 | 1 | 1 | 1 | 1 | 1 | 4 | 4 | 2 | 4 | 41 |
| G | 小区游园 | 1 | 2 | 2 | 2 | 3 | 3 | 2 | 1 | 4 | 4 | 4 | 4 | 4 | 4 | 4 | 2 | 4 | 46 |
| H | 小区游园 | 4 | 2 | 1 | 2 | 2 | 2 | 1 | 2 | 4 | 1 | 4 | 4 | 4 | 4 | 4 | 2 | 4 | 42 |
| M | 小区游园 | 4 | 2 | 2 | 2 | 2 | 4 | 2 | 2 | 4 | 1 | 2 | 4 | 4 | 4 | 4 | 2 | 3 | 44 |
| B | 社区公园 | 1 | 2 | 3 | 2 | 3 | 2 | 2 | 2 | 3 | 3 | 2 | 4 | 4 | 3 | 4 | 2 | 4 | 45 |
| N | 区级公园 | 2 | 3 | 2 | 3 | 4 | 3 | 2 | 2 | 2 | 3 | 2 | 1 | 2 | 4 | 4 | 2 | 4 | 44 |
| O | 区级公园 | 4 | 3 | 1 | 2 | 3 | 4 | 2 | 2 | 2 | 1 | 2 | 1 | 2 | 4 | 4 | 2 | 1 | 45 |

图 8  绿地公园使用频率（左）

图 12  绿地公园使用频率与评分情况对比（右）

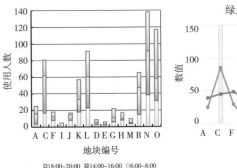

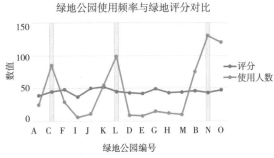

图 9  拥挤的社区绿地（左）

图 10  无人问津的区级绿地（中）

图 11  闲置的锻炼设施（右）

### 2.3.2  公园绿地不同时段的使用情况

根据老年人活动特点，我们采取 3 个时间段：6:00~10:00、14:00~16:00 和 18:00~20:00，调查各个公园绿地老年人的使用情况。其中，数据采集主要是对 3 个时段的任意 5 分钟内来园的老年人数进行统计（图 8）。

### 2.3.3  公园绿地使用情况与评分对比

通过将绿地的使用情况与客观评分进行对比，我们发现以下主要特征：许多评分较高的绿地公园，使用状况比较低；而另外一些规模小、设施也较少的绿地公园，使用人群却非常多，并且常常是人满为患（图 12）。

## 2.4  老年人活动行为与绿地公园使用

### 2.4.1  老年人日常活动路径

根据老年人日常活动的地点和时间段，我们对不同年龄和性别的老年人进行不同层次的对比分析，从而得出老年人日常活动的时空特征（图 13、图 14）。可以发现，老年人外出活动时间主要为上午 6~10 点、下午 14~16 点和晚上 18~20 点。由此，我们确定了对老年人主要活动路线调查的时间段以及观察点。

### 2.4.2  分时段老年人活动线径

为了深入了解老年人的必要性活动、自发性活动和公园绿地以及其他生活相关设施之间的时空关系，我们分时段、分观察点对老年人的日常活动和出行路线进行观察记录。如图所示，表示出每天固定时间段内从事不同活动的主要人流方向和人流密度（图 15~ 图 17）。

图 13 分性别研究（左）

图 14 分年龄段研究
（右）

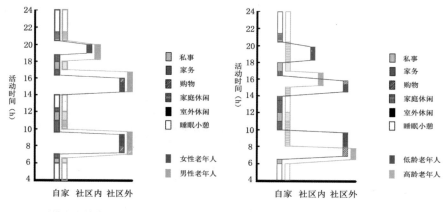

男性和女性老年人的日活动路径　　低龄和高龄老年人的日活动路径

图 15　6：00～8：00 行
为路线分析（左）

图 16　14：00～16：00
行为路线分析（中）

图 17　17：00～20：00
行为路线分析（右）

通过以上线路图分析，并与当地居民进行访谈，可以模拟出以下几条典型的老年人日常生活流线：

> （1）社区卫生服务机构买药或看病—公园绿地小憩、聊天—回家
>
> （2）农贸市场或超市买菜—公园绿地锻炼、聊天—回家
>
> （3）老年活动中心休闲—公园绿地锻炼、活动—回家
>
> （4）参加居委会举办的活动—公园绿地找熟人聊聊天或锻炼身体—回家
>
> （5）银行点存取钱—公园绿地逛逛看看—回家

由以上分析可知，老年人的日常活动较为单一且集中，休闲娱乐所占时间的比例非常大，考虑到老年人自身行动的局限性，在设置绿地公园的时候，应将绿地公园的休憩娱乐活动和老年人的日常活动作为一个有机整体。

### 2.4.3　必要性行为与公园绿地的结合

通过实地调研发现，菜市场、社区医疗卫生站、居委会（活动中心）、超市、公交站、银行网点与老年人的日常生活最为密切相关，属于必要性活动，对绿地公园的布局和使用情况也影响最大。所以，我们将重点剖析这六个特殊

图 18　绿地公园与主要
结点的位置关系（左）

图 20　公园绿地与菜场
位置关系（右）

图 19　绿地公园到各主
要结点的距离（左上）

图 21　老年人出行主要
内容（右）

图 22　公园绿地到菜场
距离（左下）

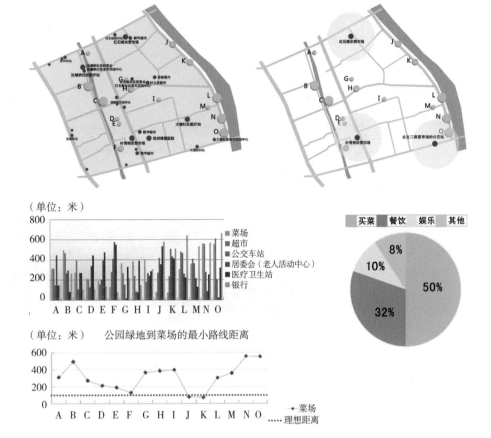

场所对绿地公园的分布所产生的影响作用。同时，通过对老年人行为路线的调查分析和数据统计，重点研究绿地公园与这六个场所之间的相互关系（图 18、图 19）。

（1）菜市场

"民以食为天"，菜篮子问题始终是老百姓最关心的问题，菜市场一带也是与当地老年人生活联系最紧密的场所之一。调查结果显示，有 70% 的居民希望菜市场附近能有供娱乐活动的公园绿地，以便他们在买菜时可顺道进行锻炼、交往等活动；30% 的居民则认为无所谓。同时，有 95% 的居民认为菜市场一带的环境有待改善，或是很糟糕（图 20）。因此，我们认为如何选择它们之间的适当距离以及卫生环境的改善是其关键。

由图 20 可知，菜市场系统主要由一个综合市场和一个小型菜市场组成。根据调查，部分老人乘车前往文二路菜市场买菜，所以该公交站点也作为菜市场此系统中的组成部分。通过对绿地公园与菜市场的辐射范围分析，可以发现，叶青兜农贸市场与公交站点的分布与公园绿地得到较好的结合，而北面的红石板农贸市场附近则基本没有任何等级的绿地公园，这是有待改善的。

启示：将绿地布置在菜场周边及老年人买菜主要路线上可以很好结合老年人的必要性活动与自发性活动，促进相互之间的交流，满足日常生活与休闲

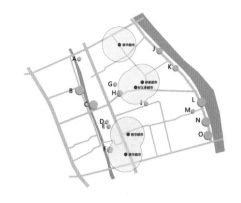

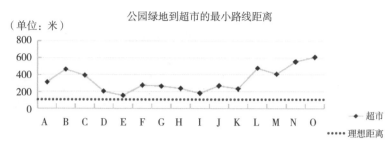

公园绿地到超市的最小路线距离

（单位：米）

超市

理想距离

图 23　超市分布图（上左）

图 24　公园绿地到超市距离（上右）

图 25　调研区块社区服务部门（下）

娱乐的需求。

（2）超市

根据第一轮调查得知，超市购物是该地块老年人的必要性活动之一。调查显示，65% 以上的老人表示希望超市附近能有绿地公园。

经分析可知，公园绿地到超市的最小路线距离大多处于 300 米左右，个别绿地公园到超市的距离超过 500 米，均没有顾及老年人少量多次购物行为的特点。若考虑到超市布点较为散乱，与规模小、等级低的绿地灵活的组合，可以较好地兼顾老年人的使用和社会公共利益。

（3）社区服务部门

社区服务部门包括老年活动中心、居委会等。其中，老年人喜欢在老年活动中心集体活动，周围绿地公园的设置，可以增加老年人的活动设施以有利于老年人聚集，并形成活跃的公共空间气氛，提高老年人的见面几率及交往频率。

老年人随机访谈：

问："您觉得现在的老年活动中心如何，能满足您的活动需求么。"

答："大都是打牌，活动比较单一，许多不会打牌或打麻将的就不去那边，宁可去小公园锻炼或聊天休息。"

问："您觉得老年活动中心需要如何改进呢。"

答："增加活动设施和活动内容，美化环境"

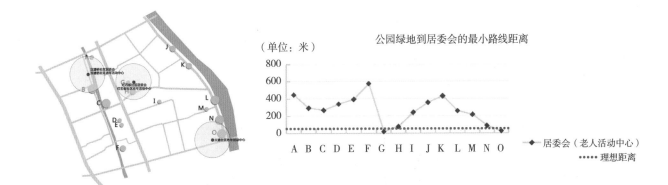

公园绿地到居委会的最小路线距离
（单位：米）

800
600
400
200
0

A B C D E F G H I J K L M N O

◆ 居委会（老人活动中心）
····· 理想距离

图26　居委会分布（上左）

图27　公园绿地到居委会距离（上右）

图28　调研区块卫生医疗站（下）

以上分析显示，社区服务部门布局较为集中、合理，符合居民的生活需求。特别是大塘社区和沈塘桥社区的老年活动中心，周围都布置了小区级的较大型绿地公园，设施齐全，活动的人数较多，氛围较好。相比之下，红石板社区老年活动中心周围虽然人流很大，但因为周围的绿地等级过低、设施简陋，导致其使用频率较低。所以，在进行公园绿地布置时，可以考虑依托居委会、老年活动中心的人流配备等级较高的公园绿地空间。

（4）医疗卫生站

一般来说，老年人身体抵抗力差，易受到各种疾病侵扰，同时，在各种锻炼活动中，难免会有些磕碰擦伤。为了使老年人能及时得到贴切护理，考虑到老年人的行动范围较小、行动能力弱的情况，社区医疗站要尽量靠近老年人活动频繁的绿地附近，或靠近老年人日常生活的常规路线上。

由图29、图30可知，沈塘桥医疗站周围有绿地公园，而另两个医疗站半径一百米内没有绿地公园与之相邻。可见，公园绿地的设置与老年人的就医行为关联性极小。究其原因，一般认为社区医疗站的医疗条件较大型医院差，难以应付老年人的多数慢行疾病，同时考虑到医保的定点问题，老年人能够去大医院则尽量去大医院就诊。但是，日常的伤风感冒等稍微不适的问题仍然在社区医疗站处理，另有一些意外事件需要第一时间得到处理，所以，以绿地公园为代表的可能发生意外的场所，要尽量靠近医疗站或在可达性较高的道路周边。

（5）银行

老年人普遍习惯于实体货币面对面的交易，加之对网络支付的不了解，所以，老年人一般都亲自去银行支付日常水电费以及领取养老金。因此，往返

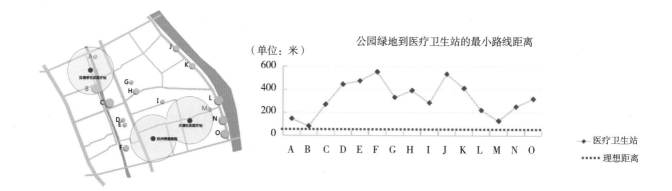

公园绿地到医疗卫生站的最小路线距离

（单位：米）

医疗卫生站
理想距离

图29 医疗站分布（上左）

图30 公园绿地到医疗站距离（上右）

图31 调研区块银行站点（下）

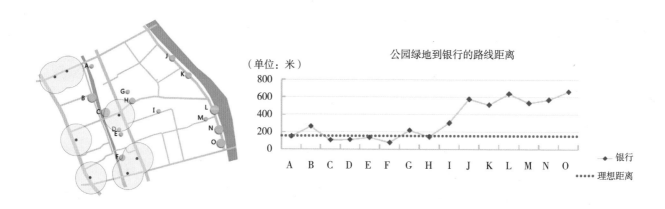

公园绿地到银行的路线距离

（单位：米）

银行
理想距离

图32 银行分布（左）

图33 公园绿地到银行的路线距离（右）

于银行与住家之间的行为也成了必要性活动。与上述超市购物活动行为类似，要尽量在金融机构附近布置休闲绿地。

由图32、图33可知，社区内可达性较好的活动绿地，距离银行等金融机构也较近，而环境较好、人流稠密的河滨绿地则距离较远。所以，根据老年人的行为目的，区分绿地布置与银行的位置关系，是有必要作出差异性布置。

（6）公交站点

得益于杭州便捷的公共交通系统和老年人优待政策，乘坐公共交通出行也是社区老年人的日常必要活动之一。若能考虑将绿地公园与公交站点巧妙结

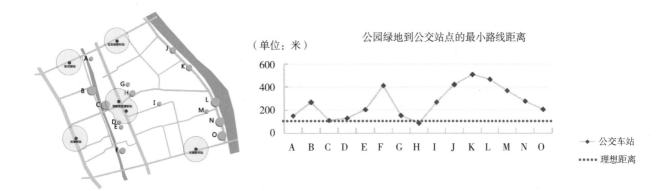

图34 公交站点分布(左)

图35 公园绿地到公交
站点距离（右）

合，将提高老年人的绿地使用频率。

如图34、图35所示，调研地块公交站点与公园绿地布点疏离，绿地公园不方便乘车老人的使用。绿地规划若能在安全使用的前提下与公交站点紧密结合，将是方便老年人绿地使用的有效措施。

# 3  总结与建议

## 3.1  总结

通过本次调研可知，以四个典型社区为代表的杭州市老龄化社区主要存在以下现象和问题：

（1）绿地公园分布较为不均匀，其等级规模结构不够合理。社区内评分高的部分绿地实际利用率却很低，由于许多绿地的服务半径不合理，存在大量的可达性盲区绿地，不能满足老年人步行至社区绿地的需求。所以，要优化社区绿地公园的规模结构和服务半径，以满足各类居民日常活动的需求。

（2）老年人日常行为路线相对单一，休闲娱乐时间比例较大。老年人的日常行为路径基本上包括三个节点，分别是必要性活动地点、公园绿地和家庭，若考虑到老年人自身行动的局限性，可以认为公园绿地是老年人日常生活中必不可少的组成部分。所以，绿地公园的设置要强调外部环境的优越性、休憩活动的丰富性、空间形式的多样性和功能内容的完整性。

（3）老龄化社区服务配套设施相对齐全，绿地公园布局要与必要性活动相结合。调研地块周边的配套服务设施相对齐全,包括菜市场、超市、银行等，老年人的大部分活动地点都在社区内部及其周边范围。所以，应充分考虑老年人活动的特点与各服务设施的协调关系，将社区绿地与居民必要性活动密切联系。

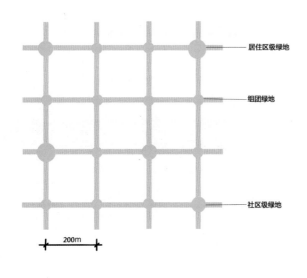

图36 社区绿地服务半径示意图（左）

图37 社区绿地理想模型图（右）

## 3.2 建议

从整体上要通过化零为整的方式，进行统一规划调整，优化组合，资源集中，其中，较大绿地均能够实现配套设施丰富，空间形式多样，功能内容较完善，从而满足老年人日常活动及相互交往的各种需要。

第一，保证居民出门300m就能有绿地公园且布点均质化，同时加大中等规模绿地建设，缩减特大型规模绿地公园。

第二，居住区级绿地布置以800~1000m为服务半径，社区级绿地以400~500m为服务半径，并以180~200m的服务半径布置组团绿地。

第三，以2000m为步行极限距离，中途设置道路绿地可提供休息，即相隔4000m左右就可建设规模适中的绿地公园。

## 3.3 规划模型

结合老龄化社区的特点，以可持续发展、城市永续为原则，我们提炼出一个适合老年人活动的社区绿地公园分布的理想模式：

老龄化社区的基本要求：

a——绿地公园分布点必须靠近老年人居住和活动的集中区域。

b——绿地公园分布点必须靠近交通便捷的街道，以便及时到达或求诊就医。

c——通向绿地公园的小区组团入口必须宽敞、明显。

d——绿地公园分布点的标识必须醒目。

e——尽量在有良好自然景观和环境优美的地方建设。

f——相关设施尽可能考虑老年人的需求。

生活型社区的基本要求：

a——绿地公园分布点必须靠近居民生活所需的各大服务场所。

b——绿地公园分布点必须针对各大场所的特点在用地规模、活动设施配套、园林建筑配套上合理定位和配置。

c——绿地公园分布点的开放空间以及活动设施，可以根据不同时段、不同的使用人群、不同的活动内容进行适当的调整与变动。

d——绿地公园分布点周围应该配备与之配套的人性化设施，比如公厕、饮水点等。

可持续发展社区的基本要求：

e——我们强调整个绿地公园体系清晰与完整，只有将各级居住区中的绿地、城市广场和滨河绿地有机的整合起来，才能高效而灵活的服务周边市民，以应对各种不同类型的服务需求。

f——在重点建设滨河绿地的同时，平衡社区内部的绿地规划，做到城市环境的整体和谐。

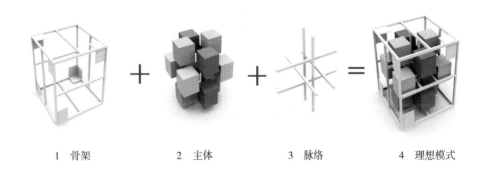

1　骨架　　　　2　主体　　　　3　脉络　　　　4　理想模式

## 参考文献

[1] （丹麦）扬·盖尔 . 交往与空间 [M]. 何人可译 . 北京：中国建筑工业出版社，2004.

[2] 孙鹃娟 . 北京市老年人精神生活满意度和幸福感及其影响因素 [J]. 中国老年学杂志，2008，（2）：308-309.

[3] 贺璟寰，魏春雨 . 高速老龄化社会背景下的老年人社区开发模式探讨 [J]. 中外建筑，2008，（2）：125-127.

# 一路上有你
## ——杭州市环卫工人工作环境与设施布局调研

学生：徐烨婷　汪帆　任燕　鲍志成
指导老师：武前波　陈前虎　黄初冬　宋绍杭

摘要

深入调研了杭州主城区道路环卫工人的工作环境和现有道班房设施，采用使用者需求理论，结合环卫工作实际情况，通过需求度的方法统计与分析能够反映环卫工人工作环境的需求特征，并对其影响因素进行解释。同时，运用场地行为的理论方法模拟和验证环卫工人的选择行为及其活动规律，从而为环卫工人工作环境改善与设施布局提供针对性建议。

关键词

环卫工人　工作环境　需求特征　设施布局

Abstract

The social practice & investigation group researches the environmental protection workers，the restroom for them and the working environment in Hangzhou Center.The demand degree，which based on the Consumer demand theory and the current situation of the environmental protection work，impersonally reflects the demand characteristics of the workers and the factors.Meanwhile, based on the Site behavior theory, we simulate the behaviors of the workers'choices, for the sake of the characteristics of the common environmental protection workers, to give some reference and advice on how to improve the facilities of the environmental protection workers.

Keywords

Environmental protection workers　Working environment Demand facility　Site behavior　Hangzhou

having you along the way

# 目录

1 绪论 .................................................. 247
 1.1 调查背景 ...................................... 247
  1.1.1 与"路"俱增的路上工作者 ............. 247
  1.1.2 "清洁城市"创建与环卫工人设施
     的稀缺 .......................... 247
  1.1.3 杭州环卫工人设施改进契机及其所面临
     的困境 .......................... 247
 1.2 调查目的 ...................................... 247
 1.3 概念、指标界定 ................................ 248
 1.4 调查类型及调查范围 ............................ 248
 1.5 研究框架 ...................................... 248
2 调查与分析 .......................................... 249
 2.1 环卫工人的现有设施 ............................ 249
  2.1.1 道班房现状分布 ........................ 249
  2.1.2 使用状况及问题分析 .................... 249
 2.2 环卫工人的基本属性 ............................ 250
 2.3 环卫工人的工作制度 ............................ 250
 2.4 环卫工人的需求特征 ............................ 251
  2.4.1 指标体系与定量分析 .................... 251
  2.4.2 知识性和偶发性需求 .................... 252
  2.4.3 社会性和情感性需求 .................... 253
  2.4.4 功能性需求 ............................ 255
 2.5 环卫工人的场地选择行为规律 .................... 258
  2.5.1 环卫工人的场地选择行为影响因素 ...... 258
  2.5.2 场地选择行为实证模拟 .................. 259
3 结论与建议 .......................................... 263
 3.1 结论 .......................................... 263
 3.2 建议 .......................................... 264

参考文献 .............................................. 265

与"路"俱增的路上工作者　　　　　　　　杭州打造"清洁城市"五年规划

垃圾直运让杭州城市更加清洁　　1980年，杭州环卫工人脚踏　30多年过去了，环卫工人的人力
　　　　　　　　　　　　　　　三轮垃圾车，手拿摇铃，走　三轮车没有根本性改变
　　　　　　　　　　　　　　　街串巷，上门收集垃圾。

# 1　绪论

## 1.1　调查背景

### 1.1.1　与"路"俱增的路上工作者

随着现代生活的加速，城市道路与日增长，催生出许多路上职业者，包括快递员、司机、环卫工人等群体。由于其工作方式具有流动性、线性和分散性的特点，由此造成了以辐射"面"为主的城市公共设施无法覆盖和无法真正解决其工作期间的各类需求，特别表现为一直停留在路上的环卫工人。

### 1.1.2　"清洁城市"创建与环卫工人设施的稀缺

2007年杭州提出打造"国内最清洁城市"。随着城市道路保洁制度的完善及机械化程度的提高，城市环境得到提升。然而，作为保洁主体的环卫工人，不但承受了更大工作压力，工作过程中亟需的各种需求也得不到满足，诸如缺少固定的休息场所、在路边吃饭、无处存放工具等问题。

### 1.1.3　杭州环卫工人设施改进契机及其所面临的困境

目前杭州主城区共有道班房57座，而按照杭州市政府杭政办【2008】14号文件规定，在城市道路附近合适地点按服务半径2公里设置一座不少于10平方米的道班房，即主城区道班房设置应达到667座，由于数量缺口巨大，可供利用的土地难以落实。

## 1.2　调查目的

本文旨在通过对杭州主城区环卫工人工作环境与设施条件的详细调查，

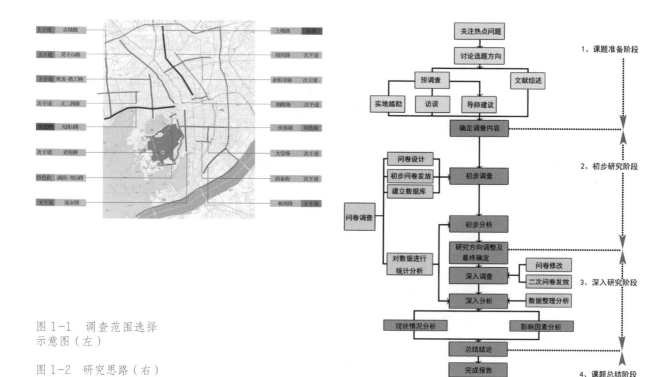

图1-1 调查范围选择
示意图（左）

图1-2 研究思路（右）

揭示环卫工人基本情况，深入分析环卫工人的需求和行为特征及其影响因素，为解决环卫工人道班房设置及其工作环境改善提出一些导向性的建议。

### 1.3 概念、指标界定

1.3.1 环卫工人：本文所调查对象为城市道路清洁人员，不包括街道社区和专属清洁人员。

1.3.2 道班房：专为环卫工人提供饮用水、休息、更衣以及储物等的场所。

1.3.3 需求指标：根据相关需求理论及工作现状，包括功能性需求、社会性需求、情感性需求、知识性需求和偶发性需求。

### 1.4 调查类型及调查范围

以杭州主城区外围快速路为界，根据不同道路等级、性质及道路两旁主要功能，笔者选取16条道路，通过问卷及访谈形式对道路上环卫工人进行调研（图1-1）。

### 1.5 研究框架

课题经历准备、初步研究、深入研究及总结四个阶段，进行了预调查、初步调查及深入调查，结合理论研究成果，研究分析现状及其影响因素（图1-2）。

环卫工人调研现场

道班房调研现场

图 2-1　现有道班房布点

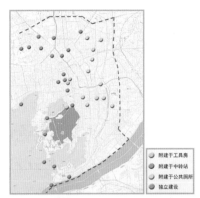

使用空间有限

环境质量较差

# 2　调查与分析

## 2.1　环卫工人的现有设施

### 2.1.1　道班房现状分布

笔者通过走访杭州市容环卫监管中心获取文本资料以及采访相关负责人，了解现有道班房的分布及基本情况。并进一步通过实地踏勘和访谈，分析现有道班房建设存在的问题。

根据杭州市市容环卫所统计，目前杭州主城区共有环卫工道班房 57 座，建设形式以附建为主，其中独立建设 7 处，附建于中转站 12 座，附建于公厕 30 座（图 2-1）。

### 2.1.2　使用状况及问题分析

笔者选取不同建设形式道班房各 4 个，共 16 个进行实地调查，并对使用人员进行访谈，发现存在以下问题：

1）实际设施布置落后于规划布置：在笔者选取调研的 16 个道班房中，有 3 个不存在，有 9 个不具备供环卫工人使用的功能，只有 4 个真正对道路上环卫工人开放使用。

2）"僧多粥少"覆盖面小：道班房平均使用人数（以道路清洁人员为主）为 5~6 人，其中两处中转站附建属于集体宿舍，服务于道路的清洁人员较少。

3）基本满足空间需求，环境质量有待提高：有更衣、储物、休息、摆放工具及停靠车辆的空间，环卫工人自己添置电饭锅等电器，可以满足基本功能需求；但停车场普遍偏小，且内部环境较差。

## 2.2 环卫工人的基本属性

针对政府道班房设置及其所存在的问题，我们认为有必要从"公众参与"的角度，对环卫工人及其需求进行深入调查和分析，以此为道班房设置及其工作环境的改善提供相应建议。

笔者在所选取的 16 条道路上随机选取 200 个环卫工人进行问卷调查，收回有效问卷 191 份。根据调研结果，环卫工人主要有以下特征（表 2-1）：

环卫工人基本信息统计表　　　　　　　　　　表 2-1

| 项目 | 分类 | 样本数（有效） | % |
|---|---|---|---|
| 总有效样本数 | | 191 | |
| 户籍 | 杭州 | 5 | 2.2 |
| | 非杭 | 186 | 97.8 |
| 年龄结构 | 20~30 岁 | 2 | 1.0 |
| | 31~40 岁 | 49 | 25.2 |
| | 41~50 岁 | 118 | 62.2 |
| | 51 岁以上 | 22 | 11.6 |
| 月收入 | 1500~2000 元 | 99 | 52.0 |
| | 2000~2500 元 | 88 | 46.0 |
| | 2500 以上 | 4 | 2.0 |
| 工龄 | 0~3 年 | 78 | 40.4 |
| | 3~5 年 | 60 | 31.9 |
| | 5 年以上 | 53 | 27.7 |
| 通勤耗时（以自行车为主要交通工具） | 0~15 分钟 | 52 | 26.9 |
| | 16~30 分钟 | 101 | 52.9 |
| | 30 分以上 | 18 | 20.2 |

1）98% 的杭州环卫工人来自其他省市，其中工龄在 5 年以下的环卫工人占 72%，人员流动性大。

2）环卫工人的收入较低，98% 的人月收入在 2500 元以下，通勤主要交通工具为自行车，时间集中在 15 分钟到 30 分钟之间。

3）环卫工人的年龄普遍偏高，74% 的环卫工人年龄在 40 岁以上，12% 环卫工人年龄在 50 岁以上。

## 2.3 环卫工人的工作制度

由于杭州城区的环卫作业主要以外包给各类保洁公司为主，因此各个公司实行的工作班制、工作时间长度都不具统一性，主要有两种班制。94% 的环卫工人更倾向于一日两班制的工作制（表 2-2）。

| 杭州繁华湖滨路上一幕 | "我们需要一个躲避的地方" | 社会对环卫工人的关注 |

环卫工作班制                                        表2-2

| 一日两班制（47%） | | 一日一班制（53%） |
|---|---|---|
| 上午班：4~12点 | 下午班：12~20点 | 7~17点（中午休息时间不等） |
|  | | |

## 2.4　环卫工人的需求特征

### 2.4.1　指标体系与定量分析

为了更加全面深入的了解环卫工人工作期间的问题，本文结合纽曼、格罗斯等的使用者需求理论和环卫工作中实际状况，从环卫工人整体需求入手分析，包括功能性需求、社会性需求、情感性需求、知识性需求和偶发性需求（表2-3）。

环卫工人需求定义及分类                                  表2-3

| 需求大类 | 定义 | 需求小类 |
|---|---|---|
| 功能性需求<br>（8小类） | 基本需求 | 1.吃饭 2.饮水 3.如厕 4.清洁 5.更衣 6.安全<br>7.交通工具停放 8.个人物品及环卫工具存放 |
| 社会性需求<br>（3小类） | 建立或促进交流和社会关系 | 1.与同一路段其他环卫工人交流关系<br>2.与环卫监督人员交流关系<br>3.与工作环境周边人群等其他人交流关系 |
| 情感性需求<br>（2小类） | 在一定环境中的心理舒适及自尊需求 | 1.工作路段物质环境造成的心理感受<br>2.工作路段社会环境造成的心理感受（被尊重等） |
| 知识性需求<br>（3小类） | 了解和学习有关事物的需求 | 1.对工资福利相关知识的了解<br>2.对安全注意事项的了解<br>3.对工作中发生矛盾时维权途经的了解 |
| 偶发性需求<br>（2小类） | 在某一时间或特殊环境条件下产生的需求 | 1.特殊天气的应对（高温天气、雨雪天气等）<br>2.身体发生不适或意外 |

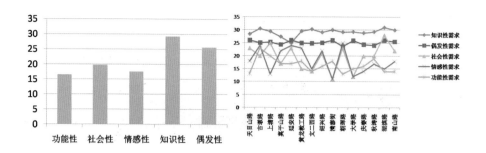

图 2-2　环卫工人总体需求度（左）

图 2-3　不同路段环卫工人的需求度（右）

环卫工人作为普通人的情感需求

　　本文将环卫工人各类需求的需求程度分为"非常需要"、"比较需要"和"不太需要"三个层次，并最终以需求度来评价各小类需求程度，用需求综合度来评价各大类需求程度。需求度或需求综合度得分越高说明需求程度越高。

> 　　需求度 =（某项需求选择"非常需要"的人数 ×5+ 选择"比较需求"的人数 ×3+ 选择"不太需要"的人数 ×1）/ 该项需求所属需求大类中包含小类的个数
>
> 　　综合需求度 = 该类需求所包含的各小类需求度相加 / 总人数

　　根据调研结果及统计数据分析，发现环卫工人的需求状况存在以下总体特征（图 2-2、图 2-3）：

> 　　第一，知识性和偶发性需求比较高，不同道路之间变化不大，波动较小；
>
> 　　第二，社会性和情感性需求其次，不同道路的波动变化较大，部分路段具有相似性；
>
> 　　第三，功能性需求最低，随道路变化存在一定的波动性。

　　事实上，在日常工作中，功能性需求对环卫工人的影响最大，其次是社会性和情感性需求，最后是知识性和偶发性需求，以下我们将分别对这三大层次需求特征及其产生原因进行总结与分析，并在其间进行了补充性调研。

> 　　总结：道班房的设置中应加强精神性内容建设，设置宣传各类维权的知识栏以及专项服务点。同时应加强出台有关环卫工人应对突发事件的规范。

### 2.4.2　知识性和偶发性需求

　　知识性和偶发性需求较高，具有普遍性，和道路环境关系不大，其主要

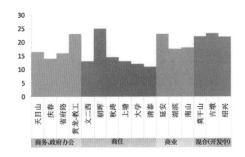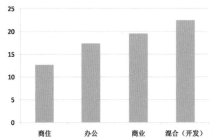

图 2-4 不同路段情感性需求（左）

图 2-5 不同功能性质情感性需求（右）

原因表现为：

1）环卫工人个人因素：85% 以上的人不识字，有些人外地口音重，存在沟通问题，缺乏了解各种知识的途径。

2）承包保洁公司：一方面缺乏政府监管，以众多名义克扣工资，福利不到位现象普遍。另一方面迫于政府道路清洁考核指标，要求苛刻，对环卫工人面对的各种突发状况缺少人性关怀。

3）政府管理：缺乏对保洁公司有关环卫工人待遇与权利方面的监督。相关基础设施投入不足。

### 2.4.3 社会性和情感性需求

社会性和情感性的总体需求度居于其次位置，且随道路不同需求波动较大，这与其所清扫道路的街区功能性质有关。

1）情感性需求分析

情感性需求主要和不同功能街区的物质环境和社会环境有关。

商住和办公街区情感性需求较低，商业街区较高，而混合、开发不成熟街区需求最高（图 2-4、图 2-5）。这主要和街区环境稳定性、工作量、尺度以及周边人群特征有关。见表 2-4。

不同功能街区与情感性需求关联分析　　　　　　　　　　　　　　　　　表 2-4

| 功能类型 | 物质环境特征 | 社会环境特征 |
| --- | --- | --- |
| 商住 | 店面密集，道路相对较窄，工作尺度宜人，但生活性垃圾比较多 | 周边人群较固定，接触机会多，彼此较熟悉，容易获得帮助，但同时又容易发生矛盾 |
| 商务、政府办公 | 占地较大，比较稀疏，且各类垃圾比较少，负担较轻 | 周边人群较固定，但接触机会少，环卫工人普遍比较受尊重 |
| 商业 | 行人穿梭及乱扔垃圾影响较大，负担较重 | 人流复杂，流动性强，与周边人群接触少，容易与行人发生各类矛盾 |
| 混合（开发不成熟） | 功能复杂，各类工地、运输车辆遗留的垃圾，以及改建项目使得环卫作业负担加重 | 人流复杂，各种乱扔乱置现象比较多，矛盾比较突出，互助氛围差 |

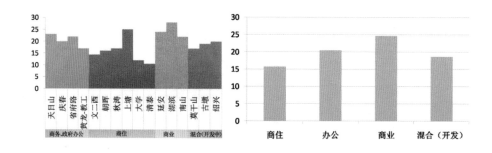

图 2-6　不同路段的社会性需求（左）

图 2-7　不同功能性质的社会性需求（右）

> 小结：由于商业和混合功能地段尺度较大，应该适当增加道班房设置密度，保证环卫工人在工作量大的情况下减少到达道班房的时间和距离。

2）社会性需求分析

社会性需求主要包括环卫工人与工作周边人群社会关系，与环卫工作监督与管理人员社会关系，以及环卫工人之间的社会关系（表 2-5）。

不同人群与社会性需求的关系　　　　　　　　　　　　表 2-5

| 人群分类 | 总体关系程度 | 影响因素 |
| --- | --- | --- |
| 与周边人群 | 随环境变化大 | 人群稳定性，收入水平 |
| 与上级监督及管理人员 | 交流少 | 工龄、与环卫所距离 |
| 与其他环卫工人 | 交流密切 | 道路行车速度、隔离带，工作量是否有道班房、集体廉租房 |

商业和办公街区社会性需求较高，混合、开发不成熟的街区较低，而商住街区社会性需求最低（图 2-6、图 2-7）。主要原因可从以下几方面分析：

（1）环卫工人与工作环境周边人群社会关系

环卫工人与各类保安、公厕管理员以及建筑工地的外来务工者交流比较密切，其次是比较低端的食品店、洗车店等店主。与开放式居民区内居民也存在一定交流。

（2）与环卫工作监督与管理等上级人员的社会关系

环卫工人与上级监督及管理人员的交流普遍较少。受与环卫所之间距离影响较大，与环卫所较近的环卫工人更容易表达自己的利益诉求。

（3）环卫工人彼此之间的社会关系

环卫工人彼此之间的交流普遍比较密切，许多环卫工人来自同一个地方。

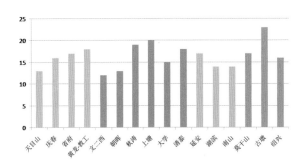

图 2-8　不同路段
的功能性需求

但另一方面受道路、政府提供基础设施的影响较大。道路行车速度、中间隔离带会减少环卫工人的交流。而政府提供的道班房及垃圾中转站则有助于环卫工人加强交流，互相帮助。

---

小结：在办公与商业地段应该设置面积较大、开放性强的道班房，加强环卫工人与各类人群的交流。而在商住和混合功能地段设置道班房时可适当减少交流空间。

---

### 2.4.4　功能性需求

总体上来看，环卫工人的功能性需求度相对较低，随周边环境变化有一定的波动，但不具有明显规律。由于功能性需求对环卫工人的作用意义最大，因此，本部分重点从工作环境现状入手分析环卫工人的基本需求，并进行了一些补充性调研（图 2-8）。

目前，环卫工人工作期间的基本需求主要包括依靠自行解决、依赖周边环境功能、依赖政府基础设施三种情况（表 2-6）。

功能性需求影响因素　　　　　　　　　　　　　　　表 2-6

| 活动类型 | 安全依靠自行解决<br>（%） | 依赖周边环境功能<br>（%） | 依赖政府基础设施<br>（%） |
| --- | --- | --- | --- |
| 吃饭 | 93 | 4 | 3 |
| 饮水 | 14 | 82 | 5 |
| 如厕 | 4 | 37 | 59 |
| 自我清洁 | 5 | 40 | 55 |
| 更换衣物 | 51 | 41 | 8 |
| 工具及物品存放 | 34 | 57 | 9 |
| 交通工具 | 44 | 48 | 8 |

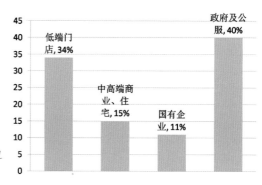

图 2-9 环卫工人对周边
环境依赖程度

1）依靠自行解决

93% 的环卫工人吃饭完全依靠自行解决，在更换衣物、物品工具存放、交通工具存放等方面自行解决程度也比较高，比重在 30% 到 50% 之间。

但存在比较多的问题：如冬天吃自带冷饭，在道路上更换衣物，清洁工具无处存放，时常被偷等。

2）依赖周边环境实体

82% 的环卫工人依赖周边环境解决喝水问题，依赖度最大，除吃饭外其他基本需求依赖周边环境功能程度也比较高，在 35% 到 60% 之间。

根据调研结果，可将所依赖的周围环境功能划分为以下四类，分别是私人低端底层门店、中高端商业及住宅、国有企业、政府部门及公共服务设施。为此，笔者用访谈方式进一步了解了环卫工人对四类周边环境的心理感受（表 2-7）。

环卫工人对私人低端底层门店、政府部门及公共服务设施的依赖比较大，分别占 34% 和 40%。而只有 11% 和 15% 的环卫工人分别依赖国有企业和中高端商业居住，依赖度较小（图 2-9）。

不同环境下的环卫工人心理　　　　　　　　　　表 2-7

| 分类 | 典型设施 | 百分比（%） | |
| --- | --- | --- | --- |
| 私人低端底层门店 | 卖报摊、水果店、洗车店、小卖部、施工地等 | 34 | 向水果店倒水的环卫工人："这个很方便的，可人家的水也要钱的，他们好心给你倒水，你老去会觉得欠别人什么似的，不好意思的。""有些人态度比较不好的，有时候生意差点说不定要怪你。" |
| 中高端商业、住宅 | 小区、商场、酒店、办公楼等 | 15 | |
| 国有企业 | 各类银行、移动、电信、联通营业厅等其他 | 11 | 在写字楼里上厕所倒水的环卫工人："要看老板的啦，有些老板管的很牢，很小气，说厕所、水都是私人的不好用的，有些老板还是很好的，很体谅我们的。" |
| 政府部门及公共服务设施 | 大学、医院、图书馆、体育馆、派出所、信访局、邮局等 | 40 | |
| 合计 | | 100 | 在体育馆里倒水上厕所的环卫工人："国家的东西嘛，我们也可以用的，其他用的人也很多，不会有人来说你的，但是有些地方要进很里面比较麻烦。" |

图 2-10 环卫工人周边
人群调查分析

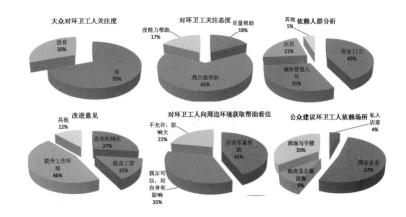

大众对环卫工人关注度

没有
30%

有
70%

对环卫工关注态度

尽量帮助
18%

没精力帮助
17%

偶尔能帮助
65%

依赖人群分析

其他
5%

店员
21%

保安门卫
43%

厕所管理人员
31%

改进意见

其他
12%

提高机械化
27%

提升工作环境
46%

提高工资
15%

对环卫工人向周边环境获取帮助看法

不允许，影响大
22%

应该尽量帮助
43%

偶尔可以，对自身有影响
35%

公众建议环卫工人依赖场所

私人店家
4%

商场写字楼
35%

国有企业
52%

政府及公服设施
9%

小结：虽然有 49% 的环卫工人依赖私人性质的周边环境功能，但心理感受比较差，"不好意思"、"怕"等字眼常常出现。相对而言，对其他医院学校之类公共服务设施和国有企业的心理感受相对较好。

周边人群调查分析：

尽管对周边环境的依赖很大程度解决了环卫工人各类功能性需求。但其周边环境人群的态度十分重要并且具有不可控性。针对这一情况，本文对环境中其他人群进行问卷调研。

本次问卷在杭州主城区共发放问卷 100 份，回收 95 份，回收率 95%。

问卷主要了解公众对为环卫工人在饮水、清洁等方面提供帮助的态度，以及他们对社会各界力量是否应该在此方面承担的责任的看法，从而为切实解决环卫工人基本需求提供思路（图 2-10）。

调研结果如下：

雪天，环卫工人在小店、保安亭避雪、安放工具

70%的人表示关注

18%的人愿意尽量提供帮助

46%的人认为应该提升工作环境

27%的人认为应该提高机械化

57%的人认为提供帮助对自身有影响

22%的人拒绝提供帮助

87%的人认为国有企业、大型商场、写字楼更应该提供帮助

> 小结：大众对环卫工人关注度比较高，但愿意提供帮助的人相比较少，存在各方面的顾虑较多，而大家普遍认为应该承担更多责任的国有企业、大型商场和写字楼，在现实中环卫工人对其依赖均比较低。

### 3）依赖政府专门基础设施

环卫工人在如厕和自我清洁方面对政府基础设施依赖较大，分别占59%和55%；其他的基本需求对依赖度均比较小，在10%以下。主要是由于政府针对环卫工人的道班房数量严重不足。

笔者在调研过程中发现：即使面对已有道班房质量环境差等缺点，环卫工人还是非常愿意在道班房解决各种需求。

> 小结：鼓励国有企业、政府部分和各类公共服务设施对环卫工人的开放性和包容性，并适当附设简单的饮水点等，综合利用城市的各类设施。同时在缺少上述功能的城市边缘或是开发改建地区应该增加道班房的设置密度。

## 2.5 环卫工人的场地选择行为规律

为了更加深入了解环卫工人的行为特点，调研小组拟从行为地理学角度研究环卫工人这一群体的活动规律，从而为解决环卫工人的各类需求及道班房设置提供建议。

### 2.5.1 环卫工人的场地选择行为影响因素

根据场地选择行为理论，影响选择的因素包括时间（路途、距离），交通（通畅、便捷），心理（兴趣、心情），费用，安全（交通、治安），社会支持（个人关于社会群众对此行为的支持程度的认识）。

根据现场问卷和访谈，选取影响环卫工人选择行为的影响因素主要包括交通、时间、心理和社会支持四种。

### 1）时间

主要以环卫工人自发的活动范围来确定时间因素对环卫工人的影响。根据16条道路基本信息，大部分环卫工人清扫长度为300米，部分为600米。而97%的环卫工人活动范围集中在清扫路段、相邻路段以及对侧路段（图2-11）。

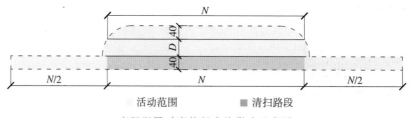

实际阻隔对穿越行为的影响示意图

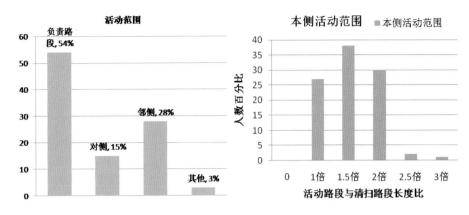

图 2-11　环卫工人活动范围分布（左）

图 2-12　本侧活动范围（右）

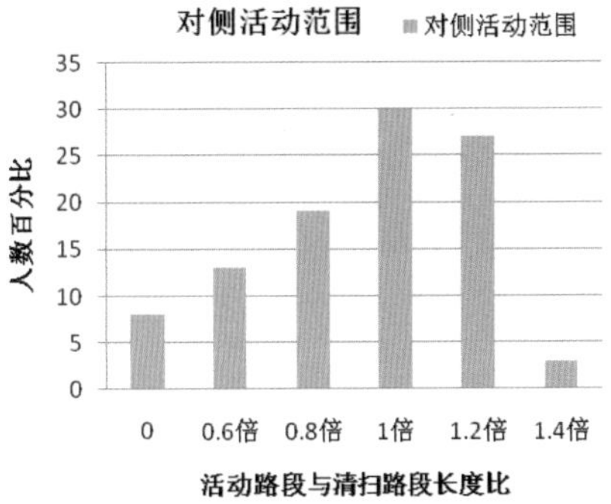

图 2-13　对侧活动范围（左）

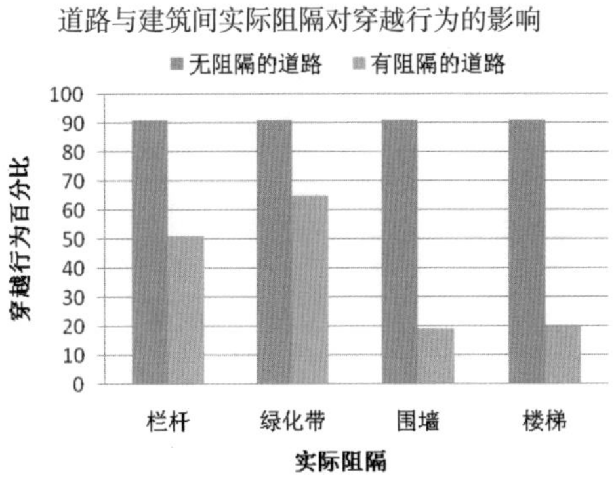

图 2-14　实际阻隔对穿越行为的影响（右）

对调研结果进行处理，发现清扫路段本侧的活动范围以清扫长度的 1.5~2.0 倍为主；清扫路段对侧的活动范围则以为清扫长度的 1.0~1.2 倍为主（图 2-12、图 2-13）。

2）交通

环卫工人受交通因素的影响包括：道路红线内的隔离带、机动车道，以及道路与建筑间的栏杆、绿化带、围墙以及楼梯（图 2-14）。

3）心理

①阶层性：主要以对帮助环卫工人的人群分析为依据，74% 给环卫工人提供帮助的人群为保安门卫和厕所管理人员。环卫工人比较倾向于此类场所以及比较低端的商店，具有明显的社会阶层性。

②开放性：环卫工人更倾向于到空间开放、视线能够达到工作路段的地方获取帮助。

4）社会支持

环境实体的专业性、封闭性和包容性对环卫工人的选择行为影响非常大。根据环卫工人对周边环境依赖状况，私人低端门店和政府部门及公共服务设施对环卫工人的支持度较高。

2.5.2　场地选择行为实证模拟

为了验证环卫工人的选择结果与场地选择行为理论模拟结果的吻合度，

图 2-15 实证分析：由于绿化带和机动车道的阻隔，汽车北站前的环卫工 A，倾向于选择距离较远的移动营业厅。

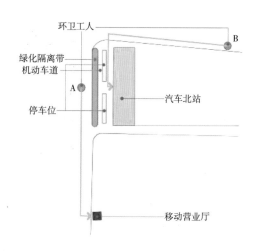

调研小组随机抽取了位于朝晖路、天目山路的 2 名环卫工人，根据场地选择行为影响因素对他们的选择行为规律进行模拟。格式如图 2-16 所示。

| $n$ 影响因素 | 注：<br>红色：1~2层私人建筑；<br>绿色：>2层私人建筑；<br>青色：国有企业、公共服务设施；<br>黑色：清扫路段位置；<br>灰：排除的实体；<br>蓝：事实使用实体；<br>黄：事实未使用实体。 |
| --- | --- |
| 模拟影响因素作用下的剩余实体 | |
| 作用机制 | |

图 2-16 场地选择行为模拟格式示意

### 1）朝晖路抽样环卫工人行为实证模拟

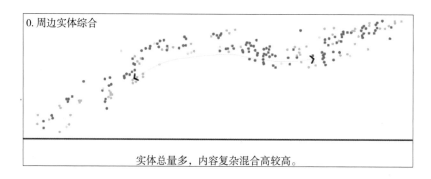

基本信息
道路名称：朝晖路
道路性质：生活性主干道
道路宽度：12 米
周边环境：商务 / 居住 / 商业混合
取样长度：1300 米
清扫路段位置：南侧中段 600 米

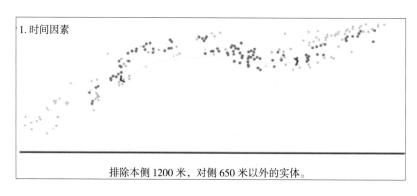

朝晖路沿街风貌

机动车道等实际阻隔

周边高档小区

周边中高端商业

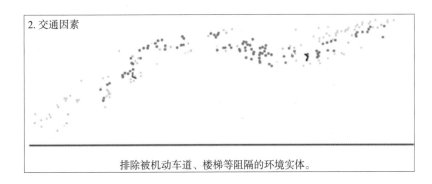

2. 交通因素

排除被机动车道、楼梯等阻隔的环境实体。

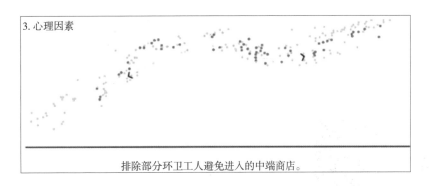

3. 心理因素

排除部分环卫工人避免进入的中端商店。

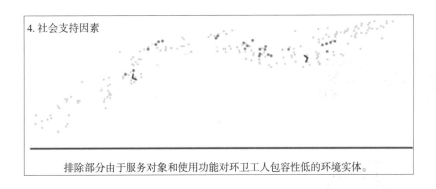

4. 社会支持因素

排除部分由于服务对象和使用功能对环卫工人包容性低的环境实体。

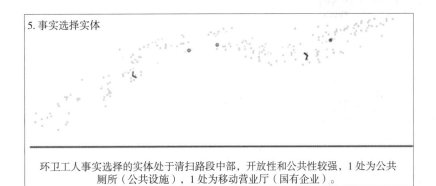

5. 事实选择实体

环卫工人事实选择的实体处于清扫路段中部，开放性和公共性较强，1 处为公共厕所（公共设施），1 处为移动营业厅（国有企业）。

　　小结：环卫工人事实选择的实体包含在模拟剩余实体中，属于典型案例，符合场所选择行为理论。

　　2）天目山路抽样环卫工人行为实证模拟

基本信息
道路名称：天目山路
道路性质：城市快速路
道路宽度：50 米
道路隔离带：3 条
周边环境：商务高楼、
　　　　　沿路绿带
取样长度：1300 米
清扫路段位置：南侧中段
　　　　　　　600 米

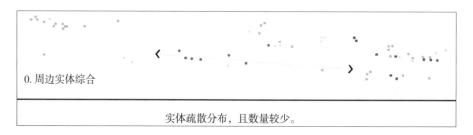

0. 周边实体综合

实体疏散分布，且数量较少。

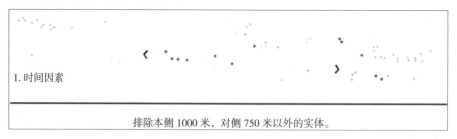

1. 时间因素

排除本侧 1000 米，对侧 750 米以外的实体。

围墙阻断了环卫工人对环境的依赖

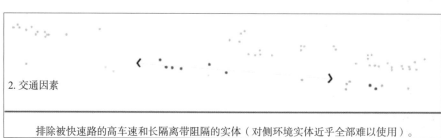

2. 交通因素

排除被快速路的高车速和长隔离带阻隔的实体（对侧环境实体近乎全部难以使用）。

封闭的高档商务楼

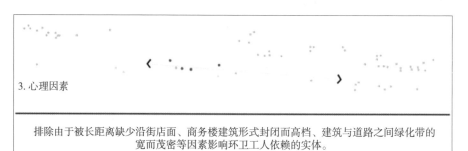

3. 心理因素

排除由于被长距离缺少沿街店面、商务楼建筑形式封闭而高档、建筑与道路之间绿化带的宽而茂密等因素影响环卫工人依赖的实体。

排外的高档酒店

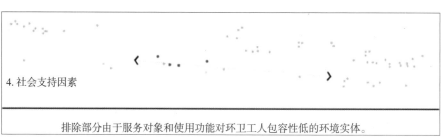

4. 社会支持因素

排除部分由于服务对象和使用功能对环卫工人包容性低的环境实体。

天目山路沿街商务楼与绿化带

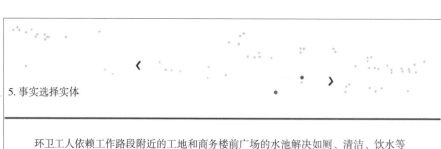

5. 事实选择实体

环卫工人依赖工作路段附近的工地和商务楼前广场的水池解决如厕、清洁、饮水等功能性需求。

数条长距离的隔离带和沿街树丛阻碍了环卫工人的穿越行为

道班房设施要点：

1. 独建：为解决吃饭、更衣、交通工具与私人物品存放、交流、学习知识等需求，宜集中设置成服务多人、规模较大的道班房，供环卫工人在上下班前后以及午休时间使用。

位于主城区边缘的路段治安较差，交通工具安全停放的需求近50%，故道班房需安排停车空间，且道班房服务半径以400~600米的步行距离为依据，服务范围内约12个环卫工人；其他路段则依据交通工具停放的需求度选取700~800米半径，服务范围内约30个人，选取900~1100米半径，则服务范围内约48个环卫工人（每个环卫工人负责300米路段）。如示意图2-17所示。

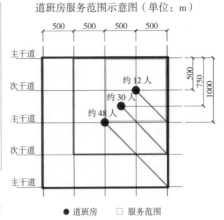

道班房服务范围示意图（单位：m）

图 2-17　道班房服务范围示意图　　● 道班房　　□ 服务范围

小结：事实使用的实体未包含在模拟剩余量中，为特殊案例。其原因为：①4处私人建筑和1处国企专业性较强，为模拟评价误差正常范围；②西侧临近路段上1处公共厕所位于古荡站始发中心旁，使用人数非常多，长时间排队，环卫工人无法长时间离开工作路段，为时间影响因素制约。可见，该情况较其他特殊，分析例外原因后仍符合场所选择行为理论。

总结：通过以上实证模拟发现，环卫工人行为与场地选择行为学理论基本吻合。其中，时间和心理因素的影响程度大于先前的判断，环卫工人在工作期间的活动范围，明显限制了他们解决需求的空间范围，而心理因素使得环卫工人的选择行为比预想的更专一而集中。同时，交通因素与社会支持因素的影响程度与判断相近。

## 3　结论与建议

### 3.1　结论

作为"中国十大最具幸福感城市"之一，杭州在致力于打造"国内最清洁城市"的过程中，遍布于每个街区和道路的环卫工人为城市的发展与建设做出了重大贡献。然而，环卫工人的工作环境和其他社会群体之间具有不少的差距，其现有工作设施和基本配置标准也存在着较大的缺口和不足。具体表现为以下几个方面：

1）环卫工人知识性和偶发性需求最高，现有的道班房建设和出台政策仅考虑环卫工人一般的功能性需求。如现有道班房中主要设置简单桌椅、柜子，缺少各方面的维权、安全等知识宣传栏以及面对环卫工人突发性状况的急救箱等。

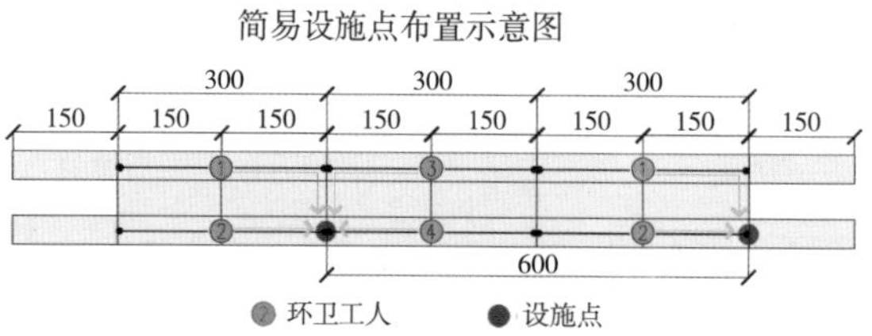

简易设施点布置示意图

图2-18　附建简易设施点布置示意图

● 环卫工人　　● 设施点

2. 附建或简易设施点：
以负责清扫路段长度的两倍为相隔距离设置设施点。满足饮水、工具摆放、躲避特殊天气等主要在工作期间需求。图2-18以负责路段计300米为例示意设施点布局。

2）环卫工人社会性和情感性需求随环境变化具有不同特征，现有道班房建设采用一刀切的手段，不但难以落实而且不符合环卫工人的实际需求。如商住功能街区的社会性和情感性需求都比较低，道班房面积可适当减小，而其他功能街区相对比较高，道班房面积就应该相对加大。

3）环卫工人功能性需求度较低，但存在潜在问题，现有道班房建设忽略了环卫工人对社会环境的依赖程度和不同心理感受，缺乏正确的引导。环卫工人在自发状态下对周边环境依赖度已经较高，今后的道班房建设应该根据依赖度特征加以引导利用其他公共服务设施，而不是在所有地段重新建设道班房。

4）环卫工人行为特征由于其工作性质具有一定的独特性，现有道班房设置缺乏对环卫工人行为特征的考虑。如环卫工人倾向选择视线能直接到达工作道路的地点解决各类需求等，在设置道班房时要进行考虑。

## 3.2 建议

我们认为环卫工人工作环境的改善及工作设施的配备应该从其需求与行为特征入手，具体表现为以下几个层面：

1）政府管理与制度建设

第一，政府管理机构应该加大对各类保洁公司的监管，防止侵犯环卫工人各种权益的现象继续发生。第二，政府管理机构应该在环卫工人中加大宣传各类权益知识的力度，组织维权小组，提供各类咨询并帮助解决。第三，政府管理机构应该在特殊季节和天气增加一定措施，如在下雨天增加扫积水的机械投入，在夏天则应该提供更多的清洁用具和消毒用具。

2）工作设施配置与布局

第一，政府管理机构要转变直接进行基础设施配置的传统思维，应该提高环卫工人设施与其他公共设施的兼容性，鼓励设施功能多元化。

例如，针对环卫工人依线性、分散性分布及活动范围小的特点，应用"化整为零"的思路,鼓励国有企业、政府部门和其他公共服务机构增加对环卫工人的开放度,并附设简要的需求设施,从而在满足环卫工人基本需求的同时,节约城市土地和建设成本。

第二,道班房设置要强调差异性和共同性并存。由于不同地段环卫工人具有不同的需求和行为特征,道班房的设置应突出针对性和差异性。

①在数量上:在商业、混合开发不成熟地段,增加道班房设置密度。在公共服务设施较多的中心地带可减少设置密度。

②在形式上:独立和附件相结合,并分面积等级设置。在办公与商业地段应该设置面积较大,可供 5 人以上集体活动、开放性较强的道班房;在公共服务设施和政府部门较少地段应该增加独立设置的道班房,其他地段则以附件和独立设置相结合。

③在位置上:道班房设置尽量减少机动车道、隔离带等各种阻隔的影响,并选择在开放性较强,视线能到达清扫道路的地段。同时,应该注重道班房建设中精神性内容,增加各类知识宣传栏及维权小组。

3)社会与人文关怀

环卫工人的工作环境、劳动成果值得全社会的关注和尊重。我们应积极提倡关爱这些生活与工作"在路上"的辛勤环卫工人。不随意乱扔垃圾,力所能及地减少环卫工人的劳动强度。同时,那些公私运营机构和部门,包括国有企业、大商场、写字楼及中低档门店等,在享受环卫工人带来清洁的同时,应该主动提供更多的支持和帮助。

## 参考文献

[1] (美)杰格迪什 N. 谢斯,(美)本瓦利·米托. 消费者行为学管理视角 [M]. 罗立彬译. 北京:机械大学出版社,2004.

[2] (丹麦)扬·盖尔. 交往与空间 [M]. 何人可译. 北京:中国建筑工业出版社,2002.

[3] 唐慧超,王萌萌,熊亮. 城市公共空间多主体需求的关注度研究——以深圳华侨城生态广场为例 [J]. 山东建筑大学学报,2009,(3):233-237.

[4] 张纯,邓童,吕斌等. 出租车司机在外就餐特征研究及规划建议——基于北京市的案例调查 [J]. 地理科学进展,2009,(3):384-390.

[5] 郑清. 杭州城市道路保洁分类管理调研 [J]. 现代城市,2008,(4):42-44.

# 第四篇　交通出行

**阅读导言**　　　交通出行是伴随着城市空间扩张而出现的重要矛盾问题，既影响着城市整体经济效益的正常运行，也与城市居民的日常生活息息相关。2010年以来全国高等学校城乡规划学科专业指导委员会开设交通出行创新方案竞赛单元，注重提倡不同城市特有的交通出行创新模式调查。浙江工业大学城乡规划专业在此竞赛单元屡获佳绩，本篇章将展现大部分全国竞赛获奖作品，涵盖了拼车合乘出行、公交实时查询、电子道路收费系统、运河沿岸非机动车出行、沿街骑楼改造利用、水上公交体系构建等内容，多个创新方案的提出均早于城市现实生活中的广泛应用，如即时交友软件合乘系统近似于后来的"滴滴出行"手机软件。

**基于即时交友软件信息平台的合乘系统**

（一等奖，2012 年）

（学生：厉杭勇，范坚坚；指导老师：宋绍杭，吴一洲，武前波）


**公交因你而不同——基于云端 GIS 技术的实时公交出行查询系统**

（二等奖，2013 年）

（学生：王迅，金飞鹏；指导老师：吴一洲，武前波，宋绍杭）


**用无形的手为道路减压——电子道路收费系统调节西湖景区交通压力**

（三等奖，2014 年）

（学生：陈家烨，吴昶槐，蒋栋；指导老师：吴一洲，武前波，宋绍杭）


**曲直长廊路路通——以杭州凤起路骑楼改造效用为例**

（佳作奖，2011 年）

（学生：孙炯芳，白洁丽，陈琳，杨洁洁；指导老师：宋绍杭，武前波）


**水上公交参与城市公共交通的优化策略——以杭州运河水上公交体系优化为例**

（佳作奖，2015 年）

（学生：胡雪峰，庞俊，孙文秀，汪荣峰；指导老师：吴一洲，武前波，宋绍杭）

# 基于即时交友软件信息平台的合乘系统

学生：厉杭勇　范坚坚

指导老师：宋绍杭　吴一洲　武前波

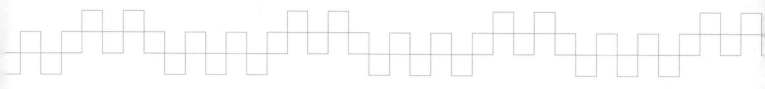

摘要

基于城市道路的现行交通系统引起了广泛存在于当今大城市的道路交通问题。本文通过人们对于机动车出行的处理方式调查分析，并且在原有合乘系统的基础上，提出了一种新的基于软件平台合乘系统，使得大城市内私家车与出租车合乘变得切实可行，在一定程度上有利于城市交通问题的缓解。

关键词

道路系统　合乘　软件　信息交流平台

Abstract

The city system has caused a lot of traffic problems.This article analyzes the idea of motor vehicle travel，and we asked the new system of cooperation in a software platform based on the original.The city's private car and taxi co-multiplication can be feasible.To a certain extent to solve urban traffic problems，it can solve the urban transport problems to a certain extent.

Keywords

Road system　Co-multiplication　Software　Information exchange platform

# 目录

1 政策背景及分析 .............................. 271
　1.1 政府提倡合乘出行 .................... 271
　1.2 汽车尾号限行政策 .................... 271
2 推广出租车合乘的意义 ................... 271
3 实际调查与分析 ............................. 272
　3.1 出租车合乘需求调查 ............... 272
　3.2 现状合乘存在的问题 ............... 272
　3.3 推广合乘所需要克服的因素 ...... 273
4 交通创新措施 ................................. 273
　4.1 系统介绍 ................................. 273
　4.2 人人交流 ................................. 274
　4.3 人车交流 ................................. 274
5 合乘平台软件对现状问题的解决 ...... 275
6 前景展望 ....................................... 275

# 1 政策背景及分析

## 1.1 政府提倡合乘出行

2009年3月5日，杭州政府首次明确表示倡导私家车的合乘行为。市政府确定了私家车普及率较高的下城区施家花园社区和东部软件园为实施合乘方案的首批试点单位。杭州公布的合乘方案规定了3个前提：双方都有车、无偿、自愿。该方案规定了合乘者的相关信息需要在市运管局备案，并且参照政府的合乘协议的标准文本签订合乘协议，以避免合乘过程中产生意外纠纷。

此后，重庆政府部门也认可了市民合乘现象。2012年3月25号，北京市正式出台了关于鼓励市民合乘出租车，出台细则两人各付60%。

## 1.2 汽车尾号限行政策

2008年北京奥运会期间，北京为保证奥运期间道路行驶畅通和空气质量良好，公布了《关于2008年北京奥运会残奥会期间对本市机动车采取临时交通管理措施的通告》，决定：北京市自7月20日起正式开始机动车单双号限行措施，由此催生了"京城合乘热"。

杭州于2011年10月6日实行汽车尾号限行措施，也使得合乘成为杭州各大论坛的热门帖子，而又由论坛而衍生出的车友会群、合乘群、合乘网等成为交流合乘信息的主要手段。

# 2 推广出租车合乘的意义

现今，合乘不仅仅在私家车领域盛行，而且在出租车行业，合乘之风也随之兴起，并且得到了政府有关部门的认同。

北京在2012年3月25号出台了关于鼓励市民合乘出租车的措施，交管部门和财政部门联合发布关于"合乘"的条文：乘客合乘各付共同路段车费的60%，可以打印多份发票。如果两人同时上车，但先后下车，那么先下车的乘客负担当时车费的60%，后下车的乘客负担合乘部分的60%车费以及单独乘坐路段车费。多人乘车付费方式以此类推。该举措确实缓解了一部分人的出行难问题，得到了一些市民的积极支持。

（1）缓解交通、保护环境 随着汽车保有率上升，通过乘客合乘出租车的方式有利于解决城市交通拥堵的问题，同时对于缓解空气污染、节能减排等诸多问题也有一定帮助。

（2）降低通勤成本 随着油价的上涨，出行成本日益提高，通过鼓励乘客同路合乘出租车的办法也能够减轻市民的出行费用负担。

（3）政策导向 按交通部门和财政部门联合发布的条文规定，乘客合乘将

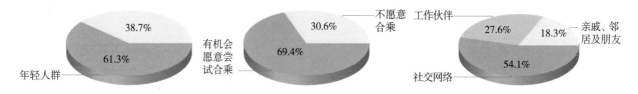

图1　调研人群构成（左）

图2　合乘意愿调查（中）

图3　合乘对象选择（右）

各付共同路段车费的 60%，也可以打印多份发票的方式解决了乘客付费和索要发票的部分疑虑。

## 3　实际调查与分析

### 3.1　出租车合乘需求调查

我们通过实际调研发现，对于占到调研总人数 61.3% 的年轻人群来说，69.4% 的人愿意参与到合乘行为中。在有过合乘经历的人群中，通过社交网络联系的合乘途径已经占到所有合乘途径的 54.1%。

在政府提倡合乘出行的大前提下，在合乘过程中往往会发生各式各样的问题。我们在调查中发现：人们在选择合乘对象时，对象的性别与熟识程度是最受关注的要点。人们在合乘中最担心的问题是安全问题，所占比例达到了 26.2%。

### 3.2　现状合乘存在的问题

通过对调研问卷的总结，我们将合乘目前存在的问题概括为以下几点：

（1）信息延时

通过网络发布的合乘信息一般都为一段时间内的合乘需求，而不能达到即时信息的交流。这样势必会影响合乘信息交流获取的滞后，影响合乘的实际效果。

（2）地域劣势

合乘者一般都要求合乘能够快捷方便，而合乘网上发布的信息五花八门，合乘信息遍及整个城市的各个小区街道。而合乘者的一个重要需求就是"就近原则"，而在社交网站上很难实现；或同个区域的合乘信息很少，使得合乘难以实行。

（3）认知度低

通过网络合乘，合乘者之间并不认识，甚至没有一个初步的交流与信息沟通，对对方的认知度低，而且存在着安全问题，甚至会引起不必要的纠纷。

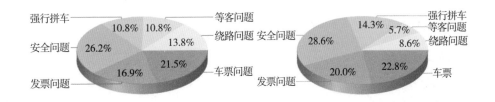

图 4　合乘担心的问题
（左）

图 5　女乘客在合乘中
担心的问题（右）

### 3.3　推广合乘所需要克服的因素

（1）资费、发票问题

现今交通部门和财政部门允许打印多份发票，出租车在抬表的情况下才会启动计价器打票。但是在发生合乘行为时，如果司机抬表，那么另一位乘客的里程便没法准确计价和打票，这给司机和乘客的车费计算带来麻烦。

（2）行业氛围未形成

我们鼓励在平时尤其是高峰段合乘出租车。对于出租车司机而言，出租车司机搭载不存在利益上的问题，但是在出租车行业里，未完全形成这种氛围。

部分愿意接受乘客合乘的司机顾虑到合乘可能会造成抢客的嫌疑。为了不得罪同行，部分出租车司机并不愿接受乘客合乘。

（3）司机主动合乘与乘客资源合乘的界限界定

由于现行界定乘客自愿合乘与司机主动合乘之间的界限尚模糊，容易造成司机拒载的误解，以至于司机被乘客投诉增多。部分公司根据政策也出台了相关规定，部分司机会有所顾虑，故拒绝合乘。

（4）合乘的安全问题

出租车合乘坐也存在一定的安全问题。我们由调研数据得出合乘者尤其是女性乘客最担心的就是安全问题，占 28.6%。这是由于在夜间乘坐出租车，女性在下车后的安全难以得到保障。而且还存在失物的查找复杂化，以及乘坐的便捷性等问题。

## 4　交通创新措施

### 4.1　系统介绍

我们通过以上的调研分析发现，私家车和出租车的合乘问题产生的根本

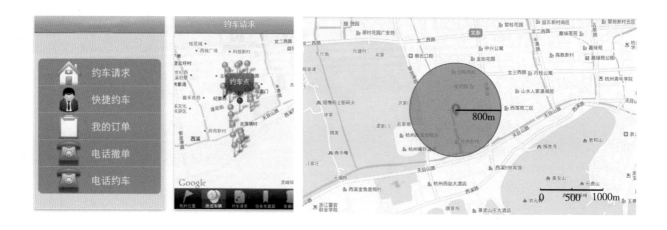

图 6　合乘系统界面（左）

图 7　系统有效范围（右）

原因是因为合乘者之间缺乏一个即时的、有效的、相互交流的平台。虽然网络能够为部分合乘能够提供一定限度内的交流,但是却不能提供即时信息。因此,针对现在存在的合乘现象,我们提出一个全新的解决方案——基于即时交友软件的合乘平台。

这款软件平台是基于地理位置 GPS 的一款移动社交工具。为了为平台用户提供有效的合乘服务,这款软件平台带有 GPS 定位搜索功能。

这款软件的有效范围为以用户为圆心,半径为 500 至 800 米的同心圆。

### 4.2　人人交流

由合乘发起者通过软件在共享系统上发布用车需求,然后由共享系统依据时间、地点对有合乘需求的使用者进行筛选处理,并建立起即时交流平台。合乘发起者和合乘需求者通过交流,达成统一的意见后再反馈给共享系统。如果没有相似需求的合乘者,系统则继续将其乘车信息送至出租车,进入人车交流的流程。

### 4.3　人车交流

该过程主要是由信息共享平台来完成。首先将乘客乘坐出租车的需求反馈到信息共享平台然后通过 GPS 将合乘信息传达给满足条件的出租车,司机对是否接受乘客作出回应:如果接受则由系统建立起司机和合乘发起者的联系;如果不接受,则反馈信息至共享系统,并告知发起者信息,并确认是否再次进行配对。

我们期望通过以上两种运行机制,既可以通过软件进行合乘者之间的交流,而信息平台又可以给出租车司机一个自主选择的机会来避免前面所提到的抢客等问题的出现。

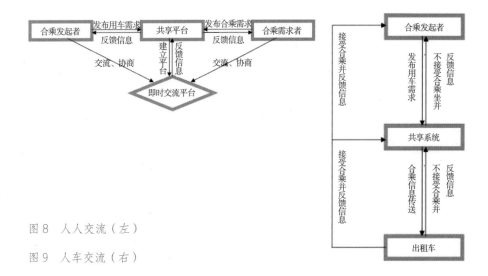

图 8　人人交流（左）

图 9　人车交流（右）

# 5　合乘平台软件对现状问题的解决

（1）地域劣势的解决

软件是基于 NFC 近场通信技术的移动社交工具，范围为便于步行到达的 500 ~ 800 米，解决了地域对合乘的不利影响。

（2）安全问题的解决

软件是一个交流平台，在实名制的基础上，给予使用者以一定的自主交流权，让合乘者相互交流，避免了乘客间由于认知度低而发生的问题。

（3）信息滞后性的解决

本文提出软件平台是即时信息交流，解决了通过发布在社交网站上进行合乘所引起的信息滞后问题。

（4）行业氛围的解决

通过人车交流机制，使得出租车司机对于合乘具有一定的自主选择权，在保证了出租车司机的自身利益的基础上，也有利于行业内形成合乘出行的氛围。

# 6　前景展望

我们期望通过即时交友软件平台的应用，使城市中的私家车合乘与出租车合乘能够以更加高效、快捷的方式来运行。通过这个系统的运用，既降低了合乘措施的实施难度，又很好地避免了合乘所带来的一系列的问题，从而使得合乘成为解决城市交通问题的一个切实可行的措施，为缓解城市交通紧张问题提供了新的思路。

# 公交因你而不同
## ——基于云端 GIS 技术的实时公交出行查询系统

学生：王迅　金飞鹏

指导老师：吴一洲　武前波　宋绍杭

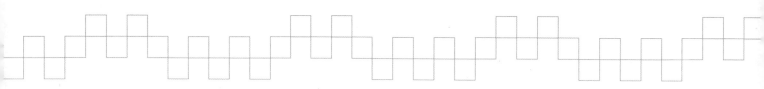

摘要

"条条大路通罗马"，我们在乘坐公交车时就经常会有多种线路的
选择，但是怎样的线路才是最合适的呢？目前的手机公交查询系统
由于忽略实时路况信息及使用特征等因素，只考虑起点与终点间的
距离最短的方案，这有可能将大量的人群引向同一条线路，甚至是
一条未必合理的线路。本文在现状调查和乘客访谈的基础上，利用
云计算和GIS功能，构想了一个将乘客个人需求与实时路况信息
相结合的手机公交查询软件。即使是相同的起点与终点，软件也会
根据实时路况信息和乘客意愿的不同，制定出最适合该乘客的公交
线路。

关键词

公交查询系统　实时路况　GIS　云计算　乘客意愿


Abstract

"All roads lead to Rome".We often have a variety of lines
to choose when taking a bus，but which line is the most
suitable? Current bus query systems on mobile phone
only consider the shortest route between start point and
end point，due to ignoring the real-time traffic situation
and users'characteristics.This will be likely to guide a lot of
people into the same line，even an unreasonable line.Based
on the investigation of present situation and interviews with
passengers，using cloud computing and GIS function，the
article envisioned a bus query software on mobile phone
combined with passengers'personal demands combined
with real-time traffic situation of bus query.Even in the same
start point and end point，the software can also work out the
most suitable bus line for the passengers according to the
real-time traffic situation and passengers'various demands.

Keywords

Bus query system　real-time traffic status　geographic
information system　cloud computing　Passenger wishes

# 目录

1 背景 .................................................279

  1.1 公交出行现状——诸多不便之处，
     缺乏技术支持 .................................279

  1.2 公交查询现状——机械理想状态，
     缺乏动态应变 .................................279

  1.3 智慧城市浪潮——智慧公交系统的便捷性
     和舒适性 .....................................279

2 现实案例 .............................................280

3 发展瓶颈 .............................................280

  3.1 传统公交查询系统的限制：方案单一，
     未结合实际路况 .............................280

  3.2 技术的限制：GIS 软件无法在手机
     上运行 .......................................280

4 可行性分析 ...........................................281

  4.1 乘客意愿调查 .................................281

  4.2 云端 GIS 技术：攻克技术限制 .............281

5 虚拟案例的应用 .......................................282

6 前景与展望 ...........................................283

现状公交出行（左）

现状公交出行查询系统
（右）

# 1 背景

## 1.1 公交出行现状——诸多不便之处，缺乏技术支持

虽然公共交通快速发展，但是人们乘坐公交车出行时，仍有很多的不便之处。公交车速度较慢，在路上的平均耗时较长，热门的公交线路时常拥堵，乘车环境不舒适，而有一些线路却"门庭冷落"，形成资源浪费。随着技术的进步，一些可以监测实时路况的导航软件广泛地应用于私家车出行，可是这一技术却没有在公交出行方面得到很好地利用，公交出行缺乏相关的技术支持。

## 1.2 公交查询现状——机械理想状态，缺乏动态应变

目前的公交查询系统主要是根据乘客输入的起点与终点，罗列出两者之间较便捷的公交乘坐线路供乘客选择。可是这种选线方式是基于路况良好的理想状况，在现实中经常会遇到交通高峰期、道路修缮等情况，若依赖于原有的公交查询系统，则乘客很有可能会经常遇到道路拥堵的状况，增加了乘坐公交的时间，降低了公交出行的机动性。

## 1.3 智慧城市浪潮——智慧公交系统的便捷性和舒适性

智慧城市是指新一代信息技术支撑、知识社会下一代创新环境下的城市形态。通过物联网、"云"计算等技术为人们提供生活上的便利。目前的智慧公交系统主要是公交公司根据乘客需求量的实时监控及预测，通过对不同线路增加或减少车流量使得公交车数量能最大限度与乘客需求相吻合。随着技术的不断发展，未来的智慧公交系统将会进一步升级，它能更好地结合乘客意愿及其主观能动性，不仅满足出行便捷的需求，而且还能提高公交出行的舒适性和乐趣性。

现状智慧公交系统（左）

方案 1：198 路公交车
（中）

路况信息预测（右）

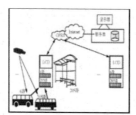  

方案 1 公交车线路图（左）

路况信息图（右）

## 2　现实案例

背景：家住杭州朝晖六区的张先生，在鼓楼游玩后准备乘坐公交回家。

时间：周五 19：00　起点：鼓楼　终点：朝晖六区

软件预测结果：张先生选择 198 路公交车，花费约 30 分钟回到家中。

实际出行情况：张先生乘坐 198 路公交车，碰到了交通高峰期，花费了将近 90 多分钟才到达了家中。

## 3　发展瓶颈

### 3.1　传统公交查询系统的限制：方案单一，未结合实际路况

传统公交查询系统线路查询的基本步骤：

（1）乘客输入自己的出发地和目的地；

（2）在乘客的出发地与目的地寻找距离最近的公交站点；

（3）寻找达到这两个站点理论时间最短的公交线路，并进行排序。

传统公交查询系统以最少步行距离为前提，最短搭乘距离为原则，却完全忽略路况的动态变化，导致公交出行机动性的大幅度降低以及时间的浪费。在惜时如金的当今社会，这样简单的模式似乎已无法满足人们的需求。

### 3.2　技术的限制：GIS 软件无法在手机上运行

传统的公交查询系统由于没有结合实时路况信息，那么，在起点和终点

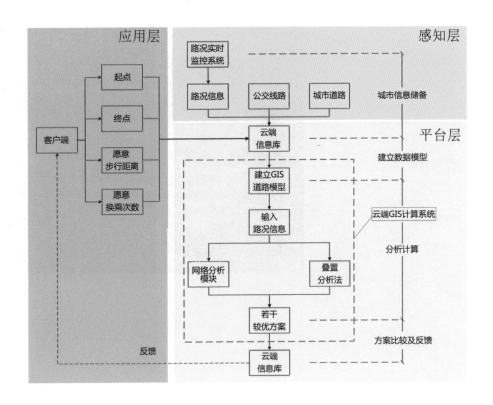

确定的情况下，结果也是确定的。手机客户端只需要向软件平台发送请求，平台便会直接把早已确定好的出行线路发送回来。若公交查询系统结合实时路况信息，就需要进行复杂的计算，事实上，运用 GIS 软件便可轻松得到公交线路选择结果，但是由于技术层面的限制，大部分的手机可能无法实现这一操作。

## 4  可行性分析

### 4.1  乘客意愿调查

为突破传统公交查询系统的局限性，本小组根据目前乘客出行习惯的转变，设计了一份小型问卷，以明确乘客对公交出行的实际需求。

### 4.2  云端 GIS 技术：攻克技术限制

目前手机的发展情况，是不断强化自身的性能，以增强其运算能力，这种做法会给手机硬件带来巨大的负担，并且造成资源的浪费。而"云"技术的理念则恰恰相反，"云"技术提倡不断弱化手机的性能，增强服务平台的功能，即将各种运算放在云端进行，而客户端只需负责收发信息的功能。那么，通过"云"技术与 GIS 软件的结合，只要手机能够上网，便能使用 GIS 软件的功能。

与其相应可以分为三个层面：应用层、感知层和平台层。

应用层：主要指手机客户端。乘客可以通过对手机客户端的操作，进行个性化设置，并将数据传送给平台层，最终又从平台层获得满足自身需求的合

公交查询界面（左）

公交查询设置界面（中）

查询结果方案一（地图）
（右）

理的查询结果。

感知层：负责信息的收集和实时更新。主要包括路况信息、公交车运行线路信息以及城市道路信息等内容。

平台层：是系统的核心组成部分，感知层获取的实时信息和应用层发送的请求将通过云端信息库传送至平台层进行处理。平台层中的 GIS 系统根据所得数据建立道路模型，运用 GIS 系统自带的网络分析模块计算得到最优出行方案。计算分析过程中还加入了叠置分析法，系统会生成若干较优方案，将其发送至云端信息库后统一反馈给应用层——手机客户端，由乘客自己选择适合自己的出行线路。

## 5 虚拟案例的应用

本小组通过对手机功能模块的梳理，设计了结合实时路况信息的手机软件。其中功能上的改良主要有：

1. 乘客可以自行选择愿意步行距离；

2. 乘客可以自行选择愿意换乘次数；

3. 公交系统查询时将结合实时路况信息或预测路况，并在云端进行运算；

4. 计算完成后将若干个优化方案一起发给乘客手机客户端。

我们依旧以朝晖六区的张先生为例，可以看到结合实时路况信息的手机

查询结果方案一（文字）
（左）

查询结果方案二（地图）
（中）

查询结果方案二（文字）
（右）

软件带来的变化：

时间：周五 19：00

起点：鼓楼

终点：朝晖六区

结果：通过结合实时路况，乘客步行、换乘意愿等因素，手机软件为张先生选择了一条更加快捷的公交线路（方案一），即步行至鼓楼公交站后改坐801 路公交车，于米市巷下车后步行 930 米到达朝晖六区。虽然张先生在选择这条线路后会比原先的查询到的线路（方案二）要多步行 900 米，但在周五19 点这个特殊的时间点上，结合实时路况信息，方案一会比方案二节约 30 分钟左右的时间，通过增加步行距离以节约时间，这又何乐而不为呢？

## 6　前景与展望

此系统在结合实时路况的情况下对公交出行进行合理分析，使得公交出行查询系统 更加"智慧"化，在为乘客提供便利，节约时间的同时，也使得公交资源得到合理充分的利用。公交出行的便利，从一定程度上也抑制了个人出行的频率，为绿色出行作出了一定程度的贡献。

# 用无形的手为道路减压
## ——电子道路收费系统调节西湖景区交通压力

学生：陈家烨　吴昶槐　蒋栋
指导老师：吴一洲　武前波　宋绍杭

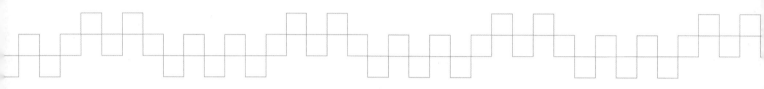

摘要

2011 年西湖文化景观成功列入世界文化遗产名录后，西湖景区在节假日里游客量、车流量持续"双增长"。杭州原本就拥挤的交通在容量狭窄却又自驾游众多的景区更是显得不堪重负。在旅游旺季，限行并没有带来原本所期望交通压力的缓解，反而给大量的游客带来了不便。当行政这只有形的手并不能达到其期许的效果时，则需借鉴市场这只无形的手来进行调节。道路的使用权原本就带着商品的属性，稀缺而有价值。用电子道路收费系统价格杠杆来平衡西湖景区道路使用权的供需，能有效调节西湖景区的道路使用权。

## Abstract

After the success of West Lake Cultural Landscape inscribed on the World Heritage List in 2011, tourists and traffic of West Lake scenic area both continued to growth in the holidays.In this scenic, already congested traffic because of narrow roads and more and more traveling by car become more overwhelmed.In spring and autumn season, the limit line not ease traffic pressure, but a large number of tourists become inconvenience.This is visible when the administration's hand does not reach its expectations effect, we should learn from the invisible hand of the market to adjust.The right to use the road has the product attributes, scarce and valuable.Electronic Road Pricing system allows prices to balance supply and demand of road use in this West Lake scenic road, so that it is convenient for tourists to travel by car, and can effectively regulate the right to use the road in West Lake scenic.

# 目录

1　背景 ................................................ 287

2　西湖景区电子道路收费系统构建 ................. 287

   2.1　与新加坡道路收费系统进行比较

       ——取消车载单元，系统更为简洁 ............ 287

   2.2　前端系统的构建——高效自动化

       使得车辆可以无停留通过 ........................ 289

3　系统可行性分析 ................................. 289

   3.1　西湖景区区域可行性——入口集中数量少，

       便于管理与疏导 .................................. 289

   3.2　西湖景区内外协调可行性——内部鲜有

       居民，收费标准统一 ............................ 289

   3.3　电子道路交通收费可行性分析

       ——公交系统完善，市民支持度高 ............ 290

4　系统收费价格确定方法 ......................... 290

   4.1　调研自驾车游客对于道路收费价格的敏感度

       ——通过价格弹性定价 ............................ 290

   4.2　梯度收费的使用和预期结果的模拟

       ——让市场调节更有效率 ........................ 291

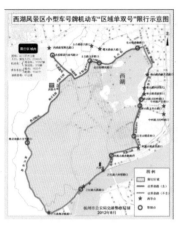

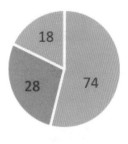

从左至右

图 1-1-1 杭州机动车
限行示意图

图 1-1-2 北山曙光路
交通日流量图

图 1-1-3 出行对游客
的影响

图 1-1-4 游客对景区
交通的印象

# 1 背景

杭州的春秋旅游旺季双休日及节假日均会对西湖景区机动车单双号限行，所有悬挂小车号牌（蓝牌）的机动车辆（含个性化牌照、临时号牌），单号的单日通行，双号的双日通行。同时还会辅以区域限行，在区域内设置单行线和循环线。然而虽然多种措施并用，春秋旺季的西湖景区交通依然拥堵不堪，限行的政策并不能有效地缓解节假日西湖景区的交通压力。经观察，例如西湖北线景区，北山路流量达到 20500 辆 / 日，与之相邻的曙光路、保俶路流量达到 6000 辆 / 日，均已达到道路规划时所设计的过饱和状态。

从游客的角度出发，通过对随机选取 120 名自驾游车主的调查，有 74 人表示西湖景区限行对他们产生了较大影响，占有效回答的 61.7%，说明游客对于景区限行的不满意程度相当高。同时在谈到对西湖景区节假日交通拥堵状况的调查时，数据更是显示了 72% 的游客认为景区交通十分拥堵，而比重占到第二位较为拥堵支持者也有 23%。

# 2 西湖景区电子道路收费系统构建

## 2.1 与新加坡道路收费系统进行比较——取消车载单元，系统更为简洁

道路收费系统最早由新加坡于 1998 年开始使用，由电子收费系统代替人工收费，体现其的灵活性，并成为新加坡道路收费不可缺少的部分，成功减缓了道路交通压力。但并非新加坡的电子收费系统适用于所有的国家，对于我国城市有高密度居住的城市，在实施电子收费系统时会造成收费系统内部居民与外部居民收费的严重不公平性。而且基于系统本身而言，其车载系统对于大城市而言，安装与实施都是比较困难的，并且经常会造成丢失或被盗取等情况，会带来错误收费与罚款的情况。随着科技的进步和技术的发展，我们设想避开

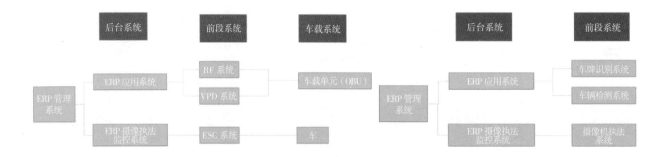

后台系统　　　前段系统　　　车载系统　　　　　　　　后台系统　　　前段系统

图 2-1-1　新加坡道路
收费系统（左）

图 2-1-2　改进后的道
路收费系统（右）

居住密集的市区，避开不公平收费的因素，将电子收费系统用于交通容量小但实际运行量过大的景区（以西湖景区为例）势必更为先进。

新的电子道路收费系统由前端系统和后台系统组成。相较于新加坡的电子道路收费系统，该系统取消了车载单元（UI），而直接使用目前技术成熟的车牌识别系统进行代替，从而避免了车辆安装车载系统的麻烦。

系统主要分为三个部分：路侧单元、中心处理单元与应用单元。

路侧单元：这部分主要承担摄像与监控探测功能，将检测的数据通过分区控制单元传送于中心处理单元进行记录分析与储存；

中心处理单元：将路侧单元传来的信息进行数据化，并进行分析储存，与收费系统对接，将信息反馈于车主，并且通知收费情况与即时信息；

应用单元：将信息与车主对接，并且将收益发展与城市公共交通建设。

同时，前端系统又有分别于后台的应用系统和执法监控系统连接组成自

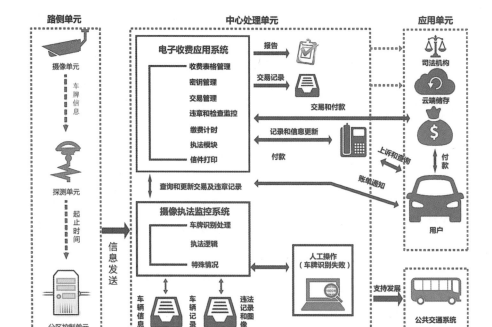

图 2-1-3　电子道路
收费创新系统

图 2-2-1　前段系统构建图（左）

图 2-2-2　前段系统立面图（右）

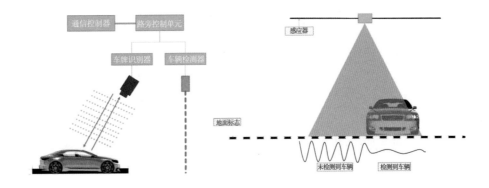

动化的数据系统。树状线性的模式保证了系统的高效性，而平行的执法与应用系统则确保了系统的校验准确性。最终通过银行账单系统直接从车主账户中结算费用。不需要车主事先缴费。

### 2.2　前端系统的构建——高效自动化使得车辆可以无停留通过

前端系统的主要硬件闸门由车牌识别器和车辆检测器组成，同时辅助以摄像执法系统。车牌识别器识别车辆的车牌的信息，而车辆检测器确认车辆的通过。类似于目前十字路口拍摄交通违规的车辆，前端系统实现了信息自动化，车辆通过时无需停留。

## 3　系统可行性分析

### 3.1　西湖景区区域可行性——入口集中数量少，便于管理与疏导

西湖景区进出口相对较少，只有 10 个，便于管理。由于电子道路收费系统需要在入口处建立闸门等前端系统，同时还要进行监督执法，故而进出口数量少，便会带来建设成本的降低和管理费用的降低。

### 3.2　西湖景区内外协调可行性——内部鲜有居民，收费标准统一

参照美国曼哈顿地区在 1980 年代提出限行费法案失败的案例，法案没有通过的主要矛盾集中于曼哈顿居民与非曼哈顿地区居民在拥堵费条款下对于曼哈顿地区交通资源使用的不平等性。即内部居民享有免费的使用权，并且拥有相当高的使用率。

车辆分布密度对比表　　　　　　　　　　　表 3-2-1

|  | 杭州市区 | 西湖景区 |
|---|---|---|
| 面积（平方公里） | 728 | 42.3 |
| 常驻车辆数（万辆） | 260 | 1.15 |
| 车数 / 面积（万辆 / 平方公里） | 0.36 | 0.027 |

图 3-3-1 游客对道路收服系统态度调查表（左）

图 4-1-1 价格弹性调研结果（右）

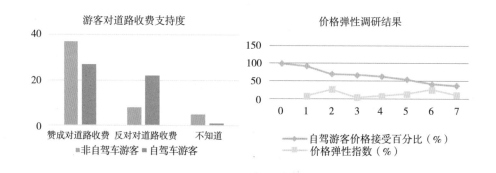

而西湖由于常住人口少，景区面积 42.3 平方公里，常住人口却只有 21000 人，所以其所拥有的常住车辆也较少。较杭州市区（不含萧山和余杭）0.36 万辆/平方公里，景区内 0.027 万辆每平方公里的车辆密度可以当作特殊群体对待，不会对整体的电子道路收费产生显著的影响。

### 3.3 电子道路交通收费可行性分析——公交系统完善，市民支持度高

对于景区内各 50 名非自驾游客与自驾游客进行的抽样调查，对于收费系统的支持如图 3-3-1 所示。在非自驾游客中支持比率高于 70%，而自驾游客对道路收费虽然持反对太多的较多，但是支持比率也超过了 5 成。

同时由于景区内公共交通发达，在自驾游客放弃自驾出行的时候，有充足的公共交通资源来进行补充。在环西湖景区有多达 50 多条线公交线路，并有大量公共自行车进行补充。

## 4 系统收费价格确定方法

### 4.1 调研自驾车游客对于道路收费价格的敏感度——通过价格弹性定价

所谓价格弹性，即是需求量对价格的弹性，这里就是指自驾游客对道路使用需求受电子道路收费价格变动时，该种需求量相应变动的灵敏度。而价格弹性定价，就是应用弹性原理。

对于出现受某一单位价格增长而造成需求量锐减的数据进行分析，从而找到最能调节道路交通承受力的价格。

如图 4-1-1 所示，通过调研，在电子道路收费达到 2 个单位的时候，接受的自驾游客从 93 锐减到 69，同时价格弹性指数也最大达到 25.83（=（93-69）/93）。同时我们还发现在价格到达 6 时价格弹性也很大从 54% 的接受度降到 41%，价格弹性指数也上升为第二高的 24.07（=（54-41）/54）。故而从单位

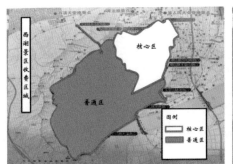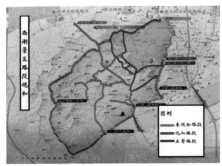

收费道路施行前后西湖景区车辆饱和度对比表　　　　表 4-2

| 区域 | 普通区域 | 核心区域 |
|---|---|---|
| 采用限行饱和度 | 70% | 100% |
| 收费价格梯度 | 2 | 6 |
| 收费接受程度 | 69% | 41% |
| 取消限行后增长度 | 1.6 | 1.6 |
| 改用电子道路收费系统后 | 0.7728 | 0.656 |

价格 1 到单位价格 2 的变化和从单位价格 5 到单位价格 6 的变化最能调节西湖景区的交通量。

## 4.2　梯度收费的使用和预期结果的模拟——让市场调节更有效率

西湖景区内交通拥挤程度不尽相同，其中核心区域，即以西湖为核心的周边区域的拥堵程度最为严重，即使在单双号限行的情况下，核心区域内道路交通也几近饱和。而对于周边的区域，交通的负载能力还留有余地。故而采取普通区域收取二级门票会对周边道路的充分利用和核心区域的减压产生积极意义。

由 4.1 所叙述，若一级电子道路门票采取 2 单位价格而二级门票价格采取 6 单位价格，则可以对交通的缓解起到极大的作用。

假设取消限行后对于道路的西湖景区的道路需求提升至 1.6 倍，而采取价格打压之后的需求百分比分别为普通区域的 69% 和核心区域的 41%，最终结合目前的限行状况下道路饱和度可以得出，改用电子道路收费系统后，核心区域与普通区域的道路饱和度均在极限的 70% 左右，合理调控了西湖景区的道路使用状况。既避免了交通的拥堵，又充分利用了道路交通资源，实现了资源重分配的合理化。

# 曲直长廊路路通
## ——以杭州凤起路骑楼改造效用为例

学生：孙炯芳　白洁丽　陈琳　杨洁洁
指导老师：宋绍杭　武前波

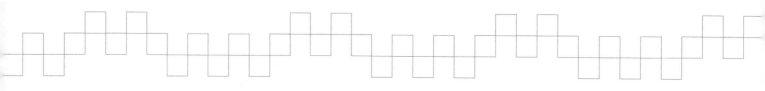

**摘要**

通过对杭州凤起路骑楼改造项目的研究，小结目前骑楼步行空间的使用成效，明确其对改善杭州老城区步行环境起到的作用，归纳其使用优点及不足，并提出改进方法。

**关键词**

骑楼改造　步行环境　人流量　使用成效

**Abstract**

This paper is aimed to research the project of arcade building reform of Hangzhou Fengqi road, summarize the using effect of the walking space of the arcade building, explicit its impact of improving the walking environment of Hangzhou's old urban area, conclude its advantages and disadvantages and put forward improvement methods.

**Keywords**

Arcade renovation　Walking environment　Human traffic Use effectiveness

# 目录

1 项目概况 ......................................... 295
  1.1 项目背景 ................................. 295
  1.2 项目意义 ................................. 295
  1.3 骑楼定义、特征、存在的优势 ................. 295
  1.4 项目分布及特征 ........................... 295
2 归纳与小结 ..................................... 296
  2.1 骑楼交通出行分析 ......................... 296
    2.1.1 人流量变化 ......................... 296
    2.1.2 空间尺度 ........................... 298
  2.2 交通出行成效的影响因素解释 ............... 299
    2.2.1 非机动车道上的车流量 ............... 299
    2.2.2 骑楼内部的障碍物 ................... 299
    2.2.3 逆向行走 ........................... 299
    2.2.4 商铺吸引力 ......................... 299
    2.2.5 出行目的 ........................... 300
    2.2.6 天气因素 ........................... 300
    2.2.7 步行空间的舒适感 ................... 300
3 总结与建议 ..................................... 300
  3.1 总结 ..................................... 300
  3.2 改造建议 ................................. 301
    3.2.1 用技术手段增加骑楼空间的舒适性 ...... 301
    3.2.2 间断的弥补，提高骑楼的系统性 ........ 301

# 1 项目概况

## 1.1 项目背景

随着社会经济的日益发展，机动车作为交通工具遍布大街小巷，但与此同时也给行人的步行空间带来了一定的影响。步行环境的恶化，空间的挤占，安全性的降低，让行人舒适步行成为了一件相对困难的事情。为了解决行人舒适出行的问题，杭州市在城市道路拓宽改造中采用了骑楼的形式，给行人创建了更为安全、舒适的步行空间。

## 1.2 项目意义

（1）改善步行环境。骑楼创造了一种半封闭的步行空间，与机动车道完全隔离，保障了行人的出行安全；同时，它的遮蔽功能方便了行人在恶劣天气时的街道生活，设计更人性化。

（2）节省改造成本。道路拓宽改造工程很难避免沿街建筑的拆迁问题，但把这些面临拆迁的建筑沿街面改造成骑楼，不仅经济而且可操作性更强，最大限度的挖掘了城市道路的交通潜力。

（3）传承地域特色。骑楼延续了江南廊檐景观的地域建筑特色，将这种地域特色和生活紧密联系，有种"塘西镇上勿落雨，塘西街上不湿鞋"的江南意境。

## 1.3 骑楼定义、特征、存在的优势

骑楼在《辞海》中的解释为:南方多雨炎热地区临街楼房的一种建筑形式，将下层部分做成挡廊或人行道，用以避雨、遮阳、通行，楼层部分跨建在人行道上，故曰"骑楼"。骑楼多见于广东、广西、福建等沿海地区。

骑楼之所以在杭州得到了大量的运用，是因为骑楼本身独特的优势适宜杭州:

（1）骑楼正好适应杭州地区多雨潮湿，夏季阳光强烈的气候特征，可以御风雨、蔽日晒，方便市民出行和购物。

（2）骑楼的建筑特色在于上为人居，下为商用，行人在骑楼空间中与商品的距离只一门之隔，这可以拉近两者的距离，方便商家布置商品橱窗招徕顾客。

（3）骑楼的建筑形式占天不占地，因势而建，节约了城市用地，增加了城市道路通行面积。在寸土寸金的商业地带，骑楼充分发挥其独特的优势，居室建在人行道之上，抵消城市拆迁地皮的损失，一举两得。

## 1.4 项目分布及特征

近几年,在杭州"一纵三横"道路拓宽改造工程中,湖墅路、凤起路、文一路、

| 道路名称<br>特征 | 湖墅路 | 凤起路 | 文一路 | 庆春路 |
|---|---|---|---|---|
| 区位条件 | 湖墅商业街商业氛围浓厚，周边居住区较多 | 位于凤起路和武林路的交叉口处，靠近西湖，人流密集 | 位于文一路靠近教工路处，周围居住区繁多 | 位于庆春路口，商业氛围浓厚，人流较多 |
| 周边环境 | 人流量较少 | 靠近女装街，周围没有限制其正常使用的影响因素 | 七楼外有公交车站，人流受干扰 | 路口交叉处有围栏，人群不能自由进入骑楼 |
| 改造骑楼数<br>（幢） | 1幢 | 3幢 | 1幢 | 2幢 |

庆春路等骑楼改造项目均已完成并投入使用，我们对这些道路上的骑楼进行了初步归纳，并对这些项目作了简要的对比和小结：

经过对比，我们选择了周边环境纯粹、没有限制其使用条件的凤起路骑楼改造项目作为调研对象，以实地勘测、观察以及定量分析为主，结合相关政策与文献资料，通过人流量、空间尺度及影响骑楼使用的因素分析，来考察凤起路骑楼的使用成效，并提出符合现状发展需求的相关建议。

## 2　归纳与小结

### 2.1　骑楼交通出行分析

#### 2.1.1　人流量变化

（1）非机动车流量与人流量相关性分析（图1-1）

从一天的数据来看，选择骑楼内行走的人占大多数，而且随着非机动车道上车流量的增加，骑楼内行人数量占总行人数量的比例也相对增长，高峰时段的增加量尤为显著。由此可见非机动车数量与骑楼内通行人数量呈正相关，非机动车数量的多少对行人是否选择从骑楼内通过有巨大影响。

（2）同时段周末与平时的数据对比（图1-2、图1-3）

从图表可以看出，周末一般时间段的总行人数多于平时，而造成周末使用骑楼人数反而比平时人数少的原因主要有两个：一是由于周末非机动车道上的车流量较少，使得使用骑楼的人数比平时少；二是骑楼位于凤起路上，处于连接延安路及武林路两大商业中心的位置，行人为了快速到达目的地，更多是

图 1-1 非机动车数、
行人数日变化情况（上）

图 1-2 骑楼内行人数
所占总人数的比例（下
左）

图 1-3 周末 & 平时总
行人数（下右）

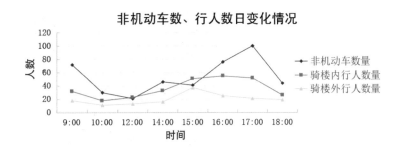

非机动车数、行人数日变化情况

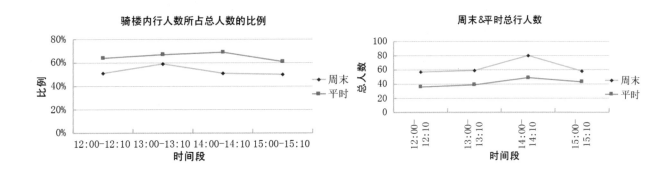

图 1-4 步行总人数
（左）

图 2-1 骑楼内行人数
占总人数的比例

 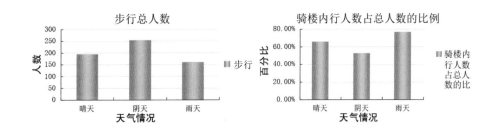

过路性质的通过，而显然从骑楼外的步行空间通过更舒适快速，选择使用骑楼的人数自然减少。

（3）同时段雨天、晴天与阴天的数据对比（图1-4、图2-1）

内部人数所占比例在同一时段不同天气情况下的数据可以明显的看出外部天气状况对行人是否选择从骑楼通行的影响。在天气相对舒适的阴天，只有一半的行人选择从骑楼通过，而在晴天，由于温度以及阳光的影响，从骑楼通过人数比例有所上升，而在雨天行人为了避雨选择从骑楼中通过的行人比例更加之高。

小结：①步行环境是否安全舒适直接影响着行人是否选择从骑楼通过
②骑楼改造更适合于南方多雨及高温城市

图 2-2　　　　　一般商业骑楼内部空间　　　　　　　　改造骑楼内部空间

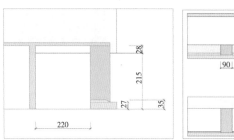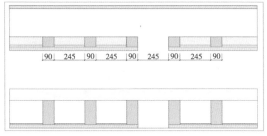

图 2-3　改造骑楼剖面

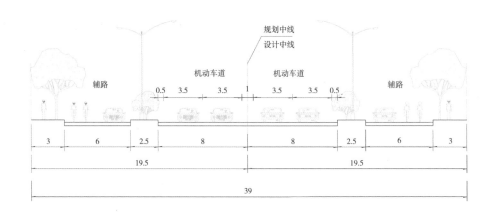

图 2-4　一般人行道断面

## 2.1.2　空间尺度

（1）改造骑楼与常规骑楼的差别（图 2-2）

改造骑楼高宽比为 1：1，而一般商业空间外部的骑楼的高宽比为 1：1.25 ~ 1：1.5，这使得在空间感受上改造骑楼明显比一般商业空间外部骑楼更狭小逼仄，这也是许多行人拒绝使用骑楼式人行道的很大一个原因。

（2）改造骑楼与常规人行道的差别（图 2-3、图 2-4）

为了使行人能够有一个舒适的行走空间，人行道的设计要符合以下标准：

| 非机动车堆放 | 行人驻留 | 商铺门外开 |

图 3-1 骑楼内障碍物

一般商业性街道的人行道宽度为 4.5 米，有效宽度为 2.5 米，通行能力约为 800 至 1000 人 / 每小时，净高宜不小于 2.5 米，需要与非机动车道进行分离。而改造骑楼内部人行道宽度为 2~2.5m，净高为 2.1~2.5m，不符合人行道的技术规范要求。相比之下，室外的人行道空间给人感觉更开阔舒畅。

## 2.2 交通出行成效的影响因素解释

### 2.2.1 非机动车道上的车流量

经过相关性分析后得出，非机动车流量对行人选择骑楼空间存在影响，而且数据显示相关性很大。出于安全性的考虑，当非机动车流量较大时（尤其是上下班高峰时段），绝大部分行人会选择使用骑楼空间。

### 2.2.2 骑楼内部的障碍物

骑楼改造后，其内部往往作为商用，而商家总是会有意无意的将门口的公共空间占为己有，作为堆放物品的场所，尤其是停放非机动车的数量较多；另一方面，由于设计上的不合理，这些商店的店门均只能向外开，占用了人行道近三分之一的空间，并存在一定的安全隐患；其他造成行人正常通行的障碍物还包括行人驻留、商店摆设小摊等（图 3-1）。

### 2.2.3 逆向行走

骑楼改造一般都只对道路单边的建筑进行，而凤起路骑楼两侧各有一个十字交叉路口，这就使得必然存在一部分与非机动车道逆向行走的人流通过，此时，与非机动车道完全分离的骑楼人行道为这部分逆向的行人提供了更安全的步行环境。

### 2.2.4 商铺吸引力

在调研观察过程中，我们发现了这样一种现象：有些行人原本是在非机动车道上行走，但当骑楼内的商铺吸引到他时，他直接从骑楼外横穿进骑楼商铺。由此可见，如果引进大众较为喜欢的商业业态，不仅能更好的营造骑楼内部商业环境，也能使行人在逛商店的同时使用骑楼步行空间。

### 2.2.5　出行目的

与商铺吸引力相对的一点是出行目的，特别是周末，经访谈发现，以逛街为目的的行人因为骑楼内商铺的吸引往往会使用骑楼空间，而过路性质行人（以去西湖和女装街为主）往往喜欢往骑楼外走。

### 2.2.6　天气因素

从晴、雨、阴三种不同天气情况下骑楼的使用情况来看，雨天的使用率明显增高，经访谈发现，很多行人觉得骑楼空间遮阳避雨的功能值得肯定，也为行人带去了很多方便，体现了设计上人性化的一面。

### 2.2.7　步行空间的舒适感

舒适感主要包括骑楼步行空间的尺度感、通畅性、连续性、对外连通性等方面，营造舒适和方便的步行空间能吸引行人使用，提高利用率。

## 3　总结与建议

### 3.1　总结

在目前人行空间日益被挤占、步行安全受到威胁的现状下，骑楼为行人创造了更为安全和人性化的步行环境。经调研发现，使用成效比较不错，普遍受到行人的肯定，然而在改造及使用过程中也存在一些问题，诸如内部空间的不舒适感，内外连通性较差等，需要从设计角度出发进行改进，使得骑楼能更好地推广使用。

### 3.2　改造建议

#### 3.2.1　用技术手段增加骑楼空间的舒适性

　　骑楼改造的建筑对象一般为居住建筑，由于受到层高限制，骑楼内部高度局限在 2.5m 以内，这就造成了改造骑楼的硬伤——空间的狭隘感。为了解决这个问题，我们建议改造范围可由一层提高到两层，两层居住建筑均改成商业建筑，同时把骑楼内部空间高度提升至 4~5m。同时，增加骑楼与室外空间的连通性，增加开口设置，使得从非机动车道进入骑楼空间需要克服的困难足够小，增加人们进入骑楼的可能。

#### 3.2.2　间断的弥补，提高骑楼的系统性

　　街道界面上的建筑不连续是个不能避免的问题，两段骑楼往往被通往居住区的通道打断，骑楼空间变得不连续，比如下雨天，人们在骑楼空间内部不需要撑伞，但走至骑楼之间的连接处，又必须要撑伞，这就使得原本方便的空间又给行人造成了一些麻烦。通过设计我们希望可以使行人不用频繁地进出骑楼，建议在两栋建筑之间也用廊道连起来。

# 水上公交参与城市公共交通的优化策略
## ——以杭州运河水上公交体系优化为例

学生：胡雪峰　庞俊　孙文秀　汪荣峰

指导老师：吴一洲　武前波　宋绍杭

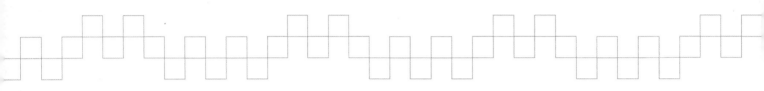

**摘要**

本研究在陆上交通情况不乐观的背景下，对城市水上交通方式进行探索，通过宏观、中观、微观三个层次对水上公交进行分析讨论，并以杭州市水上公交为例，结合 GIS 等多种技术手段，构建宏观的运行组织管理、中观的合理选线选站、微观的人性化空间设计的优化策略体系，使水上交通在发挥旅游观光的同时，更好地分担陆上常规交通压力。

**关键词**

水上公交　优化策略　动态班次　站点选址　无缝衔接

**Abstract**

This research under the background of land traffic situation is not optimistic, to make a study of urban water transport through the macro，meso and micro paper discusses the three levels of water transport and water bus to Hangzhou as an example, the combination of GIS and other techniques, it is concluded that the optimization strategy, so as to put forward specific measures, make water traffic in tourism at the same time, to better share the traffic pressure on land.

**Keywords**

Water-bus　Optimization strategy　Dynamic schedule　Site location decision　Seamless transfer

# 目录

1 背景 .......................................................... 305

　1.1 地面公交"寸步难移" ........................... 305

　1.2 水上公交"另辟蹊径" ........................... 305

　　1.2.1 "水路"缓堵 .................................. 305

　　1.2.2 体验式出行 ................................... 305

　1.3 水上公交"大有可为" ........................... 305

　　1.3.1 构建水上公共联运网络 ..................... 305

　　1.3.2 建立水陆公交无缝衔接 ..................... 305

　1.4 水上公交潜能尚未激发 ........................ 305

　　1.4.1 宏观层面的线路走向与运行

　　　　　班次不合理 .............................. 305

　　1.4.2 中观层面的不同交通方式接驳

　　　　　不便捷 .................................. 306

　　1.4.3 微观层面的空间设计导向性差 ........... 306

2 水上公交优化的策略框架与优化模块 .............. 306

3 实例应用——以杭州运河水上公交为例 ........... 306

　3.1 基于容忍度和 GPS 的水上公交班次

　　　动态调整 ...................................... 307

　　3.1.1 现状问题 .................................. 307

　　3.1.2 优化策略 .................................. 307

　3.2 基于 GIS 多准则出行需求评估的线路

　　　站点站址 ...................................... 308

　　3.2.1 现状问题 .................................. 308

　　3.2.2 技术方法 .................................. 308

　　3.2.3 优化策略 .................................. 309

　3.3 无缝换乘衔接空间的人性化设计 .............. 309

　　3.3.1 现状问题 .................................. 309

　　3.3.2 优化策略 .................................. 310

4 前景与展望 ................................................. 310

参考文献 ...................................................... 311

# 1 背景

## 1.1 地面公交"寸步难移"

目前我国大城市交通状况不容乐观，私人机动车保有量逐年递增，"堵城"越来越多。中心城区主次干道在交通高峰时段通行效率极低。虽然近年来公共交通快速发展，但是由于公交车速度较慢，在路上的平均耗时较长，热门的公交线路时常拥堵，乘车环境不舒适，出行方式的分担率仍处于较低水平。

## 1.2 水上公交"另辟蹊径"

水上公交，或称"水上巴士"，目前主要承担水上公共旅游交通的功能，以观光功能为主，通行功能为辅，国外很多城市都有水上巴士，或是水上的士的公交体系，我国的杭州、广州、温州等城市也已经开通水上巴士。

### 1.2.1 "水路"缓堵

陆上交通资源有限，开通水上公交，发挥水系发达城市的优势，可以使出行量向水路转移，从而改善陆地交通效率，从而缓解城市的交通拥堵。

### 1.2.2 体验式出行

随着人均 GDP 的提高，人们对生活品质的要求也越来越高。而水上公交的开通，更能满足人们对安全、舒适和准时的要求，水上行驶没有大规模私人交通影响，也没有红绿灯等待时耗，能沿途欣赏沿岸景观，达到体验式出行的效果，具有较好的出行吸引力。

## 1.3 水上公交"大有可为"

交通发展最主要的五要素就是安全、快速、经济、舒适和欣赏。目前已有部分城市采用水上交通，并有长期运行的计划；但另一方面，由于未和常规公交系统一体化，运行效果仍不理想，需通过优化设计、技术和政策手段加以解决。

### 1.3.1 构建水上公共联运网络

水系发达的城市，具有将水路连片成网的可能性，加上目前大多数城市正在兴建轨道交通，这使得水陆交通联网有实现的可能。

### 1.3.2 建立水陆公交无缝衔接

通过一体化规划，将水陆交通在整体交通道路、路线、时间、节点安排上统一设计。实现步行、自行车以及常规公交能顺畅便捷地达到水上公交站点。

## 1.4 水上公交潜能尚未激发

### 1.4.1 宏观层面的线路走向与运行班次不合理

目前由于水上公交线路设计不合理，与出行需求的分布错位。同时，运行时刻表也没有考虑与其他公交的衔接。如杭州,地铁的班次约为 5 分钟一班,公交约为 10 分钟一班,而水上公交则是 30~40 分钟一班,过少的班次致使在面对常规公共交通时缺乏竞争力。

### 1.4.2　中观层面的不同交通方式接驳不便捷

目前水陆公交站点布置是两个独立的系统,并没有考虑之间的换乘问题。水、陆公交站点距离较远,站点没有一体化设计,致使乘客在换乘时需要长距离步行,显得极为不便。

### 1.4.3　微观层面的空间设计导向性差

因缺乏指示标志,水、陆公交站点换乘空间导向性差,需要花费较长时间寻找。

## 2　水上公交优化的策略框架与优化模块

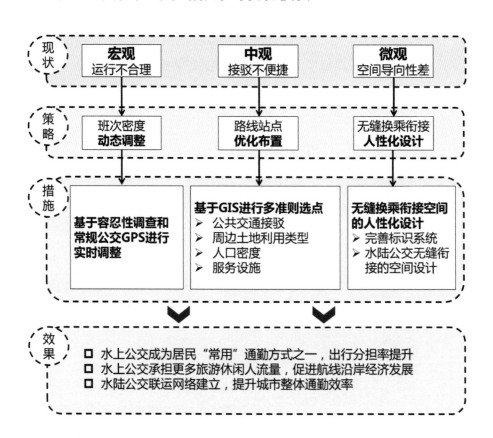

图 2-1　水上公交优化策略框架图

## 3　实例应用——以杭州运河水上公交为例

杭州地面交通拥堵严重,轨道交通尚未成网,尤其是在早晚上下班时间,主城区大部分主干道、高架路呈现拥堵状态,而目前已经运行的水上巴士系统却未完全发挥作用。本研究选取水上巴士 1 号线,针对市中心武林门附近进行交通状况研究,图 3-1 为工作日下午 5 点时的交通流量图,车速较低,多为

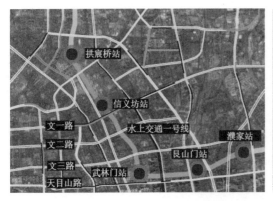

图 3-1 杭州某一时段
交通状况（上左）

图 3-2 市区拥堵常态
（下左）

图 3-3 高峰期水陆公
交时速对比图（下右）

图 3-4 杭州水上公交
分布图（上右）

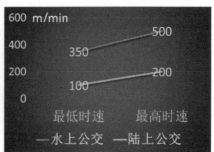

10~20km/h，基本都为橙色缓行甚至红色拥挤状况。

## 3.1 基于容忍度和 GPS 的水上公交班次动态调整

### 3.1.1 现状问题

根据水上公交运行班次，大部分路线班次密度不够，水上公交的班次至少是半小时一班，这对于上下班通勤是远远不够的。

### 3.1.2 优化策略

根据实地调研，大部分乘客可忍受的时间小于 20 分钟，因此要加密班次，且建议在上下班时间（早上 7∶00-9∶00，下午 16∶30-18∶30）将班次加到 10 分钟一班，从而满足上下班时大人流量的需求以及缩短人们的等待时间，其余时间可降低为 20~30 分钟 / 班次。同时，根据相应的公交 GPS 对拟接驳公交进行定位，估算平均到达时间，特别是高峰期，依据公交的到达时间来相应调整水上公交的班次，减少因系统分离造成的换乘时耗。

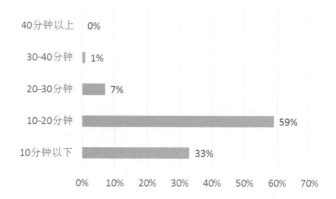

图 3-5 乘坐水上巴士
可忍受的等候时间

| | |
|---|---|
| 40分钟以上 | 0% |
| 30-40分钟 | 1% |
| 20-30分钟 | 7% |
| 10-20分钟 | 59% |
| 10分钟以下 | 33% |

杭州水上首发站时刻表　　　　　　　　　　　　　　表 3-1

| 线路 | 发船时间 |
|---|---|
| 1 号线 | 7：00，7：30，8：00，8：35，9：10，10：30，11：10，11：50，12：30，13：10，13：50，14：30，15：10，15：40，16：15，16：47，17：15，17：40 |
| 2 号线 | 6：20，7：00，8：30，9：30，11：30，13：00，14：30，17：10，17：30 |
| 3 号线 | 6：30，8：00，10：30，12：30，14：30，16：30 |
| 4 号线 | 8：00，11：00，14：00，17：00 |
| 5 号线 | 6：50，11：10，16：00 |
| 6 号线 | 8：00，9：30，11：00，13：00，15：00 |
| 7 号线 | 6：30，7：00，7：30，8：00，8：30，9：00，9：30，10：00，10：30，11：00，12：00，12：30，13：00，13：30，14：00，14：30，15：00，15：30，16：00，16：30，17：00 |
| 8 号线 | 7：30，8：00，8：30，9：00，9：30，10：00，10：30，11：00，11：30，12：00，13：00，13：30，14：00，14：30，15：00，15：30，16：00，16：30，17：00，17：30 |

## 3.2　基于 GIS 多准则出行需求评估的线路站点站址

### 3.2.1　现状问题

　　水上公交由于站点数量不多，因此每个站点的选点都极为重要。目前水上公交换乘站周边环境各异，各站点的出行率也各不相同，部分站点因为选点不佳而导致乘坐率低。

### 3.2.2　技术方法

　　为更好地反映这个问题，本研究绘制了杭州市水上公交（以一号线为例）各站点分布图。根据人步行的速度为 60m/min，步行时间控制在 10min 以内，且根据人适宜步行的普遍规律，500m 为一个较为合适的距离，故以沿线 500m 作为研究范围，并运用 GIS 技术，对其分别进行公交站点密度分析、公交线路密度分析、商办用地密度分析、人口密度分析以及服务设施密度分析，最终通过综合分析出行需求的分布格局，确定最为适宜的水上公交站点。

图 3-6　公交站点密度
分析图（左）

图 3-7　公交线路密度
分析图（右）

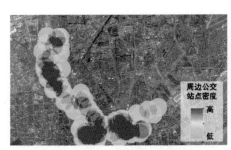

图 3-8　商办用地密度
分析图（左）

图 3-9　人口密度分析
图（右）

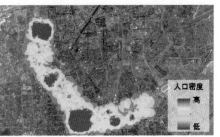

图 3-10　服务设施密度
分析图（左）

图 3-11　GIS综合分析
图（右）

　　从分析图中可以看到，武林门站、信义坊站、拱宸桥站的选址基本符合
GIS综合分析，站点位置较为合理，而艮山门站和濮家站的位置GIS效果并不
明显，可以考虑去除或是根据实际运行情况进行适当调整。

### 3.2.3　优化策略

　　（1）水上巴士站点位置应位于陆上交通相对便利地块，有利于乘客的换乘，
节约交通出行时间；

　　（2）水上巴士站点要选择在人口密度较大处；

　　（3）水上巴士站点要选择在商业、居住、办公等用地相对密集的地段；

　　（4）水上巴士站点要选择在周边服务设施较多的地段；

## 3.3　无缝换乘衔接空间的人性化设计

### 3.3.1　现状问题

　　目前水上公交码头的标识引导系统欠缺，主要表现在引导牌的缺失和不
合理放置。由于码头受到航线限制，位于滨水边，如杭州濮家站码头过于隐蔽，

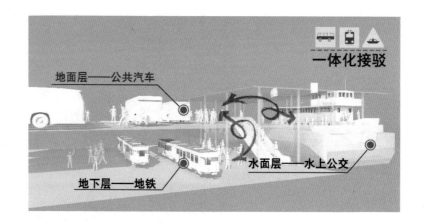

一体化接驳

地面层——公共汽车

水面层——水上公交

地下层——地铁

图 3-12 站点无缝衔接模型示意图

拱宸桥站乘客流线出现断头路，标识设置不合理，导致乘客在换乘时无法快速准确找到站点，严重影响了水上公交的出行率。

同时，如果有一个具有特色或标志性的换乘引导空间设计（类似于一个通道的设计，或是在换乘的路径上连续设置一些典型的装饰性元素。目前换乘空间融入城市空间内部，引导效果不佳），则有助于乘客提高换乘速度和舒适度。

### 3.3.2 优化策略

（1）增强标识系统

在城市公共交通中的标识系统中，由于公交车站沿城市道路设置较易识别，而地铁站点与水上公交码头相似，都不易供行人在行走中直观可视。地铁标识系统往往在地铁站 300~400m 的大距离范围就开始引导乘客。

（2）水、陆站点无缝衔接设计

建立水、陆站点间的一体化设计，类似于公交站点与地铁站点的连接，通过步行天桥、滨河廊道等方式建立起水、陆公交站点间的连接，将大大提高换乘的便捷性。

## 4 前景与展望

目前杭州、广州均已开通水上公交，虽然还存在一定的不足，然而只要通过宏观的运行组织管理、中观的合理选线选站、微观的人性化空间设计，还是有很大的优化提升空间。相信水上巴士能够更好地参与公共交通系统，为居民出行提供便利，扬长避短，发挥优势，减轻道路压力，缓解交通拥堵程度，并为乘客带来愉快的滨水视觉享受。

图 4-1　美国芝加哥水
上公交图

## 参考文献

[1]　余辉 . 低碳城市的地域性营造 [D]. 华中科技大学，2013.

[2]　王波 . 深圳市东部滨海地区水上巴士体系规划初探 [C]. 中国城市交通规划年会论文集，2011：900-908.

[3]　梁玉洁 . 大连水上公交线路的设计与鲁棒优化 [D]. 大连海事大学，2014.

[4]　刘耀平 . 广州市水上巴士乘客出行特征分析 [J]. 交通标准化，2009，11：1-5.

[5]　程国宏 . 杭州水上巴士规划研究 [R]. 杭州市交通规划设计研究院，2007：21-24.

# 附录

## 浙江工业大学城乡规划专业社会调查全国获奖作品（2006—2016 年）

| 序号 | 学生作品 | 作者 | 获奖等级 | 时间 |
|---|---|---|---|---|
| 1 | 庭院深深"深"几许——杭州市庭院改造工程绩效评价调研报告 | 钱姗姗，周艳丽，申屠莘，金华良 | 二等奖 | 2009 |
| 2 | "车轱辘"的方寸空间——杭州大型超市非机动车停车问题调查研究 | 杨洋，姜玮，沈吉煜，张振杭 | 二等奖 | 2009 |
| 3 | 城市客厅里的故事——杭州广场活力社会调研 | 黄赛君，吴哲炜，陈卓锐，裴帅帅 | 二等奖 | 2012 |
| 4 | 行走的力量——步行心理视角的城市街区居民步行活动研究 | 庞俊，孙文秀，汪荣峰，朱晓珂 | 二等奖 | 2015 |
| 5 | "别在我家后院"综合症分析——杭州市居住小区公共设施布局的负外部性问题调研 | 戎佳，丁佳荣，唐慧强 | 三等奖 | 2006 |
| 6 | 新农村剧：从无声到有声——来自浙江省近千份农村公共品满意度与需求度问卷的测评报告 | 汤婧健，黄彩萍，陈雪娇，高铁 | 三等奖 | 2007 |
| 7 | 基于 4E 模型的杭州市经济适用房公共政策绩效调研及评价 | 董翊明，孙天钾 | 三等奖 | 2008 |
| 8 | 如何让农民"乐"迁"安"居？——基于农民意愿的浙江省城乡安居工程调研 | 王也，陈梦微，冯莉夏，徐隆侠 | 三等奖 | 2011 |
| 9 | 新业态，老社区——大型超市入驻对杭州市传统住区商业的影响调查 | 蒋迪刚，陆芝骅，徐立夫，吴诗雨 | 三等奖 | 2012 |
| 10 | "我的地盘谁做主"——公众参与背景下杭州城市规划典型冲突事件的社会调查 | 储薇薇，颜文娅，吾娟佳，马显强 | 三等奖 | 2013 |
| 11 | 失而复得的"粮票"——杭州边缘区土地利用变迁中的社区留用地调研 | 陈家琦，胡芝娣，曾成，朱力颖 | 三等奖 | 2015 |
| 12 | 漫漫人生，且行且歌——社会空间分异视角的杭州社区居民步行行为差异性研究 | 胡淑芬，孙滢，金霜霜，王格伦 | 三等奖 | 2016 |
| 13 | "我家小区要打开"产权经济学视角的封闭小区开放机制探究——以朝晖五区为例 | 葛晓丹，邵诗聪，张雨露，施姗姗 | 三等奖 | 2016 |
| 14 | 规划效益共享，成本呢？存量规划与改造中的社会成本调研——以杭州为例 | 施德浩，蔡文婷，黄慧婷，杨绎 | 三等奖 | 2016 |
| 15 | 猫鼠握手之后——杭州流动摊贩实施规范化试点之后状况调研 | 周秦，茅良芳，彭海萍，褚慧励 | 佳作奖 | 2007 |
| 16 | "为医消得人憔悴"——杭州市外来务工人员就医行为及医疗设施空间布局调研 | 寿维维，陶佳佳，陈坚，徐峰 | 佳作奖 | 2010 |
| 17 | 幼吾幼以及人之幼——杭州外来务工人员子女幼儿园就读情况调研 | 周狄卿，张蓉蓉，徐思艺，徐墂 | 佳作奖 | 2010 |
| 18 | "绿绿"有为，老有所依——杭州市老龄化社区绿地公园使用情况调研 | 范琪，叶恺妮，叶成，周子懿 | 佳作奖 | 2011 |
| 19 | 一路上有你——杭州市环卫工人工作环境与设施布局调研 | 徐烨婷，汪帆，任燕，鲍志成 | 佳作奖 | 2011 |
| 20 | 大美中国、小美乡村——基于不同发展模式的杭州市美丽乡村典型实例调研分析 | 龚圆圆，李昕昕，陈舒婷，任巧丽 | 佳作奖 | 2013 |
| 21 | 大社区、小社会——杭州市郊区大盘配套设施现状调查 | 张露茗，俞姝姝，朱利亚，徐玲玲 | 佳作奖 | 2013 |
| 22 | 空间微作用——微观土地利用特征对居民出行方式的影响调研 | 朱嘉伊，陶舒晨，方勇，吴庄黎 | 佳作奖 | 2013 |
| 23 | 谷城，孤城？——杭州小和山高教园区居民日常出行特征调查 | 郑晓虹，丁凤仪，高天野，周玲玲 | 佳作奖 | 2015 |
| 24 | 隐匿的行者——杭州地铁一号线的客流特征与站点分异调研 | 陈凯，胡腾峰，许鑫，朱俊诺 | 佳作奖 | 2016 |

注：①受刊登篇幅数量所限，以及 2016 年全国高等学校城乡规划专业社会调查作品将统一出版，本书仅选取了 2006—2015 年部分优秀作品，另有三篇优秀作品已经在《城乡空间社会调查——原理、方法与实践》刊登，部分作品修改为论文发表，故未重复选用。
② 2014 年全国高等学校城乡规划学科专业指导委员会首次实施网络评审，本校 5 份参赛调查报告由于篇幅过长未被评审，致使该年度未有获奖作品。

**浙江工业大学城乡规划交通出行创新报告全国获奖作品（2010—2015 年）**

| 序号 | 学生作品 | 作者 | 获奖等级 | 时间 |
|---|---|---|---|---|
| 1 | 基于即时交友软件信息平台的合乘系统 | 厉杭勇，范坚坚 | 一等奖 | 2012 |
| 2 | 公交因你而不同——基于云端 GIS 技术的实时公交出行查询系统 | 王迅，金飞鹏 | 二等奖 | 2013 |
| 3 | 用无形的手为道路减压——电子道路收费系统调节西湖景区交通压力 | 陈家烨，吴昶槐，蒋栋 | 三等奖 | 2014 |
| 4 | 行尽江南烟水路——京杭运河沿岸非机动车出行方式效率调查 | 张蓉蓉，徐思艺，张明轶，乐御园 | 佳作奖 | 2010 |
| 5 | 曲直长廊路路通——以杭州凤起路骑楼改造效用为例 | 孙炯芳，白洁丽，陈琳，杨洁洁 | 佳作奖 | 2011 |
| 6 | 水上公交参与城市公共交通的优化策略——以杭州运河水上公交体系优化为例 | 胡雪峰，庞俊，孙文秀，汪荣峰 | 佳作奖 | 2015 |

# 后记

　　浙江工业大学城乡规划专业成立于 2000 年，城乡社会调查课程（城市研究专题）开设于 2006 年，重点培养学生参与社会调查的理论、方法、技能与素养，并与其他规划设计类课程紧密穿插。经过近 10 年的课程教学摸索，我们在 2015 年出版了《城乡空间社会调查——原理、方法与实践》，内容包括了对课堂教学的思考、开展城乡社会调查的基本流程，以及本校学生的典型获奖作品，重点以社会调查原理和方法为主，并辅以教学实践内容穿插。

　　截止至 2016 年，浙江工业大学在每年的全国高等学校城乡规划教育年会上均屡获学生作品竞赛嘉奖，在省内外兄弟院校中稍具一定的专业影响力，至此我们认为很有必要将历年获奖的学生优秀作品结集出版，一方面可以为本校学生开展城乡社会调查提供教学案例典范，并注重考虑如何进一步优化提升，另一方面也能作为与省内外兄弟院校开展专业交流学习的参考资料，并接受相应的批评与指正。

　　目前呈现在各位读者面前的浙江工业大学城乡规划专业社会调查作品集，重点以杭州中心城区为调查对象，并扩展至浙江省域范围之内，广泛关注各类城乡社会问题，包括了城市社区、乡村社区、城乡过渡区的空间范畴，由此我们将作品集命名为"杭城内外的日常生活"。尽管这些学生作品在文字撰写方面稍显稚嫩，却折射出城乡日常生活的方方面面乃至被遗忘的角落问题，也区别于传统自上而下的宏大空间规划或大尺度单元研究，显现出城乡发展的新鲜生命力，即使是指出了城乡社会发展的各类弊病或矛盾问题，并不是夸大渲染，而是为了更好地增进城乡居民的生活福祉，以充分贯彻以人为本的新型城镇化战略思路。

　　该作品集由陈前虎统筹安排策划，武前波负责出版沟通及统稿校对，城乡规划专业研究生刘星、惠聪聪协助调整绘制部分图片及其他琐事，所有编者均参与了相关获奖作品的指导工作，其他指导老师也都在文中进行了注明。同时，需要说明的是，受出版篇幅所限，该作品集仅是《城市研究专题》本科生课程作业的部分内容，还有不少社会调查作品未被遴选入编，我们也在通过其他途径进行发表或出版。最后，感谢中国建筑工业出版社所付出的辛勤工作。

编者

2017 年 9 月 30 日